文化中国

天地日新

中国人的科学精神

洪万生 主编

总 序

林载爵

这一套“文化中国”丛书原来是以“中国文化新论”之名，于1982年10月在台湾由联经出版公司出版，总共12册，将近4000页，约400万字。这套丛书讨论了10个主题，包括：文明的根源、思想、文学、科技、制度、经济、学术、社会、艺术、宗教礼俗。以118个题目全面性的讨论了中国历史与文化的各个层面，组合成一幅比较完整而丰富的中国文化图像。撰写者一共96位，网罗了当时年龄约30到40岁的青年学者，反映了1970年代以来台湾年轻一代对中国文化的反省与思考，构成了中国文化再诠释的新篇章。这些学者在三十年后的今天，几乎都位居台湾学术界与文化界的重要位置，当年所发表的论点今天仍然具有新意，可以提供读者了解中国文化的另一种视角。

我们当时的想法是，在受到西方文化长期的冲击以及连带对传统文化进行无情的批判之后，好不容易终于体认到传统与现代是连续性的整体，不可分割断绝。因此，一部超越传统的论述，适合于当时处境与需要，又有系统的中国文化史论著，显得十分迫切。其次，中国文化在1970年代的华人世界需要重新被检视，而台湾则是一个恰当的地方。台湾的学生从小接受中国文化的教育，在大学又接受了西方式的学术训练，西方汉学家或台湾出身在美国获得博士学位并在美国任教的文史学者，不断在台湾传播新的观念与思维，他们给台湾学生带来了深刻的影响。到1970年代，这样一批受到西方式现代教育熏陶，对传统中国文化又有新见解的年轻学者已经在台湾出现，成为台湾学术界的一股新兴力量，他们对中国传统历史与文化，自然有着不同的视野与不同的解释。我们感觉到有必要将他们集合起来，总体呈现一个全然有别于过去的中国文化的新观点与新解释。

于是，《联合报》的创办人王惕吾先生以他所设立的“文化基金会”资助了这个庞大的出版计划，目的就是要“提供一部丰富新颖、流畅可读的中国文化史丛书”。撰述者之所以以年轻一代的学者为主，最重要的原因是，想借着这次机会呈现二次世界大战以来三十年台湾文史教育的成果，并且深信年轻一代学者以其所吸收的西方知识、所接受的近代治学方法训练，必能对传统文化提出新的解释观点。

从历史背景来看，1975年是台湾思想发展很重要的一年。这一年，林毓生教授首度返台任教，开启了一批想要获得更精密的思想方式的青年学生的视野。他在这一年的5月发表了一篇长文：《五四时代的激烈反传统思想与中国自由主义的前途》，点燃了沉闷气氛下青年学生重探狂飙年代的兴趣，与领会思想问题的不同讨论方式。同年年底，余英时教授发表了《清代思想史的一个新解释》，文章中深入而前所未见的观点，让青年学生发现思想的新世界，这个世界辽阔无边，只要运用理智的思考与分析，加上一些想象力，便可展翅飞翔，一股思想史研究的热潮开始出现。

隔年，1976年，余英时在《联合报》副刊上陆续发表《君尊臣卑下的君权与相权》、《反智论与中国政治传统》、《唐、宋、明三帝老子注中之治术发微》等文，为当时争论不休的“专制”问题提出了中肯而又有说服力的解释。9月，余英时将上述文章及其他论著结集为《历史与思想》，由联经出版，这是余英时在台湾出版的第一本著作，产生极为广泛的影响。

不论林毓生或余英时，在讨论问题时都不时引用当代西方学者的观点，对台湾青年学生带来极大的刺激。此后，翻译现代思想名著成为几家出版社的共同职志，知识青年在这方面所表现的求智渴望，是1970年代末期台湾文化界极为突出的现象，这是一个思想燃烧的年代。在这个年代中，知识青年一方面向西方看，一方面又回望中国传统文化，企图让中国传统文化在长期受到批判之后赋予新的解释，这是一个奇妙的组合，“中国文化新论”就是这个组合的产物。

这套丛书的编撰过程也有其新颖之处。一般丛书的编撰，惯例上都是汇集单篇论文而成，这一次突破了旧有的方法，从开始就采取了以研究讨论为基础的共同参与方式。自丛书的主题、篇目，各篇间的相互关联，以至各篇文章的论旨，都经过每册作者讨论后才决定。初稿完成时，也经过切磋、问难，然后，再次修改定稿。所以，这套丛书并非过去旧有形式的论文集，而是具有主题、结构的集体创作。

有关文化史的研究，不论通史式的概述或断代式的专论，都不可避免的有其缺失。概述易省略其深奥与意涵，专论易疏忽其源流与发展。这套丛书则采取以问题为主的研究，完全根据问题的性质，或通贯而观，或断代而论。这种研究方式，保留了方法上的极大弹性，同时，也更容易彰显问题本身的性质，提出更周全的解释。以关于文学的两册为例，一册从人与自然、人与社会、人与历史、人间情爱的关注、幻想与神话，到智与美的融合，一共设计了六项我们认为能够充分表征中国文学传统的主题，给予系统性的解说，并讨论了文学的形式与意义、抒情精神与抒情传统。另一册则分别就诗经、楚辞、汉赋、唐诗、宋词、宋诗、咏怀、咏物、小说、戏剧等重要的文学类别加以论述。两者配合，相信不但突破了旧有的文学史形式，而且更能深入了解中国文学史的内容。有关学术的一册，问题的选定则侧重每个时期的不同成就，从学术的萌芽到经学、注疏、理学、考据学，一一论列，以见学术的发展。关于制度与艺术的卷册则又注重各个不同的部分或类别。制度的一册里讨论了皇帝、宰相、监察、选举、考试、史官、地方行政、君主教育等官僚体系中的重要制度，并申述中国政治制度的特色与历代政治改革的理想。关于艺术一册的内容包括了美学思想、青铜、玉器、陶瓷、雕塑、书法、绘画、文人生活工艺品、建筑等重要部分。

这套丛书既然是以问题为主的研究，自然而然，提出了不少新的问题。这些问题的提出，一则反映了年轻一代学者的主要关心所在，一则想透过新问题表达新的解释观点。以关于思想的两册为例，讨论了忠、孝、仁、礼、公、私、仕、隐、常、变等传统思想中的重要观念，并作了新的阐释；同时也提出了理想人格、政治权威的合法性、德治与法治、儒家政治理想、法理依据、个体自由与社会秩序、均富理想、管制与放任、道德自主与社会约束、道德与政治、自然秩序与人文秩序、自然观念等新问题，赋予传统思想新的意义。借着尝试提出新解释，中国文化的重要特质更能显现出来。

然而，新的解释观点并非凭空杜撰而来，在这一点上，这套丛书特别强调广泛利用前辈学者的杰出研究成果，以此为根基，再作进一步的发挥。因此，钱穆、萧公权、李济、徐复观、牟宗三、杨联陞、屈万里、全汉昇、刘若愚、陈世骧、李剑农、赵冈、劳榦、张光直、余英时等等许多前辈学者的优异著作，都随时被年轻一代的学者所征引。这种现象除了说明前辈学者的研究成果受到年轻一代学者的绝对肯定与尊敬外，更表示了处于变动之中的中国近代学术生命，在台湾的一脉相传，其意义自是无限深远。

尽管当时两岸隔绝，但各篇文章中，凡是论及根源，都运用了最新的地下考古材料来印证解说，根据最新的地下出土文物，分别从居址、器物、食粮、国家等方面，完整而清晰地描绘了八千年前开始的新石器时代文化的发展。我们对先民活动起居的情形、食米（小米、稻米）吃肉（以猪为主的家畜饲养）的文明、上古社会形态的变迁、国家组织的出现，也就有了比较清楚的了解。特别是提出“满天星斗”的上古文明的多元发展史观，更是开启了对中国传统文化多样性的了解。其他诸如讨论到地理环境、原始艺术、原始宗教、人文思想、天下观念等问题的文章，也都能参证地下材料。

这套丛书自始即希望能涵盖较为广阔的文化活动层面。不可否认，近代历史教育过于偏重政治史，这使得历史教育的文化内涵，显得极其贫乏。这套丛书除了具备广为熟知的学术、思想、文学、艺术、制度之外，更包含了以往较受忽视的社会、经济、科技、宗教、礼俗等层面。过去，对于中国科技史的了解，总是借助于英国李约瑟或日本薮内清的著作，现在终于有了第一本与科技有关的专著，这也代表着年轻一代的科技史研究者踏出了一大步。在台湾，经济史是当时的一门新兴学问，年轻一代投入这项研究工作的，愈来愈多，相关经济的这本便是这些研究者所展现的成绩，分别从农业的自然环境、农业水利、新耕地的开发、土地分配、生产技术、商业、城市、货币信用、交通、海外贸易、财政税务等十一个方面，建构一部经济发展史。关于传统宗教，也选择了几个重要的问题来讨论。特别要一提的是风尚礼俗。近代以来，在对传统进行批判时，礼俗必定首当其冲，自命新派者，即清末所谓的“文明人”，弃之如敝履。然而，这套丛书中关于礼俗的则本着学术研究的客观立场，探讨了祭祀之仪、婚丧之礼、长幼之伦、以及民间节庆、娱乐的文化意义，赋予这些传统礼俗一个新的文化生命，纳入中国文化的主流之中。

在简述这套丛书的编撰过程与内容特色后，作为当年的执行编辑，我非常高兴这套丛书在李安小姐的主持之下，以新的面目重新出版，期待书中的观点能够对读者了解中国历史文化有所助益。

2011年11月

目录

i 总 序
林载爵

4 导 言
洪万生

10 想象力与逻辑推理——先秦的自然思想与科技成就
刘君灿

42 生克消长——阴阳五行与中国传统科技
刘君灿

74 重视证明的时代——魏晋南北朝的科技
洪万生

110 理性的发皇——灿烂的宋金元科技
刘昭民

156 峰回路转——明代的科技
陈进传

190 钦天监与太医院——历代的科学研究机构
黄克武

232 自然知识的宝库——历代科技著作的分析
鲁经邦

272 规圆矩方·度量权衡——传统科技的量化趋向
洪万生 刘昭民

302 开创与限制——科技发展的回顾与检讨
陈胜崑

332 关联与和谐——影响科技发展的思想因素
刘君灿

356 作者简介

导 言

洪万生

中国文化源远流长，辉煌鼎盛，科学技术是文化的一环，自有一定的成就。不过，当我们回顾百余年来国人面对西方科技冲击所提出的论调，如“西学源出中国说”、“中学为体，西学为用”等等，却无法免除惆怅之感。我们深知伴随西方科技而来的列强政治、外交及军事力量对民族文化尊严所造成的深刻屈辱，不可能不影响到国人对西方科技的认知与接纳态度，然而，像上述那种浅薄错谬的论调，终究是蔽于历史文化的深刻内涵。其实，每一个民族必然拥有其各自的科技成就，此一命题原是蕴涵在“文化”一辞的定义之内的。

那么“文化”一词的定义到底为何？前人曾经做过简要而精辟的分析:“文化是一个综合性的实体。它包括着一个社会的生活方式、器物工艺、……科学技术、艺术文学等一切事物。……它更包括着这个文化内在心灵世界的意识领域、知识智慧、价值意义和精神情操。一个高度文化的形成，后者更是创造动力的核心。”由此，我们当不难体会“科学技术是文化的一环”之真正含义；诚然，通过人类自我心灵世界的开拓，科学技术确与文化的其他环节息息相通，互为映照。类似这样的文化意识，其实在中国历史上也有着绵亘不绝的传统，其孕育时期甚至可远溯到上古时代。可惜，由于清末不寻常的历史环境，以及在西潮影响下的近代教育倾向，此一珍贵传统遂告中断。因此，百余年来的中国知识分子既不能明察传统文化所展现的功能与意义，也无法了解近代西方文化发展的过程与脉络，乃是极其自然的事。正是缘于这种智识上的偏蔽，百余年来国人所认识到的西方科技，大抵只是从其文化母体割裂开来，并加以化约的抽象概念而已，根本无视其发展的一个漫长而艰辛的历史过程，无怪乎国人奋励自强、戮力发展科技时，始终无法结合整个文化环境来思考什么是优秀的科技生态条件。

当然，科技如何生根或如何本土化的问题，若从文化史的角度来考察容或仅能看到一端，不过，由此透视现代科学技术的发展，却具有颇为深远的意义。论者常谓科学技术没有国界，此一命题如针对科技结论的验证层面而言，无疑是成立的，因为这样的结论能够被接受，势必规范于一套放诸四海而皆准的法则。然而，每一种文化都有其独创性，表现在科学技术上自然会有特殊的风貌。不同文化背景的科学家面对同一个谜题时，尽可采取迥然互异的研究取向，并且通过各自特有的心灵世界活动，而达到彼此类似的结论；另一方面，即使科学技术是外来的，而经由“创造的转化”，也必然呈现若干的本土色彩。因此，从整个文化的内涵及其活动来看，科学技术不但拥有国界，而且还是自然而然形成的，除非其文化背景已经沦丧生机与活力！

科技既有国界，建立中国的科学技术就成了可以达到的目标。如果说我们现在的科学技术，在内涵、形貌上与西方先进国家并无显著区别，这表示我们仍然停留在器用的移植阶段，要想向前迈进一大步，独立发展“中国的”科学技术，则促使中国的科学技术传统与西方的近代科学技术衔接结合，确是当务之急。然则中国的科学技术传统又是如何？这显然是当代中国科技史研究的重大课题了。

虽然，当代中国科技史的研究曾经还原了若干传统冶金、制瓷等技术的光彩，替“古为今用”做了很好的注脚，并且进一步显示中国科技史的学术研究不仅具有历史意义，而且还有现实价值，然而，在前文论述的基础上，我们毋宁更为着重它的文化功能。由于前辈学者有关中国科技史的研究，使我们对传统文化中，科技思想的取向和脉络，科技发展的成就与局限，可以说都有了更清楚的认识。进一步的学术研究应该如何着手？我们几位年轻朋友曾以此就教于刘岱教授，承他盛情给予我们颇为深挚的启迪与提示：“现在我们应该探讨的是：中国历代思想家和科学家面对茫茫宇宙，纷纷万象，提出的一些基本问题是什么？追求的知识是哪些方面的知识？他们建立了什么样的自然思想的典范？唯有澄清了这些实质的问题时，我们才能对中国的科学传统有正确的认识和评价，更进而使中国的科学传统与西方的近代科学衔接结合。”如果笔者没有误解他的意思，那么，这一段话无疑是在鼓励我们积极将科技史研究纳入文化史的范畴。笔者深信：唯有如此，科技史（包括中、西）的学术研究才能发挥它的文化功能，并进一步地对现代的科技发展产生可能的观照作用。

本书10篇论文，就是尝试朝此方向所跨出的一小步。

在《想象力与逻辑推理——先秦的自然思想与科技成就》一文中，刘君灿先生分别剖析儒、墨、道、法四家的自然思想，并厘述先秦的科技成就。在《生克消长——阴阳五行与中国传统科技》一文中，刘君灿先生平实地论述阴阳五行学说的缘起，及其对科技发展的影响，值得一提的是，它并不是仅与科技有关的玄学，因此自不能与古希腊的科学本体论相提并论。拙文《重视证明的时代——魏晋南北朝的科技》，及刘昭民先生的《理性的发皇——灿烂的宋金元科技》，介绍中国历史上两个比较动荡不安时代的科技成就，颇令人惊异的是在这两个时代中，科技与整个文化背景之互动关系至为明显，值得深一层探索。陈进传先生的《峰回路转——明代的科技》一文，为明初科技的没落与晚明科技的再兴所做的对比，也颇有意义，虽然我们还不完全了解中国科技何以从13世纪的高峰，坠入14世纪的深谷，但晚明科技的复兴，似也多少暗示某些生态条件的重要性，后者与当时西学的输入与被接纳仿佛也不无关联。

对于前5篇论文中未曾明白论列的两个时代——两汉与隋唐的科技成就，在《钦天监与太医院——历代的科学研究机构》一文中，黄克武先生着墨颇多，或可稍弥补此一不足。值得注意的是，在这两个盛世之中，这两种官方的科学研究机构确曾发挥巨大的功能，为其各自的科技事业贡献不少。与研究机构一样，维系科技传统于不坠的乃是科技典籍，鲁经邦先生在《自然知识的宝库——历代科技著作的分析》一文中，分析了历代主要的科技著作数十种，指出中国古代科技传承脉络的若干线索，如能进一步研究，则对把握中国科学技术的传统是很有助益的。

在《规圆矩方·度量权衡——传统科技的量化趋向》一文中，刘昭民先生与笔者尝试对传统科技的量化趋向，进行历史考察，并对与其相关的数学方法、形上学理念进行分析与讨论。笔者相信有关这一方面的研究如能深入，必能更清楚地认识中国传统科技方法论。

最后两篇论文对前述8篇论文做了某种程度的总结。陈胜崑先生的《开创与限制——科技发展的回顾与检讨》，从教育、政治社会与经济三方面来回顾与检讨中国传统科技的发展，虽然对某些影响科技发展的历史因素只能稍作触及，但是全篇已粗具规模，我们期待更深入的研究出现。刘君灿先生的《关联与和谐——影响科技发展的思想因素》，则论述中国传统科技中，整体有机的自然观，与科技上重经验、重实用的趋向，为中国传统科技的特色，至于究竟是哪些理念一方面创发了科技，而另一方面又囿限其发展？似乎仍未被科技史家所真正掌握，此一问题也有待深一层的探讨。

无论如何，本书10篇论文大都能平实地论述中国传统科技成就，并且用心地将它们落实到整个文化背景中去加以评估。因此，其中确实不乏发人深省的结论。不过，由于我们的很多研究都只是初步的，很多历史观念的推演必定失之博洽，深盼读者一并给我们指正。

想象力与逻辑推理

先秦的自然思想与科技成就

刘君灿

科学是人类文化不可分离的一部分，甚至可说科学与人类文化有着“生理的”或“有机的”关系，就像蜗牛的壳对蜗牛，蜘蛛的网对蜘蛛一样。因此，先秦时代的百家争鸣固然是中国思想史、文化史的黄金时代，但是论其自然思想与科技成就也相当辉煌。从很多例证来看，先秦时代的自然思想与科学技术，的确予后世颇为深远的影响。

再者，我们也体认科学创生发展的心态，必须要有相当程度的主客对立，也就是必须注重客观性的讲求；这在注重“整体圆融，通体相关”的中国文化思想中是比较欠缺的。不过，整体主义、有机主义确也是中国传统思想、科学上的一个特色；某些方面甚或对科学主义的绝对二分对立及过分专断的机械论有所启发。本文拟扼要叙述儒、墨、道、法诸家对“自然研究”的态度，及其对方法与客观的讲求程度，并大致讨论经验主义、实用主义在中国科技思想中所扮演的角色，以及中国人对自然与技术的基本观点。最后则尝试分析何以道家自然主义想象力的驰骋，与墨家逻辑性的讲求无法结合，而竟成为中国科学发展史上的一大遗憾。大体上本文只就先秦的发展做一形态分析，后世的衍变则只略为提及，因为本书其他诸篇将对历代科技的发展分别加以论述。

至于先秦辉煌的科技成就，本文将按数学与逻辑、物理、天文、化学工艺、生物医药、地学、农业、工程等八个项目一一叙述：一方面叙述事实的发现，一方面也叙述理论上的发明。

先秦诸子的自然思想

- 以“人”为中心的儒家理性主义

儒家大致上是理性主义，绝不迷信，“知之为知之，不知为不知”，对于一些一时不可知的事物大多敬而远之，孔子就说过“未能事人，焉能事鬼；未知生，焉知死”的话。对自然事物则一切以对人实用为准绳，因此儒家君子之三达德中的“知者不惑”是明道德，明人事之分际，明自然事物对人之用。樊迟问知，孔子的回答是“知人”和“务民之义，敬鬼神而远之”。但由于太重人文，一些看起来不直接与人事相关的自然知识，儒家是很少加以客观探究的。甚至有些与人事直接相关的自然知识，如农事技艺、器械制造等，在“先立其大者”之下，也认为只是百工之事，为学者士人所不为。固然这种“致远恐泥，君子不器”的深层考虑我们是了解的，但衍至后世，学者与百工，理论与技术的割裂却使中国的科技很难有近代的形式，这种状况甚至造成了直至今日还存在的行政人员与技术人员的割裂，可谓影响深远。

儒家的这种倾向在孟子、荀子的言论中也表现得很清楚，孟子对主观性的强调可谓更强，譬如孟子认为仁、义皆内在于人的主体，孟子是以“义”为辨善恶的能力，取决于认识的主体，其“义”为伦理性的。先秦另一位思想家告子的仁内义外说则以认识的正误取决于所认识的客体，《孟子·告子篇》有这样的一段话：

> 告子曰：“食色性也。仁，内也，非外也；义，外也，非内也……彼长而我长之，非有长于我也。犹彼白而我白之，从其白于外也，故谓之外也，……吾弟则爱之，秦人之弟则不爱也，是以我为悦者也，故谓之内。长楚人之长，亦长吾之长，是以长为悦者也，故谓之外也。”

告子认为要知道物体真正的颜色，必须服从物体本身所见的颜色；要辨认生物真正的长幼，必须以生物真正的长幼为决定因素。也就是说告子之“义”以“致真”为要务，谈事实而不论价值。而告子既以义外说为其知识论或方法论上的基本原则，则其性无善无不善论就是必然的了，因为性是一件存在的事实，为善为不善则纯是一种价值的判断而已。所以我们可以说与孟子同时的告子就具备了相当的客观性[1]。

1. 关于告子学说的意见，参见陈大齐，《告子的义外说与自然科学的精神》，《清华学报》，新一卷2期（1957年），页1—6。

至于荀子也一样是重人文的理性主义者，他不迷信，在《天论篇》中尽力破除流星陨坠代表祸福的看法，在《解蔽篇》中则有“故伤于湿而痹，痹而击鼓烹豚（祭神以求愈疾），则必有敝鼓丧豚之费矣，而未有俞疾之福也”的言论，同篇中甚至不承认灵魂的存在。在《非相篇》中则批斥以貌相定一生休咎之说。但他太重人文，他所要求的正名是要“上以明贵贱，下以辨同异。……使志无不喻之患，事无困废之祸”。[2] 由“明贵贱”一语之要求，我们可以看出荀子已与孔子正名的“君君，臣臣，父父，子子”的对待伦理大异其旨，而对自然事物的“辨同异”也只在求实用上事无困废，重技术而不主张寻求科学的逻辑，从事理论上的思考。在《儒效篇》中就说：

> 若夫充虚之相施易也，坚白同异之分隔也，是聪耳之所不能听也，明目之所不能见也，辩士之所不能言也。不知无害为君子，知之无损为小人，工匠不知，无害为巧，君子不知，无害为治。

因为他太重具体与实用，所以他反对概念与理论上的讨论，排除这些讨论则“其民莫敢托奇辞以乱正名，故壹于道法而谨于循令矣”。[3] 甚至由于他太重人文与实用，还说过“错人而思天，则失万物之情”[4] 的话，这也就无怪乎他会批评庄子“蔽于天而不知人”了[5]（这里的“天”是指大自然的意思）。

• 顺应自然、天道齐物的道家

从我们现在用“自然”一词来代表世界或宇宙，就可见中国人受道家影响之大了。“自然”即表示“自然界”有其本身的内在机制，会“自然而然”，而人的努力成果，无论表现在科技或人文上，都应“顺乎自然”，所谓“人法地，地法天，天法道，道法自然”。[6] 因此道家

2.《荀子·正名篇》。
3. 同上。
4.《荀子·天论篇》。
5.《荀子·解蔽篇》。
6.《老子道德经》廿五章。

就深深感觉到要入世必先出世，欲治理人类社会，必先超越人类社会，以对自然宇宙有一高深的认识和了解。道家认为在建立礼法知识之前，必须先建立参天地化育的真知识。如此，我们可以知道道家的自然观乃是：不以人为宇宙的中心，从而在自然的客观探求上，不以人的标准去权衡自然就成为可能的了。

道家的“齐物论”就是把人与宇宙万物一体同观，极具客观性，如《庄子·齐物论》中有言：“民湿寝，则腰疾偏死，鳝（泥鳅）然乎哉？……毛嫱丽姬，人之所美也，鱼见之深入，鸟见之高飞，麋鹿见之决骤。四者孰知天下之正色哉？”人之所畏、人之所美不一定是其他生物的所畏所美。道家并且认为大如星球的运行，小至一牛的结构以及庖丁解牛的技术，都是依循自然的法则，万事万物一体而同根，都是道的一部分。庄子甚至认为屎溺中都有道的存在（见《庄子·知北游篇·东郭子问道章》）。

有的人或许认为道家固然有“道通为一”的观念，但在“顺乎自然”这一要求之下，怎么会去探讨自然从事科学研究呢？道家不是讲求“无为”的吗？其实“无为”并非没有行动，而是因势利导，委婉而成，所以郭象注《庄子》就说：“无为者，非拱默之谓也”。《淮南子·修务训》中也说：

> 夫地势水东流，人必事焉，然后水潦得谷行。禾稼春生，人必加功焉，故五谷得遂长。听其自流，待其自生，则鲧禹之功不立，而后稷之智不用，若吾所谓无为者，……循理而举事，因资而立权，……非谓其感而不应，攻而不动者。

所以道家的“清静无为”就是不要违反事物的天性，拂逆天时，要虚心无成见，顺乎自然，取法自然。而要想取法自然，就要从事科学的观察，尽人事以参天功，这一来便接触到了经验主义的内涵。但是道家不重视理论科学，宁愿从事物之用（技术）中去发现事物之理。如《庄子·齐物论》就说：

> 其分也成也，其成也毁也。凡物无成与毁，复通为一。唯达者知通为一，为是不用而寓诸庸。庸也者用也，用也者通也，通也者得也，适得而几矣。因是已，已而不知其然谓之道。

这告诉我们要用才能通，才能得，且通用后，可以不知其然，道家不重理论与逻辑思考由此可见。并且即使一时不用，也要藏诸庸，以备他日之用。

又因主张"道通为一"，影响所及，中国的传统科学思想也有浓厚整体主义和有机主义倾向，既重相生，也重相克，总想做到"整体圆融"。这与西方科学重"孤离"（isolation，去除不重要因子，确定研究界域），和"抽象"（abstraction，概念化，符号化，逻辑化）以及控制变因的研究态度是十分不同的。沿至后世，整体主义的倾向，固然使大部分的中国传统科学由于变因太多，以致无法借助量化而形成理论系统，但其天下万物息息相关的有机观点，却有助于今日西方科学界重新注重生态环境，认识到与自然和谐共存的重要性。再者，中国的天人合一自然观也是这种整体主义的一个特色，阴阳五行的运用背景也与此有关，所有这些观念在先秦均已萌芽成长。

近代科学的开展，除了要借重逻辑与数学的工具外，机敏洞察的猜测，海阔天空的想象力也极为重要，如此才能发展出各种各样的"模型"（model）去描述万事万物。因此，我们可以说"想象力"也是科学创生发展的一个动力。道家的想象力极为丰富，《庄子》全书中想象力的驰骋是极为惊人的。大鲲、大鹏的比兴不知沉醉、激发了多少才士。只不过这种玄思不重逻辑与方法论，因此上智之士固然腾跃飞转，无所不适，中人以下就无法可循了。《庄子·天运篇》说："使道而可献，则人莫不献之于其君；……使道可告人，则人莫不告其兄弟"。这种"不可说，不可说"毋宁是道家思想的一大缺陷，或许这也正是道家思想未能促成伟大的科学运动的原因之一。

其次，由于道家对科技的讲求是顺应自然，因势利导，所以，道家对人类创制机械一事，都深恐其过分干预自然而危害自然，或者因有了机械，就有了分工，造成了过分的隔阂而危害了相互交通的和谐。《庄子·天地篇》就有这样的一个故事：

> 子贡南游于楚，反于晋，过汉阴，见一丈人方将为圃畦，凿隧而入井，抱瓮而出灌，搰搰然用力甚多而见功寡。子贡曰："有械于此，一日浸百畦，用力甚寡而见功多，夫子不欲乎？"圃者仰而视之曰："奈何？"曰："凿木为机，后重前轻，挈水若抽，数如泆汤，其名曰槔。"为圃者忿然作色而笑曰："吾闻之吾师，有机械者必有机事，有机事者必有机心。机心存于胸中，则纯白不备，纯白不备，则神生不定；神生不定者，道之所不载也。吾非不知，羞而不为也。"

这段故事很明显的是反对过分干涉自然。

- 注重方法、讲求有为的墨家

道家未能建立一套观察自然的严密系统，处处无为；相反的，墨家却是汲汲于建构一套科学逻辑，处处讲求有为与方法。《墨子·法仪篇》有这样的话：

> 天下从事者，不可以无法仪，无法仪而其事能成者无有也。虽至士之为将相者，皆有法；虽至百工从事者，亦皆有法。百工为方以矩，为圆以规，直以绳，正以悬，平以水，无巧工不巧工，皆以此五者为法，巧者能中之，不巧者虽不能中，放依以从事，犹逾已，故百工从事，皆有法所度。

这种讲求实际方法的观点与"道无可献"的道家真是大相径庭。所以道家或可称为“境界心态的经验主义者”，始终局限于“个人”，无法有普遍性与必然性；墨家则为“实证心态的经验主义者”，讲求方法，使用工具。因为墨家是实证心态的，所以在《墨子·非命篇》就朴朴实实地提出了三表法——“有本之者，有原之者，有用之者”。所谓本之者是“本之于古圣王之事”，可说是诉诸古代的权威，讲求过去的经验；原之者是“原察众人耳目之实”，诉诸五官的经验，讲求现在的经验；用之者是指发以为刑政，观其是否适合国家、人民之利，诉诸实际的效用，讲求将来可能的经验。

至于墨家对客观性的讲求可以从《墨子·经下》第七条[7]窥见一斑。这一条经云：“偏去莫加少，说在故。”《经说》云：“偏，俱一无变。”这里“偏”是属性的意思，主观判断的属性可以添加或取去，而不涉及其增或减；譬如一朵“美丽的”花，不管我们称它美丽与否，花仍然是同一的花。

7. 第七条是依谭戒甫在《墨辩发微》(台北，世界，1979年)一书中的排比。

科学是文化的一部分，而文化的各个部分是互动的，一个思想家在这一方面有某一观点，在另一方面这种观点往往也会显露出来的。墨家在对自然事物上既可讲求客观、经验，在人文上自必有类似的反响，我们可以说墨家的倡兼爱、一视同仁的态度是较趋于客观性的，而儒家的差等之爱就比较主观了，不过这里的客观性是指不以个人为中心，因为差等之爱似乎更近于人性的真相。这种无差别相的客观讲求在名家也有，譬如《庄子·天下篇》中所记惠施“历物之意”十事的第十事就是：“泛爱万物，天地一体”，这种说法与道家的齐物论可谓异曲而同工，泯灭以人或个人为中心所生产的差别相，讲求客观性。

墨家既然讲求法仪，有没有提出什么具体的法仪来呢？有的，《经上》七十条云：“法，所若而然也。”《经说》云：“法，意、规、员，三也俱可以为法。”这里“意”是圆的概念，“规”是可画圆的工具，“员”是真实存在的圆，意思是说你要找法仪，可以从概念上着手，可以从工具上着手，也可以从真实存在的事物上着手。由此我们可以看出墨家是既重逻辑，又重经验的，因此“正名”与“知识”这两件事到了墨家的手上就变成《经上》八十条所说的：“知，闻，说，亲；名，实，合，为。”《经说》云：“知，传受之，闻也；方不庫，说也，身观也，亲也。所以谓，名也；所谓，实也；名实耦，合也。志行，为也。”在对知识的看法上，所谓闻知就是第二手资料，所谓亲知是第一手资料，说知（方不庫）就是来自逻辑推理或说明，不为空间地位所障碍的知识。在对“正名”的态度上，是讲求概念与实物的合一，甚至不止于此，所谓“志行，为也”，就是知道了还要去实行。这种“知行合一”，墨家是的确做到了，他们讲非攻，就实地讲求防御战术，并且摩顶放踵，到处奔波以求弭平战祸。至于在概念与实物的合一、理论与技术的合一这条路上，墨家也是知行合一的，《墨经》中讨论了不少朴素的逻辑和数学的概念，在物理、工程上也有许多贡献，特别是在机械和光学方面。

战国诸子都好辩，但墨家对辩的态度却不一样。《墨子·小取篇》：“夫辩者，将以明是非之分，审治乱之纪，明同异之处，察名实之理，处利害，决嫌疑。”前面两项为先秦诸子所共见，但后四项就可见出墨家重逻辑与经验的特色了。

墨家重视逻辑经验的特色若顺利发展下去，中国的科学可能极为可观，但事实上，一入秦汉，墨家就衰微了，原因固然很多，如其重器械的精神就被道教吸收了去，《墨子》一书在宋代甚至还被编入道藏[8]。又如其讲兼爱的精神就被不少以事君崇君为主的“君王儒”加以转化吸收也是原因之一。但最大的原因是墨家的想象力比较贫乏，并且过分执着于一事一物，而蔽于天地之全（这句话见《庄子·大宗师篇》，但在该篇中这句话并非对墨家而发），可说是只在知识上着眼，而缺乏整体的智慧，因此虽然摩顶放踵，仍难大利于天下，弭平战祸。我们把墨家的“有为”与道家的“无为”加以比较，就可见出两家在形上学方面

8.《墨子》一书在1163年被编入《道藏》，参阅李约瑟著，《中国之科学与文明》，中译本第二册（台北，商务，1977年8月修订二版），页335。

的高下了，当然墨家在知识论上的成就是不可抹杀的。而中国的科学在心态上，想象力的驰骋与逻辑性的讲求两者无法融合挂钩，却正是中国科学发展上的一大悲剧，也正是李约瑟深沉的感慨与叹息[9]，但这种慨叹并非到李约瑟才有，东汉王充在其《论衡·薄葬篇》中就提到了，他说：

9. 同上，页399。

> 夫论不留精澄意，苟以效外立事是非；信闻见于外，不诠订于内，是以耳目论，不以心意议也。夫以耳目论，则以虚象为言；虚象效，则以事实为非是。故是非者，不徒耳目，必开心意。墨议不以心而原物，苟信闻见，则虽效验章明，犹为失实；失实之议难以教，虽得愚民之欲，不合知者之心。丧物索用，无益于世，此盖墨术所以不传也。

- 成于数量、困于数量的法家

使秦国得以富国强兵，一统六国的是商鞅、李斯等法家，而法家在秦国之所以成功是依赖细密数量化的成文法。所谓“峻法”可说是把人民相互间及人民与政府间的关系，包括衣食住行每一项，都规定得清清楚楚，严格周密；所谓“严刑”即是讲求法律的尊严，如有触犯，即依法严惩不贷。在西欧，自罗马时代颁定不但罗马人要遵守，野蛮民族也必须遵守的所谓万民法后，西方人认为不独人世间可以有成文法，自然界也有可描述其现象关系的成文自然法，我们今天尚可由“law”既代表法律又代表自然定律这一点上窥知一二。西方人因有自然法的观念，所以对自然现象有将其明确化、系统化、数量化的趋向，这对西方科学理论化的发展是极有助益的。

科学史家对中国法家最感兴趣的，就是其讲求数量化的趋向，因为数量化是近代科学最明显的特征之一。“法”与“律”结合，《管子·七臣七主篇》中有言：“律者所以定分止争也。”这是法；但“律”另一方面是音律，音律是要靠数学处理的，这就看得出法家重数量化的影响与渊源了。《商君书·修权篇》也说：“夫释权衡而断轻重，废尺寸而意长短，商贾不用”。《商君书·禁使篇》甚至还说：“不恃其信，而恃其数，守其数者，虽深必得。”这一来就一方面见其长处，一方面又见其短处。就长处而言，数量化的讲求，或者是车同轨，书同文，可使事物的处理、政令的推行简单、明确、迅速、有效，如《尹文子》所说：“以万事皆归于一，百度皆准于法。归一者，简之至；准法者，易之极。”不过法家所讲究的数量化是实用上的，以及人事上的，缺乏科学理论上所讲求的量化与系统化。并且因为万事皆归于一，都恃其数，就造成过分的简单化了。自然界的现象也不能如是处理，因为要把许多科学术语定义得过分明确简单是不可能的，量子物理的不确定原理讲的就是这个道理，这也就是知识的模糊性（paradox of knowledge）[10]；自然界如此，何况繁杂纠结的人事呢！因此我们可以说法家成于数，亦困于数，并且法家的数对自然物大抵只用于度量衡，鲜有致力理论科学上的数量系统化。

10. 郭正昭，《也谈“两种文化”》，载布罗诺斯基著，蔡仁坚译，《科学与人文价值》（台北，景象，1977年），页201。

- 先秦科技思想再释

儒道墨法各家对自然研究的态度，普遍有重经验实用的倾向，儒家较重人文，道墨两家较具客观性的趋向。我们要问：如儒家以“人”为中心，是否就反科学呢？道家以“自然”为中心，是否就真的“蔽于天而不知人”呢？事实上，诸子百家无论是谈“天”，或是说“地”，最终的目的仍然是归于人。儒家除了深厚的人世经验外，也希望开物成务；道家除了想象力的驰骋外，也是不离人间世的，其他各家都是如此，因为天地人三才，人是起点，也是终点。《易经·系辞传》的几句话，就描述了这种开物成务，参天功以济人事的看法：“……知周乎万物而道济天下”。“古者，包牺氏之王天下也，仰则观象于天，俯则观法于地，观鸟兽之文与地之宜，近取诸身，远取诸物，于是始作八卦。以通神明之德，以类万物之情”。不过由人出发，再回到人的途径却各有不同，儒家直接以人为中心；道家先出世再入世；墨家也是以人为中心不过却重在器械与方法论上。

20世纪量子物理学家维萨克（Von Weizsäcker）对于自然、人、自然科学之间的关系曾有如下的名言：“自然先于人，人先于自然科学。”[11]所谓“自然先于人”即不要以人的标准作为自然界唯一的权衡；所谓“人先于自然科学”即自然科学最后仍需归之于人，尤其需顾及长远的人类利益。

还要一提的是：客观性不以人的标准当作宇宙的权衡；而整体主义则是强调整体系统内各部分的息息相关和相生相克。因此，在客观性的讲求下，仍然可以有整体性结构的自然观；也就是说主客对立并不妨碍主客间关系的描述，何况并非绝对的对立呢！

11. 海森堡著，刘君灿译，《物理与哲学》（台北，幼狮，1977年），页44。

12. 对竹木刻痕表数叫书契，亦见《墨子·公孟篇》：“是数人之齿，而以为富”。俞樾注云：“齿者，契之齿也。古者刻竹木以记数，刻者如齿，故谓之齿”。《列子·说符篇》：“宋人有游于道，得人遗契者，归藏之，密数其齿曰：‘吾富可待矣。’”

13. 参阅陈良佐，《先秦数学的发展及其影响》，《中央研究院历史语言研究所集刊》，第四十九本第二分（1978年6月），页277。

先秦的科技成就

- 数学与逻辑

先谈数学中的表数法。中国一如其他的古文明地区，很早就用结绳来记事，其后用草茎的数目或用竹木上的刻痕（齿）来表数，这种木条就叫书契，《易·系辞下》就说：“上古结绳而治，后世圣人易以书契。”[12]到了商代的甲骨文中，已采用十进位记数，也发明了从一到九的数目字，并用空位来表零或进位，甚至甲骨文中已有表示百、千、万的文字。甲骨文中目前所看到的最大数字是三万[13]。到了春秋战国，在运用竹木来计数的基础上，发明了筹算（“筹”、“算”两字都从竹）；《老子》廿七章就说“善数不用筹策”。后世更有“运筹于帏幄之中，决胜于千里之外”的名言。而筹算运算则可能是将筹置于算板之上，用算板上的纵横格子来表位数[14]。这种算法非常简便，一直沿用了近两千年，直到被珠算取代为止。

在算术方面，加减法因其简便，早就有了。至于乘除，先秦已有九九歌诀，《管子·地员篇》、《吕氏春秋·制乐篇》都有记载，不过没发现完整的九九歌诀，这可能是典籍中并不需要用到完整的歌诀。除了整数的四则运算外，分数的运算在先秦的《孙子》、《墨子》及《考工记》中也屡见不鲜。

几何方面，制图工具的规与矩是早就有了，《考工记》中对若干角度与弧长也都有明确的概念和名称，如以“宣”表“矩”的二分之一（45°），“磬”代表135°等[15]。《周髀算经》中也知道圆周率约近于三。而毕氏定理（勾股定理）先秦时也知道了，不过先秦并未加以证明，要等到三国时的赵爽才完成[16]。若干面积、体积的计算在先秦时也都会了[17]。至于非实用的抽象理论方面，在《墨经》里对几何学的一些基本概念的定义也有了开展，如《经上》六十一条有谓：“端，体之无厚而最前者也。”《经说》：“端，是无同也。”这是几何上点的定义。诸如此类的经文很多，不过并没有构成像希腊的欧氏几何那样完整的系统，秦汉以后也没有进一步的发展。

先秦诸子中把逻辑当做一个课题来探讨的，可说只有名墨二家，其他诸子的言论虽有很多是暗合逻辑的，但却不把逻辑当做一个研究的课题。以今天所存资料来看，名家大都近于诡辩，真正谈逻辑的可说只有墨家。不过墨家并不太注重形式逻辑，即墨家逻辑重视语意，而不太重视语法；墨家认为推论不能只由语法来判断，必须注意语意的不同，而后推论才不至于发生谬误[18]。这种重实质不重形式也表现了中国思想的特色。

---

14. 参阅陈良佐，《先秦数学的发展及其影响》，《中央研究院历史语言研究所集刊》，第四十九本第二分（1978年6月），页283。

15. 同上，页299；钱宝琮，《中国数学史》（1963年），页15。

16. 陈良佐，《先秦数学的发展及其影响》，页302；赵爽，《勾股圆方图》，《周髀》（台北，商务，1965年），卷上，页2—3。

17. 陈良佐，《先秦数学的发展及其影响》，页302。

18. 见钟友联，《墨家的哲学方法》（台北，三民，1976年），页167。

墨家逻辑既重实质，因此对分类的“别同异”就特别注意。首先墨家认为同异的比较必须以类为基础，如《经下》六条：“异类不比，说在量。”《经说》：“木与夜孰长？智与粟孰多？爵、亲、行、贾孰贵？麋与霍孰高？蚓与瑟孰悲？”木头的长与漫漫长夜的长是不能比的，麋鹿的高与山岭的高，智慧的多与粟米的多也是不能比的。要别同异，需先从纷陈的事物中，条理出普遍的原则，先分别“同”指什么，“异”指什么。《经上》八十六条：“同：重，体，合，类。”《经说》：“二名一实，重同也。不外于兼，体同也。俱处于室，合同也。有以同，类同也。”一实二名，谓之重同。全体与部分的关系，如身体与手脚，是体同。所处的空间相同谓之合同。同一类，如黑马、白马则为类同[19]。既然知道了何者为同，不同的就是异。晓得了同异为何，那要如何去运用呢？这要“同异交得，放有无”。[20]也就是说要在同一性征上比较，且需必要性征。《经下》六十六条：

> 经：狂举不可以知异，说在有不可。
>
> 经说：牛与马惟异，以牛有齿，马有尾，说牛之非马也不可！是俱有，不偏有，偏无有。曰牛与马不类，用牛有角，马无角是类不同也。若举牛有角，马无角，以是为“类之不同”，是狂举也，犹牛有齿，马有尾。

这是说举角的有无可以分出类同之异。但以此牛有角，马无角言牛马之“异类”，则又同为狂举，因为这一举不足以知其是否异类，譬如把一头牛的角锯掉后，是否就与马同类呢？因此，这显然是在讨论概念的种属差异，乃分别同异与明确定义的重要关键。

上例显示出墨家逻辑在实质分类上的精谨。此外，《墨经》在《经上》第一条就分辨出必要条件的小故，与充分且必要条件的大故：“故，所得而后成也。”经说：“故，小故，有之不必然，无之必不然。体也，

19. 同上，页141。
20. 见《墨子·经上》八十九条。

若有端。大故，有之必然，无之必不然，若见之成见也。”其他如两难式、注意语言层次的诡论、以反例推翻全称命题（止同以别）、类比推论的形式、比较同异的共变归纳法（如论桀纣与汤武）、三段论法、以及枚举归纳法，《墨子》中都有论引[21]。其目的不外乎想“明是非之分，审治乱之纪，明同异之处，察名实之理，处利害，决嫌疑”。[22]这一点墨家在相当程度上是做到了。

• 物理学

首先谈运动与力学，《墨经》中谈到对运动与静止的看法。《经上》四十九条：“动，域徙也。”《经说》：“动，偏祭徙，若户枢免瑟。”《经上》五十条：“止，以久也。”《经说》：“止，无久之不止，当牛非马，若矢过楹。有久之不止，当马非马，若人过梁。”“域”指区域，即位置；“徙”指迁徙，即移动，意即机械运动，也就是物体位置的移动。“祭”即“际”，有边界的意思。“偏祭徙”是指由轴线以外直到边界所有的部分都在移动，称为转动，还举出门轴（户枢）为例来说明，指出门轴正是由于不时转动而免于蛀坏。“止”是相对静止的意思，“久”指时间，凡物体在某一位置停留一段时间，即称为静止，“以久也”就是“止”的定义。《经说》再继续从此定义来阐明什么叫运动和静止，如“飞矢过楹”，在这一快速运动过程中，矢在空间任何一点都没有停留的时间（无久之），则该矢无疑是运动，而不是静止（不止），这个道理好像牛不是马（牛非马）那么明显。又如人过桥（人过梁），一止一顿，人在前足着地后足未起的一瞬间，就有一定的停留时间，根据“以久”定义，此时可以说是静止。如果说这时不是静止（不止），就好像说马不是马（马非马）那样没有道理了[23]。由此可见《墨经》已把机械运动归纳为相对运动和相对静止两种状态，提出了运动相

---

21. 两难式见《明鬼篇》所论不管鬼神是否存在，祭祀则有好处。涉及语言层次的诡论见《墨子·经下》七十一条与七十七条。“止同以别”见《墨子·经上》九十九条。类比推论之辟、侔、援见《小取篇》。比较同异的共变归纳法见《非命篇》之论桀纣与汤武。三段论法见《天志篇》论“义从天出”以及《墨子·经下》第七条。枚举归纳法见《小取篇》论“推也者，以其所不取之，同于其所取者，予之也。是犹谓他者同也，吾岂谓他者异也”。

22. 见《墨子·小取篇》。

23. 对此段经文的解释采用的是王谦在《中国古代物理学》（香港，商务，1977年）一书中的看法。

对性的观念。当然这些都是在日常生活中观察思考得来，不过，科学家对机械运动的相对性作出科学的论述，却是直到哥白尼手上才做到[24]。

至于改变物体运动状态的原因，《墨经》已知道是由于力，如《经上》二十一条有谓“力：刑之所以奋也”。《考工记·辀人》也由经验观察到惯性现象，如“马力既竭，辀犹能一取焉”（辀是马车）。甚至早在殷商时代，已发展出两人利用绳子，把水从岸下提到岸上田地里的戽斗，这是平行四边形合分力法则的一个实际应用[25]。在平衡与简单省力的机械方面，天平、杠杆、滑车、轮轴、桔槔、辘轳，《墨经》中皆有提及。《墨子·法仪篇》也提到为方以矩，为圆以规，直以绳，正以悬，平以水。用拉紧绳束定直线，悬重物定铅直线，用水面来定物体表面是否呈水平。

在《考工记》中，还提到哪一种路面，适应哪一种轮子[26]；也谈及箭要弹道准确，需均质的箭杆，以免前重后轻，或后重前轻，而失了准头。如何判断木头是均质的呢？他们用了极正确的“平沉”方法，即将做箭杆的木头放在水里面，如果沉入的深度各处相等，即为均质。对于箭尾的箭羽，也知道太多了速度会慢，但太少了又不能稳定前进[27]。《㮚氏》的记载显示已知道用水来测量复杂容器的真实体积。

磁学方面，已知运用天然磁石。古时磁石称为慈石，因为磁石会吸引铁片，就像慈母吸引住婴儿一样[28]。用天然磁石制成的指南针大约在战国时已出现了，《韩非子·有度篇》有这样的话：“先王立司南以端朝夕，正四方。”

声学方面，《考工记·凫氏》已知钟的结构与响度和传声距离的关系：“钟大而短，则其声疾而短闻；钟小而长，则其声舒而远闻。”“磬人”则知如磬体太厚，发声太高，就把磬面磨薄一点；如发声太低，就磨它的两端，使磬体相对变厚：“已上则磨其旁，已下则磨其端。”至

---

24. 如哥白尼倡地动，而在地球上的人却感觉不出等。

25. 见茅以升编，《中国古代科技成就》（1978年），页153，并请参见附图。

26. 如“轮人”即言：“凡为轮，行泽者欲杼，行山者欲侔”。

27.“平沉必均”语见“轮人”，而“矢人”即言箭羽多少之作用为“羽丰则迟，羽杀则躁”。

28. 古时“慈”“磁”通用，如《淮南子·览冥训》即言“慈石之引铁”。

于声音的共振在《庄子·徐无鬼》也有记载："为之调瑟，废一于堂，废一于室。鼓宫宫动，鼓角角动，音律同矣。"至于宫商角徵羽这五音十二律，在战国时期已形成了推算的"三分损益法"[29]，即基本律黄钟（管长九寸）的长度屡次乘1-1/3（三分损一）或1+1/3（三分益一）便可得出各律，如黄钟三分损一，便得林钟长六寸；林钟三分益一，便得太簇长八寸等。

光学方面，在春秋战国时期，已能制出很好的青铜平面镜、凹面镜、凸面镜；那时将凹镜叫鉴低，凸镜叫鉴团；凹镜因能聚光在焦点（《墨经》叫中燧）引燃小木片，又叫阳燧[30]。至于玻璃珠先秦也有，但只用来镶嵌饰物，并未制成透镜[31]。此外，《墨经》也包括了很多几何光学的知识，如成像的判断等，并且所运用的方法与今无二，即将物体分解成物点（《墨经》叫鉴者之臬）、影像分解成像点（景之臬）来作图[32]。

29. 李约瑟，《中国之科学与文明》，中译本第7册，页281。

30. "鉴低"见《墨子·经下》廿二条，"鉴团"见《经下》廿三条，"中燧"见《经下》廿二条，"阳燧"则初见于《淮南子·天文训》"阳燧见日则燃而为火"。

31. 李约瑟，《中国之科学与文明》，中译本第七册，页172、173。

32. 见《墨子·经下》廿一条。

• 天文学

天文观测方面，因在"天垂象，见吉凶"的天人合一思想笼罩下，不但政府中有专司天文观测的钦天监，正史也设有"天文志"专记其事，因此中国的天象记录可说是人类的宝藏，而且这种记录可上溯到殷商时代。中国的庞大天象记录在今天看来，是很珍贵的，根据现代天文学的研究，地球自转轴的方向在缓慢变更，以致天球恒星的赤道坐标也在缓慢变动，每年约变动五十秒弧（一周为三百六十度，一度为六十分，一分为六十秒），这种岁差现象可以使我们判断某种恒星的分布状况代表哪一个时代，这一来中国的天象记录与现今天文学就有相互参证的价值了。这些记录包括历史上最早的一次哈雷彗星记录——春秋时鲁文公十四年秋七月（公元前613年）"有星孛入于北斗"的记载。而最早的天琴座流星雨记录也见于《左传》庄公七年（公元前687

年）“夏四月辛卯夜，恒星不见，夜中星陨如雨。”

现存世界上最早的恒星分布图是战国时的《甘石星经》，即《甘德星经》（当时称《天文星占》）和《石申星经》（当时称《天文》），各记有五百到八百多个恒星（原经亡佚，惟在唐代的《开元占经》中可见其片断）[33]，当时的星图根据现代的推算，相当多的部分为公元前4世纪的星象。而中国古天文学向来把天上的恒星分为七曜三垣廿八宿，七曜是指日月五大行星这七个会变动位置的天体，三垣廿八宿则是一种天上人间的对应，三垣是围绕在北极星周围的星，即紫微垣、太微垣、天市垣，廿八宿都是在天球赤道附近的星宿，这廿八宿的观念与名称在甲骨文中就有了一些，李约瑟也根据现代廿八宿相互距离及位置的不整齐，推算出公元前1600年左右的赤道可经过廿八宿中的大部分，即廿八宿的观念当在殷商以前已存在[34]。此外值得一提的是：中国标定星位的方法是赤道坐标法，现今天文学用的即是此法，不是希腊阿拉伯用的地球轨道的黄道法（黄、赤道出入23.5度，即地轴与地球轨道面的交角）。

至于日月蚀这种常见的天象，在殷商的甲骨卜辞上更是主要的内容之一。对于日月蚀的成因也认识很早，《易经·丰卦》有“月盈则食”的说法，《诗经·小雅》有“彼月而食，则维其常”的观念，战国石申已知日食和月亮有关，认识到日食必定发生在朔或晦（初一或三十）[35]。

在历法方面，因为我国为农业社会，必须风调雨顺，才能国泰民安，因此早有了四季配合农时的历法，《尚书·尧典》中就曾谓“钦若昊天，历象日天星辰，敬授人时”。然而历法中的年月日数量不齐，地绕日一周为一年，月绕地一周为一月，地球自转一周为一日，但月非整日，年非整月，如何参差安排，历法便有不同。我国秦汉前的古历已佚失，但处理的原则却传了下来，即中国的制历原则是“干支阴阳三合历”[36]。中国以土圭量日影最长者为冬至，文献上的最早记录是《左传》僖公五年（公

33. 见《中国之科学与文明》，中译本第五册，页42。

34. 同上，页107。

35. 同上，页390。

36. 见高平子，《历法约说》（上），《大陆杂志》，第十卷第8期（1955年4月），页1。

元前654年），并且以冬至到下一个冬至为一年。在秦汉以前甚至以冬至所在的一月为岁首。中国月为太阴朔望月，十二个月比太阳年短了十日有奇，因此大约三年就须补一个闰月，最后方式为十九年七闰。如何置闰则看“中气”而定，所谓“中气”是将一岁的时间（由一冬至到下一冬至）十二平分之，凡太阴月自一朔之本日至次朔之前日含有某一中气者即定为某月，惟太阳月长于太阴月，故有时两朔之间不含中气，则此月无所归属，乃附于前一月而为闰月。之后十二中气再平分为廿四节气，即配合农时的雨水、惊蛰、小雪、冬至、春分等，这廿四节气的名称可能产生在战国末期，而全部廿四节气的名称要到西汉《淮南子·天文训》中才出现[37]。

除了阴阳历的兼顾外，中国还有六十甲子的干支计年计日法，即以天干（甲乙丙丁戊己庚辛壬癸）配合地支（子丑寅卯辰巳午未申酉戌亥），成为六十组来推算。以干支计年正式始于东汉[38]，以干支纪日则不但五经二十四史处处可见，所有金石甲骨文字亦莫不皆然。后世甚至用干支来纪月纪时，这一来人的生辰便可以八个干支的字作为代表，命相家即以此生辰八字来推算人的一生命运。

在宇宙理论上，战国尸佼给宇宙下了一个定义：“上下四方曰宇，古往今来曰宙”，即今日空间时间的意思。《庄子·逍遥游》、《齐物论》中有宇宙无限的观念，汉代张衡也明确表示“宇之表无极，宙之端无穷”[39]。但是先秦的宇宙理论主要为战国时《周髀算经》中的盖天说，即所谓“天圆地方”，“天象盖笠，地法复盘”，认为天高八万里，天地都向四边缘逐渐低下，中央高于四旁六万里，是以日运行到极北时南方夜半，极东时西方夜半。日周游四至，而正北极的“北极中大星”为天之中正，所谓璇玑之中，天心之正，璇玑径二万三千里，周六万九千里。《周髀》并认为日光有照射的极限，约十六万七千里，于是有黑夜，而月之生光，亦由借日，所谓“日兆月，月光乃出，故成明

37. 同上。

38. 同上，页2。

39. 茅以升编，《中国古代科技成就》，页62。

月”。《周髀》中素朴的宇宙观到了后代慢慢让位给浑天说，浑天说以宇宙譬作鸡蛋，而以大地居于中央，天体悬游四周。汉代张衡即据浑天的观念做成了浑天仪。

• 化学与工艺

约五十万年前，北京人已知用火。到了公元前6000年，中国仰韶文化期已有陶窑及手制、模制的陶器，在商代时更知道用釉来美化釉陶和瓷器。在龙山文化晚期，中国已会酿酒[40]。《左传》宣公十二年（公元前597年）有用酒曲来治病的记载，《周礼·天官》中也设有酒正、酒人等官职。又据《史记·货殖列传》，周代制盐已相当发达，《周礼·天官》中设有盐人专司其事，此外尚有醯人掌醋、酱之事等。

40. 见《自然科学大事年表》（香港，商务，1976年），页2。

41. 茅以升编，《中国古代科技成就》，页224。

至于印染方面，根据《周礼·天官》，从西周到春秋，已掌握了丝帛的各色染法，《诗经》的“绿兮衣兮”、“青青子衿”、“载玄载黄”，真是五彩缤纷。

在漆器方面，起源于四千多年前的虞夏时代，《韩非子·十过篇》说：“尧禅天下，虞舜受之，作为食器，……流漆墨其上……，舜禅天下而传之于禹，禹作为祭器，墨染其外，朱画其内。”在《尚书》的《禹贡》中，漆器与蚕丝是贡品之一。上世纪50年代在江苏镇江新石器时代晚期遗址，也发现了漆绘墨陶罐[41]，和《韩非子》记载的时代相吻合。不过现存最早加上纹饰的漆器是在安阳殷墟中发现的，到了春秋战国，漆树与桐树的栽培已有官营，庄子甚至做过蒙地的漆园吏。且乐器已有漆饰者，如《诗经·国风》：“山有漆，隰有栗，子有酒食，何不日鼓瑟”，“椅桐梓漆，爰伐琴瑟”。

至于炼丹术的起源可能也很早，因为《战国策》及《韩非子·说林上篇》已有方士向楚王献不死药的记载。另从《周礼·考工记》中，我们发现了世界上最早的合金成分的研究：“金（钢）有六齐；六分其金而锡居一，谓之钟鼎之齐；五分其金而锡居一，谓之斧斤之齐；四分其金而锡居一，谓之戈戟之齐；三分其金而锡居一，谓之大刃之齐；五分其金而锡居二，谓之削杀矢之齐；金锡半，谓之鉴燧之齐”。[42]

关于是否有原子论的问题，《墨经》承认有不可再分的微粒子“端”存在，“端”即近于今日的“原子”，《经下》六十条：“非半弗斫则不动，说在端。”《经说》：“非，斫半斫，进前取也，前则中无为半，犹端也。前后取，则端中也。斫必半。无与非半，不可斫也。”即斫半至端为止，盖端为最小，斫至最小，不可再斫，即成非半。但《庄子·天下篇》辩者的观点却认为物质可无限地分下去：“一尺之棰，日取其半，万世不竭。”

42. 四十年代梁津曾以确可审定之周器加以成分分析，发现与《考工记》所言误差不出5%，见梁津，《周代合金成分考》，收于《中国古代金属化学及金丹术》（1955年）一书。

43.《自然科学大事年表》，页3。

44. 见《地官·大司徒》之职所掌。

45.《自然科学大事年表》，页3。

46. 见《淮南子·修务训》。

• 生物与医药

生物方面，《诗经》上记有植物名称一百多种，动物名称两百种[43]，而汉代小学家缀辑旧文递相增益的《尔雅》则注释了《诗经》中草木虫鱼鸟兽之名；至于把动物与植物正式分开，并提出动物与植物二名的则见诸《周礼·地官》[44]，在“地官”中还把动物分为毛羽介鳞裸五类，植物分为皂膏核荚丛五类[45]。

在《周礼·考工记》中甚至把虫属的构造及行动分成了“外骨、内骨”、“却行、仄行、连行、纡行”等，对它们的发声器官则分类为“以注鸣者（用口发音），以旁鸣者（以胁发音），以翼鸣者，以股鸣者，以胸鸣者，以脰鸣者（以颈项发声）”，可见先人的观察是颇深刻的。

在医药方面，除了神农尝百草的传说外[46]，公元前4世纪战国时的《山海经》已明确提到一百二十多种药，包括动物，植物和矿物，并提到它们的简单用法，如食、浴、佩戴、涂抹等，有的还用来预防疾病。

另外医学也逐渐经验化，与巫分家（醫曾写为毉），并且还有了分科，如《周礼·天官》，即分医学官人为食医、疾医、疡医、兽医。其中食医主调配饮食之寒温、滋味、营养等，可见中国对食物疗法的注重；疡医掌医治肿疡、溃疡、金疡、析疡等病，相当于现在的外科；至于疾医，治病首需以五味五谷五药（草木虫石谷）来疗养疾病，其次要以五气五声五色来观察病人病势，测知是否有治好的希望，再次要观察九窍的开闭是否正常，第三步诊脉测知九脏活动的情形，以断定病情，且必须“凡民之有疾病者，分而治之，死终则各书其所以而入于医师”，由此可知当时已重视病历。而医师之下设有上士二人，下士四人，府二人，史二人，徒二十人，可见已希望有一套医政制度，并由“岁终则稽其医事，以制其食，十全为上，十失一次之，十失二次之，十失三次之，十失四为下”，可知当时已注意医疗考核。另由《史记·扁鹊仓公列传》，知道战国时秦已设有太医令，后世也大多从之。

中国特殊的针灸疗法也开始得很早。针法的前身为砭石疗法，《说文解字》：“砭，以石刺病也。”在新石器时代的遗址中，发现了不少的骨针、竹针。到了周代由于青铜使用的普遍，更进步到了金属针[47]。灸法可能来自远古用兽皮树皮包上烧热的石块，贴附身体的某一部分以取暖，而体会到这样可以消除某些痛苦，如因受冷引起的腹痛，寒湿造成的关节痛等，遂逐渐由原始的熬熨法改进成用树枝或干草作燃料，进行局部的灸焫，而形成了灸法[48]。1973 年在长沙马王堆汉墓中发现了多种周代编写的医书，其中《足臂十一脉灸经》、《阴阳十一脉经》二书，除记载了经脉上的疼痛、痉挛、麻木、肿胀等局部症状，以及眼耳口鼻等器官症状外，还有烦心、恶寒等全身症状可用灸法治疗，可见春秋战国时针灸疗法已相当普遍，医疗质量也有了很大的提高[49]。

在医学理论上，可能成书在战国末期的《黄帝内经》是我国现存

47. 茅以升编，《中国古代科技成就》，页434。

48. 见《中国医学史讲义》（香港，医药卫生出版社，1974 年），页4。

49. 茅以升编，《中国古代科技成就》，页435。

最早、内容较完整的一部古典医学著作，其中强调了人与自然有不可分割的关系，四时气候对人有切身的影响，其《灵枢·邪客篇》有“人与天地相应也”的话；并且用了阴阳相消相长的观念来说明人体结构、生理与病理。由其《素问·生气通天论》所说“阴平阳秘，精神乃治，阴阳离决，精气乃绝”，我们可以看出中医注重“机体平衡”的治疗原则，即“整体分析”的观念。又《素问·经脉别论》提到血脉中的水谷精气汇流于肺，所谓“肺朝百脉”，“心主身之血脉”，表现了对人体循环和肺循环的正确认识。由《灵枢·经水篇》的“若夫八尺之士，皮肉在此，外可度量切循而得之，其死可解剖而视之，其脏之坚脆，腑之大小，谷之多少，脉之长短，血之清浊，……皆有大数”，可看出《内经》时代已有病理解剖的萌芽。在治疗方面，《内经》强调“治未病”，即预防疾病，《素问·四气调神大论》用了临渴掘井的比喻说明发病后再治疗的状况，还强调早期治疗，所谓“上工救其萌芽”[50]，也反对迷信，所谓“拘于鬼神者，不可与言至德”[51]。

在对疾病的认识上，商代甲骨文中有许多记载，如（蛊），象虫在皿中，《说文解字》“蛊，腹中虫也”，即表示腹中的寄生虫；（龋）表示牙齿上的窟窿是由于虫蛀的关系[52]。此外甲骨文中还有其他疾病的记载，可见除去占卜的迷信外衣后，商人对疾病的认识已有相当的水准。至于酿酒与医药的关系，由现代医学的从酉（酒）以及“酒为百药之长”的说法就可知大概了，《左传》宣公十二年更有用来直接治病的记载。

在卫生保健上，夏商以后由于有了城邑、宫室、服装、陶器、青铜器，对卫生也有了讲求，养成洗脸洗手洗澡等习惯，如甲骨文中即有（浴字），象人用水在盆里洗澡。另外甲骨文中还发现有洒扫和在室内除虫的资料，如“庚辰卜，大贞：来丁亥冠帚……”，即丁亥日要在室扫灰除虫的意思[53]。运动方面，古人很早就知道跳舞可以舒筋壮骨，如《吕氏春秋·古乐篇》：“昔陶唐之始，阴多滞伏而湛积，水道

50. 见《黄帝内经·素问·八正神明论》。

51. 见《素问·五脏别论》。

52.《中国医学史讲义》，页11。

53. 同上，页12。

壅塞，不行其原，民气郁阏而滞著，筋骨瑟缩不达，故作为舞以宣导之。”后来在这个基础上更发展出体操和物理治疗，当时称为导引。

• 地学

先谈地理学。公元前5至前3世纪的地理著作《山海经》，神话传奇成分太浓，不过其中已提到潮汐与月亮的关系。公元前3世纪，《尚书·禹贡》也问世，载有中国各地土壤的特征，并首分天下为九州。各地产品的性质，河川的流向都有记载，但其所述疆域不及后来中国文化分布区域的一半。

在地图学方面，传说夏代铸有九鼎，上有九州之图，《左传》宣公三年有楚子问鼎，想取周天下的记载。中国历来对地图之所以非常重视，其原因可见《管子·地图篇》：

> 凡兵主者必先审知地图，轘辕之险，滥车之水，名山通谷经川陆陵丘阜之所在，苴草林木蒲苇之所茂，道里之远近，城郭之大小，名邑废邑困殖之地，必尽知之。地形之出入相错者，尽藏之，然后可以行军袭邑，举错知先后，不失地利，此地图之常也。

所以《孙子兵法》、《孙膑兵法》都有附图，而蔺相如完璧归赵、荆轲刺秦王更是战国时代有关地图的脍炙人口的故事。

在矿物学方面，《山海经》的《山经》记载了矿物89种，产地309处，并以硬度、颜色、光泽、状态来识别[54]。《山经》还记载了矿床学的共生现象，如铁与文石，白金与铁，这比希腊乔菲史蒂斯（公元前371－前286年）的《石头志》（记有16种矿物，分金石土三类）要早两百年，且较丰富。

54. 茅以升编，《中国古代科技成就》，页300。

在地壳变化和地震学方面，《诗经》明言了“高岸为谷，深谷为陵”，后世晋代葛洪在《神仙传》中更有沧海桑田的故事。《竹书纪年》

曾记载了公元前1831年泰山的一次地震，这是世界上最早的地震记载，以后更常见于典籍。至东汉张衡时，更发明了候风地动仪，可测地震方位及强度，为世界地震仪之始。

在地下水的利用方面，晋皇甫谧的《帝王世纪》记载了帝尧时代开始凿井取水的传说，而战国时秦蜀守李冰也在四川开凿了盐井。

在气象学方面，甲骨卜辞中有关气象记录的年代可追溯到公元前14世纪（商代武丁以前），卜辞中还反映出人们已有预知天气的要求，这自然来自农业的需要。且举出既载有事先预测，又载有事后实际天气的卜辞。如庚丁时："乙酉卜，雪，今夕雨？不雨。四月。"意谓今夜会下雪否？再记不雨，则系事后追记者，这是四月卜雪的卜辞。商代还有了简单的风向器，在甲骨文中为"俔"，现为"伣"，乃候风羽，即在风杆上系上布帛或长羽毛的最简单示风器。甲骨文中对雨也有"大雨、猛雨、疾雨、足雨、多雨、毛毛雨"等区别。至于云、雪、雹、霰、雾、霾、虹霓、雷、电、霖、霜、霁等气象名辞在甲骨文中都有了。并且知道降雨乃来之于云[55]。

到了周代，《易经》上有"七日来复，利有攸往"之说，可见周人已知气候变迁有规则和周期性。《尚书·洪范》："星有好风，星有好雨，日月之行，则有冬有夏，月之从星则以风雨。"可见已知星月与风雨之间确有密切的关系。《诗经》则明说："月离于毕，俾滂沱矣！"即月附着毕宿星座的位置时，天将大雨。《诗经》又说："上天同云，雨雪氛氛"。同云为齐一的层云，冬日雨雪常见。老子《道德经》也有"飘风不终朝，骤雨不终日"的记载。

至于对气象的解释，《尔雅·释天篇》有不少记载，《诗经》也有"习习谷风（东风很急），以阴以雨"，"英英白云，露后管茅"（言露乃天上白云下降，实误），"兼葭苍苍，白露为霜"（实误）。《庄子》也有"云者为雨乎？雨者为云乎？""大块噫气，其名为风。"《吕氏春秋》更有"山云草莽，水云鱼鳞，旱云如烟，雨云水波"，对云状及其

55. 参见刘昭民，《中华气象学史》（台北，商务，1980年），第一章《殷商时代》。

占候，已有分辨。在《吕氏春秋·十二纪》中则记载了现行历书的廿四节气的大部分名称，如雨水、立秋等。

至于水文循环（水分循环）在《计倪子》中也有“风为天之气，雨为地之气，风顺时（顺应季节）而行，雨应风而下降，命曰：天之气下降，地之气上升，阴阳交通，万物成矣”。至于为何有雷电，战国慎到创了摩擦形成说“阳与阴夹持，则磨轧有光而为电”[56]。王充在《论衡·雷虚篇》中则主爆炸起电说：“一斗水灌冶铸之火，气激裂，若雷之音矣！”近代气象学对此也尚未有定论。

至于与气象相关的生物生态的物候现象，《诗经》中有“天将阴雨，鹳鸣于垤（蚁冢）”，“春日载阳，有鸣在庚”，“四月莠萋，五月鸣蜩”，“六月莎鸡振羽”，“七月鸣鵙（伯劳）”，“八月剥枣，十月获稻”。《大戴礼记》的《夏小正》一篇则为对物候作系统叙述之始。且由当时所记载的物候，我们发现周代黄河流域气候比现在温湿，因此，我国已往的气候记载，对地球长时气象变化的研究甚有助益。

政府立观象台则见于《左传》僖公五年“……公既视朔，遂登观台以望而书，礼也”。观象台的任务为“凡分（春秋分）至（夏冬至）启闭，必书云物，为备故也”。

- 农业

由浙江余姚河姆渡和陕西西安半坡原始社会遗址的发掘证明：六七千年前，我们祖先已在长江流域种水稻，在黄河流域种小米等作物。三千多年前，甲骨文中已有稻、禾、稷、麦、来（大麦）等名称，还有畴、强、井、圃等有关土地整治的文字[57]。且古代农民很早就注意到“土宜”，即什么土地适合种什么农作物，《尚书·禹贡》列举了当时九州各种类型的土壤和主要农作物[58]。《管子·地员篇》更是讲土壤

56. 茅以升编，《中国古代科技成就》，页254。

57. 同上，页352。

58. 如把雍州（今陕西甘肃一带）的土壤叫做“黄壤”，把扬州（今长江下游）、荆州（今长江中游）的土壤叫做“涂泥”，乃因沼泽而成的低湿地，青州（山东东部）的土壤叫做“海滨广斥”，指海滨的盐渍地。

的一篇专文，它把土壤分类同地下水位高低以及宜于何种作物都联系了起来，也把九州的土壤，就肥沃程度分成上中下三级，每级包括六种，一共是十八种，这种分辨土壤，因土种植的传统经验，一直为后世所继承。

据《汉书·艺文志》记载，战国时的专门农书有《神农》、《野老》两种，但已佚失了。不过《吕氏春秋》中的《上农》、《任地》、《辨土》、《审时》四篇专讲农业，为我国现存最古老的农学论著。其中《上（尚）农》讲崇尚农业以为国本的理论，《任地》讲利用土地的原则，从整地、利用和改良土壤讲起，一直到耕作保墒，除草通风等十个课题。《辨土》则对《任地》篇所提诸事，作了具体回答。首先是对性质不同的土壤，在耕作时间上作不同的安排，接着谈因耕作不良引起的三种弊害，此称为“三盗”，就是“地窃”（播种过稀）、“苗窃”（缺苗）、“草窃”（杂草丛生）；再谈到耕种不及时和整地不得法（如翻土不得法、使土壤失去水分等）的弊病，以及庄稼的安排布局等。“审时”则详细谈论作物适时耕作播种的好处，以及失时（过早或过晚）的害处，即“得时之稼兴，失时之稼约”。

在施肥方面，先秦已知腐草可为肥，《诗经》里面就有锄草沤肥，使黍稷繁茂的记载。《荀子·富国篇》也提到：“多粪肥田，农夫众庶之事”。可见当时粪肥已很普遍。

在蔬菜和经济作物方面，西安半坡遗址出土谷粒的同时，还在一个陶罐里发现有芥菜或白菜一类的种子，年代大约在六千年以前[59]。到了周代，《诗经》对蔬菜生产也有所描述，《豳风·七月》“七月食瓜，八月断壶（瓠）”，“九月筑场圃，十月纳禾稼”。至春秋战国，农（大田作物）圃（蔬菜作物）已分工，种蔬菜已成专业，孔子即有“不如老农”、“不如老圃”的话。

59. 茅以升编，《中国古代科技成就》，页392。

中国最有名的经济作物该算茶和桑了，西汉时的王褒在《僮约》中有“武都买荼（茶古称荼），杨氏担荷”，“烹荼尽见，甫已盖藏”的记载[60]。先秦是否有茶就不得而知了。至于种桑养蚕，则为源远流长。在浙江吴兴钱山漾新石器时代的遗址中，发现有一批盛在竹篮里的丝织品，其中有绢片、丝带和丝线，这说明至少在四千多年前，已有相当发达的丝织业[61]。往后殷商墓中有形态逼肖的玉蚕，铜器上也有用蚕做装饰花纹的，甲骨文中更有关于蚕神和祭祀蚕神的记载[62]。到了周代，养蚕业更蓬勃发展，《诗经》中有许多篇章提到蚕桑，如《豳风·七月》："春日载阳（春天里一片阳光），有鸣在庚（黄莺鸟儿在欢唱），女执懿筐（妇女提着篓筐），遵彼征行（络绎走在小路上），爰求柔桑（去给蚕采摘嫩桑）。"根据《诗经》、《左传》、《仪礼》，当时已属家蚕时代，将蚕养在蚕室里，也用了蚕架和蚕箔，政府对蚕桑的重视也到了对精通蚕桑技术、使蚕不遭病害者，给予黄金一斤，食八石，并免除兵役的地步[63]。

60. 同上，页404。
61. 同上，页382。
62. 同上，页383。
63. 同上，页385。
64. 同上，页522。
65. 据闻一多的考证，参阅同上，页423。
66. 同上，页422。

在农业工具方面，我国很早就发明耒耜来整土，《易经·系辞传》："神农氏作，斲木为耜，揉木为耒，耒耨之利，以教天下。"河姆渡遗址也有耒耜出土。后来耒耜发展成犁，不过在战国以前，用的是石制、木制和骨制工具。后来由于牛耕的出现和冶铁的兴起，战国时便有了铁制的耕犁[64]。

在畜牧方面，由"家"字的构造，我们知道在造字的时候已知养猪，甚至甲骨文中还有阉割猪的记载[65]，《易经》也有"豮豕之牙吉"的话，即阉割后的猪性变为温驯，即有利牙，亦不足畏。至于家畜良劣的辨识，在春秋战国时宁威写了《相牛经》，伯乐写了《相马经》，而伯乐与千里马也成千古美谈[66]。《周礼·天官》甚至告诉我们那时兽医也成了专业。

• 工程、工业

先谈与农业相关的水利工程。秦之得以灭六国有很多因素，但兵精粮足是最大原因，李冰父子在成都平原建都江堰，水工郑国在渭河平原凿郑国渠，对于粮足厥功甚伟，这需要在水文学上有深厚的知识，如地势高下，河川起伏，导沙防淤等。当然当时注意水利的也不止秦国，战国初期，黄淮平原因本为黄河泥沙冲积而成，远古为海域，故仍有大批盐碱地，魏文侯遂进行了可与今天“化沙漠为良田”相比拟的工程，《汉书·沟洫志》载：“魏文侯以史起为邺令，引漳水溉邺，以富魏之河内，民歌之曰：邺有贤令兮为史公，决漳水兮溉邺旁，终古舄卤兮生稻粱。”

我国古代建城与建堤一样高妙，《考工记·匠人》对墙的高度与厚度的关系，也由经验得出墙厚必须至少为高度的三分之一的公式，即“墙厚三尺，崇三之”，甚至为了防止水或物对墙的侧压力，还由经验得出墙底的厚度比墙头厚度需多出高度的六分之一，即“六分其高，欲一分之为杀”。在这种基础上，再配合许多器械的应用，能在崇山峻岭上建起万里长城自也不足为奇，不过古长城不像今天的长城由砖块砌成，而系由黄土夯筑而成的[67]。

在应用工业上，春秋时已有弩机，到战国，铜弩机已十分进步，弩机比起弓箭，好处是力量较大，且比人张弓持久，可选最恰当的时候射出，即弩乃先张好箭及弦，待最适当时扳动“悬刀”（扳机）射出。汉代的弩机更出现了具有相当于今天步枪表尺一样画有刻度，名叫“望山”的瞄准器[68]。

在车辆工业上，商代的车工已能制造相当高级的两轮车，车轮有辐条，结构精致华美，到周代开始用油脂做轴承润滑材料[69]，并且兵车已像今天坦克车一样成为一国军力国力的代表，而有万乘之君、千乘之国等语。不过兵车作战远不如骑马作战的迅速灵活，所以自赵武灵王学胡服骑射，尽力培育高大可骑用的马匹后，骑兵就取代兵车了。

在纺织工业方面，我国向来有所谓“男耕女织”的话，因此很早就使用了“纺转”进行纺纱，在中国各地许多新石器时代的遗址里，都发

67. 同上，页549。
68. 同上，页533。
69. 同上，页539。

现过大量原始的“纺转”，至汉代或更早，由扬雄的《方言》和1956年江苏铜山洪楼出土的汉象石上，已见到较进步的手摇单锭纺车。在织机方面，浙江余姚河姆渡的遗址也出土了纺转、管状骨针、打线木刀和骨刀、绕线棒等纺织工具，这是距今六千多年前已有原始织机的证据，也是到目前为止所发现的世界上最早的织布工具[70]。至于编排花样的提花机，在殷墟大司空村王族墓葬中曾发现过包在铜线上面的一块几何回纹提花丝织品的痕迹，叫“绮”[71]。到周代则能织造多色提花的锦，先秦史籍中这一方面的记载很多，如《易经·系辞传》:“参伍以变，错综其数，通其变遂成天地之文”。

在金属工业方面，早在夏代就掌握了天然红铜的冷锻和铸造技术[72]。商代中期以后，青铜器的铸造已到十分圆熟的地步，到周代，连铜锡合金比例的不同安排适于哪种功用，在《考工记》中都有明确记载。并且我国很早就掌握了金属冶炼的高温技术，即由鼓风工具快速送氧以增高温度，已运用了类似《老子》中所说“橐籥”一类的皮囊鼓风器，鼓风工具的优良加上原料的选择，以及早就发明了较高大的竖炉，因此在炼铜技术的基础上很快就发展出炼铁工业，并且很快由块炼铁(熟铁，摄氏800度到1000度下炼出)发展到铸铁(生铁，摄氏1150度到1300度下炼出)。江苏六合程桥出土的属于春秋晚期的一块铁块，经分析即为白口生铁(西方固然块炼铁的出现比中国早，但直到公元14世纪才炼出生铁[73])。到东汉杜诗发明利用水力鼓风的水排后，更是效率卓著。在汉代也出现了钢铁，1974年山东就出土过一把东汉永初六年(112年)制造的百炼钢刀[74]。

中国也是个爱好艺术的民族，因此园林建筑开始得很早，相传商代的君王已有建园林者，到了周代更有描写园林的作品，《诗经》描述道:“王在灵囿，麀鹿悠伏。麀鹿濯濯，百鸟翯翯。王在灵沼，鱼牣鱼跃。”《述异记》上也相传吴王夫差为西施修筑了姑苏台，周旋诘曲，

70. 同上，页637。
71. 同上，页641。
72. 同上，页501。
73. 同上，页491。
74. 同上，页494。

横亘五里，并有海灵馆、馆娃阁、铜勾玉槛等建筑。至于秦始皇修筑阿房宫时，更是工匠多于南亩的农夫，耗费无数，最后却是楚人一炬，可怜焦土。汉武帝的上林苑更是周围三百多里，还有人工假山、人工压水的设施[75]。

结 语

本文在陈述先秦哲人的自然思想及先秦时代辉煌的科技成就时，多多少少烘托出华夏文明整体、有机的自然观，注重经验、实用的思想特色；这与希腊文明偏重理论、抽象的特色很不相同。至于西方自文艺复兴以来的近代文明则是理论与经验并重，科学与技术结合而相生相长的。不少的科学史家，诸如英国的李约瑟、日本的薮内清都认为，中国重经验、实用的观点，经由蒙古西征的管道传到阿拉伯以及欧洲后，帮助了西方理论与经验、科学与技术的结合[76]。然而，当前最重要的是我们如何汲取我国传统的人文观、自然观，以及重创造、重整体、重和谐、重具体的情境，以济科技发展过于机械论后的途穷，并求新的创发，使中国的人文精神，在世界文化的形成中扮演一个重要的角色。成果如何，固然要看这几代中国人的努力，但清楚认识中国自然观的优点及其局限，却是迈向这个途径的先决条件。

75. 同上，页588。

76. 见薮内清著，李淳译，《中国科学文明》（高雄，文皇社，1976年），页165；及T. F. Carter著，胡志伟译，《中国印刷术的发明及其西传》（台北，商务，1980年），原序页1。

生克消长

阴阳五行与中国传统科技

刘君灿

阴阳五行说自汉代汇流昌盛后，两千年来，与中国文明的各方面都结合了起来，政治、学术、社会、科技等，几乎每一方面都可找到它的影子。本文的目的就是想把阴阳五行，以及与其密切相关的元气学说做一概括性的分析，不过着重在它与中国传统科技的关系。阴阳五行与元气的学说是一个定性的典范，而不是定量的典范，因此不是近代科学的结构；阴阳五行还只是一个解释性的典范，不是预测性的典范，即除了附会的例子外，只有当现象或事实发生后，才去加以解释。然而，阴阳五行说却也正反映了中国重关联，重整体，而不重分析基本元素的心态特色。

阴阳、五行的原始及其合流

阴阳、五行本来是两个学说，各有各的创生与演变；两者综合为一并以之为描述万物的抽象结构，则是战国晚期与秦汉以来的事情。因此，本文也采取了先分后合的叙述方式。

• 阴阳观念的演变

阴阳的古字为“侌昜”，“侌昜”本是指日照所庇及或庇及不到的意思，《说文通训·定声》说：“侌者见云不见日也，昜者云开而见日也”。因日照则暖，不照则寒（如山南昜暖，山北昜寒等），于是就孳乳延伸出寒暖之意。《诗经》时代（西周）的文献中所有的阴或阳都不出阴晴寒暖的天候之意。

到了春秋时代，阴阳观念的最大发展，乃在以阴阳为天所生六气中之二气，所谓六气是“阴阳风雨晦明”，《左传》昭公元年谈到天有六气，廿五年也有“生其六气”的话，后来一直到《庄子·逍遥游》，也还说“乘六气之变”。而阴阳既成六气之二，已颇有实物存在的意味，即阴阳已从寒暖的感觉推想到近乎实物了，不过这六气虽然能发生许多作用，但并非在万物背后或万物的内部构造状态，而系与万物平列于天地之间，都是人的耳目肌肤等感官可以接触得到的抽象存在。如《左传》昭公元年在谈到天有六气后，又说六气过则为灾，“阴淫寒疾，阳淫热疾，风淫末疾，雨淫腹疾，晦淫惑疾，明淫心疾。女阳物而晦时，淫则生内热惑蛊之疾”。这里“淫”即过分的意思，六气对人的作用在此描述得很清楚，对后世医术颇有影响；至于“女阳物”与后世的阴阳观念不符，而《左传》昭公九年有“火，水妃也”，十七年有“水，火之牡也”，也与后世火阳水阴的观念不符，由此我们可以看出，这时刚开始以阴阳比拟男女、牝牡、水火，所以如此，是因为在六气中，阴阳二气较风雨晦明四气稍为抽象，适合于人们作合理的想象（因所受限制较小），所以对许多现象所具备的解释力特大，遂开始从六气中突出，而与更多的事物或现象发生关联，如开始作为男女的象征等。

到了战国时代，使阴阳观念作决定性改变的，恐怕是顺着《易传》的发展而来[1]。为了解说的方便，在此先对《易经》的卦作一简单介绍：所谓的八卦是三划卦，由“⚊”和“⚋”两个符号构成，如乾（☰，象天），坤（☷，象地），坎（☵，象水），离（☲，象火），巽（☴，象风），艮（☶，象山），兑（☱，象泽），震（☳，象雷）。至于六十四卦则为六划卦，或称重卦，即以八卦之象来判定六十四卦的吉凶。六划的每一划叫一爻，而卦辞、爻辞就是每一卦每一爻的说明文字，完成最早，其他的则通称《易传》，其中《彖传》是断卦辞之义，《象传》中大象是总论一卦的象征，小象则分述六爻之象，《系辞传》是通论六十四卦意义的文辞，《文言传》则只论乾坤二卦，《序卦传》是说明六十四卦排列顺序的理由，《说卦传》是说明八卦所代表的事物及其意义，《杂卦传》则解释六十四卦的卦名。

其次再说明为什么阴阳观念决定性的改变乃由《易传》发展而来。在儒家中，不仅《论语》没有阴阳，相传出于子思的《中庸》，战国中期的《孟子》同样不谈阴阳，战国末期《荀子·礼论》中有“天地合而

1. 关于阴阳五行之发展与流变，参见徐复观，《阴阳五行观念之演变及若干有关文献的成立年代与解释的问题》，《民主评论》，十二卷19—21期（1961年10—11月），收入《中国人性论史》（台北，商务，1969年）一书为附录。

万物生，阴阳接而变化起，性伪合而天下治”;《天论》中有“是天地之变，阴阳之化”。但两文中的阴阳与天地同义，还不是后代为万物构造之状态的意义。《周易》卦辞、爻辞中无阴阳，仅是由各卦所象征的具体事物的相互关系来做吉凶判断的解释，如《观卦》六四的爻辞(在卦的符号上，“—”称为九，“--”称为六，爻的顺序是从下往上数，四即指从最下爻算起第四划，或第四爻)为“观国之光，利用宾于王”。《左传》庄公二十二年周史对此的解释为“坤，土也。巽，风也。乾，天也。风为天，于土上，山也。有山之材，而照之以天光，于是乎居土上，故曰观国之光，利用宾于王”。土、风、天、山都是具体的事物。而孔子对《易》的最大贡献，就是从由实物相互关系的想象所形成的吉凶观念中解脱出来，落实到人间道德的主动性上，再经过许多治易学的人，把六十四卦构造成一个庞大的有机体，以完成整个宇宙人生的体系。要能如此，阴阳的观念必须再变，在《彖传》中已开始用刚柔来解释卦象；到了《系辞》，起先刚柔与阴阳并无关联，如“立天之道，曰阴与阳；立地之道，曰柔与刚”。四者分属天地。但到了泰、否两卦，阳为刚，阴为柔的观念就出现了。而在《咸卦·彖传》中，更把刚柔也看成气，再加上把《易经》本有的基本符号“—”视为阳，“--”视为阴，这一来以阴阳为性相反相成的二气，对宇宙创生过程及万物在此过程中成为统一的有机体的说明，就方便太多了，而用阴阳的观念来解释《周易》，这才完全转变《周易》卜筮的迷信性质，赋以哲学性质的构造。《系辞》说:“一阴一阳之谓道，继之者善也，成之者性也。仁者见之谓之仁……”《说卦》说:“观变于阴阳而立卦，发挥于刚柔而生爻，和顺于道德而理于义。穷理尽性，以至于命。”《文言》说:“阴虽有美含之，以从王事弗敢成也；地道也，妻道也，臣道也，……”这一来由天到人，形成了一个统一的体系，此阶段的阴阳是作为宇宙创生万物的两个状态，及由这两个状态有规律的变化活动(如阴阳消长、阴盛阳生、阳盛阴生等)，形成宇宙创生的大原则、大规范，贯注于人生万物之中，作为人生万物的性命之源。阴阳的观念于是完成。

• 五行观念的演变

现存有关五行的最早载文献可能是《尚书·洪范》，其中五行为其九畴的第一畴[2]，文中对五行有这样的说明："一曰水，二曰火，三曰木，四曰金，五曰土。水曰润下，火曰炎上，木曰曲直，金曰从革，土爰稼穑。润下作咸，炎上作苦，曲直作酸，从革作辛，稼穑作甘。"这段引文显示：《洪范》中的五行并没有概括一切事物，因为五行不过是九畴中的一畴而已，至于为何古人爱用五，徐复观先生认为手指为五，所以古人好以五为事物之定数。其次，金木水火土五行原先不过是由古人对生活资材的一个粗略归纳，并没有什么抽象的意味，如《左传·文公七年》就曾并称水火木金土谷为六府，把金木水土火看做与谷一样的物质；而孔颖达的《五经正义》也曾引《尚书大传》的话说："书传云，水火者百姓之所饮食也。金木者，百姓之所兴作也。土者万物之所资生也。是为人用，五行即五材也。"明显表示五行是先民生活的资材。对五行性质的注释则说"揉曲直（传释木曰曲直）者，为器有须曲直也。可改更（传释金曰从革）者，可销铸以为器也。木可以揉令曲直，金可以从人改更，言其为人用之意也。由此以观，水则润下，可用以灌溉。火则炎上，可用以炊爨，亦可知也"；"水性本甘，久浸其地，变而为卤，卤味乃咸"；"火性炎上，焚物则焦，焦是苦气"；"木生子实，其味多酸"；"金之在火，别有腥气，非苦非酸，其味近辛，故辛为金之气"；"甘味生于百谷，谷是土之所生，故甘为土之味也"。这里已由五行具体地关联到五味，但不是后世抽象地类比关联。

2.《洪范》的九畴是：
一、五行：水、火、木、金、土（供衣食住等生活手段的自然物质）。
二、敬用五事：貌、言、视、听、思（个人修养的内省的契机）。
三、农用八政：食、货、祀、司空、司徒、司寇、宾、师。
四、协用五纪：岁、月、日、星辰、历数。
五、建用星极（示率道的标数，位于中央的范畴）。
六、乂用三德：正直、刚克、柔克。
七、明用稽疑：卜筮。
八、念用庶征：雨、旸、燠、寒、风、时。
九、向用五福，威用六极：五福，寿、富、康宁、攸好德，考终命；六极，凶短折、疾、忧、贫、恶、弱。

徐复观先生认为五行之扩展成可笼括万物的分类原则，也就是说由实物而至半抽象的气，是在社会迷信中酝酿出来的[3]。李约瑟、薮内清诸氏更认为中国的五行说不是以金木水火土为构造万物的元素，如西方地水风火四行说的样子，而是以五行间的相互关联，形成一套以相胜相生为主的有机作用来解释万物的变化成毁，也就是说中国的五行说“关系”的意义重过“元素”的意义[4]。五行中最简单也最重要的关联为相生相胜学说，其相生的次序为木生火，火生土，土生金，金生水，水生木；这关系是先民在生活经验中观察出来的：木头可以生火，火烧物成灰烬归土，各类金属系自土中发现，金属器皿放置一夜即生露水（所谓“方诸取水”[5]），用水灌溉树木才得生长。至于五行相胜则是木胜土，土胜水，水胜火，火胜金，金胜木，这一套也是素朴的生活经验：树木系破土而生长，筑土为堤可防洪水，水可灭火，火可熔金，金属工具可伐木。后世则把这种由具体事物得来的关联去配合抽象分类化了的金木水土火五行。

3. 徐复观，《阴阳五行观念之演变及若干有关文献的成立年代与解释的问题》，《民主评论》，十二卷21期，页9。

4. 参阅李约瑟，《中国之科学与文明》，中译本第二册（台北，商务，1977年），页402。日人薮内清在其所著《中国科学文明》一书中不止五行，连阴阳都认为不是宇宙根源物质的象征，而是自然的状态，见其中译本（李淳译，高雄，文皇社，1976年），页30、31。

5.《淮南子·天文训》：“阳燧见日则然而为火，方诸见月则津而为水。”

这种相生相胜学说在战国时即有，而且对相胜是否常胜也有了探讨，如《墨子·经下》四十三条即云：“五行无常胜，说在宜。”《经说》：“……火烁金，火多也；金靡炭，金多也。……”这里就引入了数量的因素，火不一定胜金，金的数量多了一样可胜火。在《孟子·告子篇》也说：“仁之胜不仁也，犹水胜火。今之为仁者，犹一杯水，救一车薪之火也，不熄则谓之水不胜火，此又与于不仁之甚者也。”这种对数量的观点亦可见于西汉的《淮南子·说林训》：“金胜木者，非以一刃残林也。土胜水者，非以一墣塞江也。”可能成于东汉的《文子·上德篇》也说：“金之势胜木，一刃不能残一林。土之势胜水，一掬不能塞江河。水之势胜火，一酌不能救一车之薪。”到了清末的严复也讲了句：

"金胜木耶，以巨木槌一粒锡，孰胜之耶？"[6] 但所重视的数量是定性的，而不是数学结构化的定量。

6. 见顾颉刚编，《古史辨》（香港，太平书局，1962 年影印），第五册，下编，页386。

• 阴阳五行之合流——邹衍、董仲舒

阴阳与五行本来各有各的脉络，战国末年开始结合。首先做此工作的是邹衍，但他所著的《邹子》四十九篇与《邹子终始》五十六篇都不传，对他的事迹与学说只能在史书中得以一窥，《史记·孟子荀卿列传》中说他"乃深观阴阳消息，而作怪迂之变，终始大圣之篇"，"称引天地剖判以来，五德转移，治各有宜，而符应若兹"。此处指出三点：第一是他开始把阴阳与五行相结合，因为他既观阴阳消息，又谈五德转移；第二他做怪迂之变，大概是指把星相方术组织于阴阳五行观念之内；第三也就是"五德转移，治各有宜"。这是他影响最大之处。所谓"五德终始说"，就是每一朝代配以一种五行之德，而以五行之生克来表朝代之兴替，他的说法是黄帝得土德，夏得木德，得以克土；殷得金德，得以克木；周得火德，得以克金；因此将来代周的必得修水德，以与天意符合。邹衍这一套观念使他扬名于诸侯，后来秦统一六国，为了符应得水德之真，还故意造出秦文公出猎得黑龙之事，甚至还把黄河改称德水，服色则尚黑。上述观念在文献中颇有记载，《吕氏春秋·有始览》云：

> 凡帝王之将兴也，天必先见祥乎下民。黄帝之时，天先见大蚓大蝼。黄帝曰：土气胜。土气胜，故其色尚黄，其事则土。及禹之时，天先见草木，秋冬不杀。禹曰：木气胜。木气胜，故其色尚青，其事则木。及汤之时，天先见金，刃生于水。汤曰：金气胜。金气胜，故其色尚白，其事则金。及文王之时，天先见火，赤乌衔丹书集于周社。文王曰：火气胜。火气胜，故其色尚赤，其事则火。代火者必将水，天先见水气胜。水气胜，故其色尚黑，其事则水。水气至而不知，数备，将徙于土。

从这段引文，可以看出五德终始说政治论调的本质；而人事与大自然都笼罩在五德相胜的法则下，并且“天垂象，见吉凶”（《易·系辞》），这是两汉阴阳五行流行后，迷信灾异说和谶纬说的渊源。不过邹衍与汉代的董仲舒一样，他所以这样立说的目的，不外乎目睹有国者贪淫侈，不能尚德若大雅整之于身并施及黎庶，希望君臣上下，六亲之施，止乎仁义节俭[7]。

阴阳与五行结合后就有五行二阳三阴论，班固《白虎通德论·五行篇》：“五行之性，或上或下何？火者阳也，尊故上。水者，阴也，卑故下。木者少阳，金者少阴，有中和之性，故可曲可直，从革。土者最大，苞含物将生者，出者，将归者；不嫌清浊，为万物。……五行所以二阳三阴何？土尊，尊者配天（因为配天，属阴），金木，水火，阴阳自偶”。另外《礼记·礼运篇》也想通过阴阳五行把人与天联结在一起，因此也说：“故人者其天地之德，阴阳之交，鬼神之会，五行之秀气也。”

7. 见《史记·孟子荀卿列传》。

8.《汉书·五行志》。

当然，使阴阳五行思想形成更完整的格架，因而发生更大影响力的，还是“始推阴阳，为儒者宗”[8]的董仲舒。他在《春秋繁露·五行相生篇》说：“天地之气，合而为一，分为阴阳，判为四时，列为五行。”即认为阴阳五行乃天地浑元之气的一系列分化。在《天辨在人篇》中也说：“金木水火，各奉其所主，以从阴阳，相与一力而并功……，故少阳因木而起，助春之生也。太阳因火而起，助夏之养也……。”意在说明一气演化为五行之后，各有其特性，更各由其特性以助长阴阳之气，如此阴阳五行更密切了。

董仲舒还通过阴阳五行把天与人的关系更加具体化，以强调天人之感应，《人副天数篇》有谓：

天地之符，阴阳之副，常设于身。身犹天也。数与之相参，故命与之相连也。天终岁之数，成人之身。故小节三百六十六，副日数

> 也。大节十二分，副月数也。内有五脏，副五行也……，行有伦理，副天地也。

他把人身看做一个具体而微的小天地、小宇宙（佛家亦有一粒沙看世界的说法），“行有伦理，副天地也”。这透显的是天人合一的创造性伦理观，人在行为上的修养既可上副天地，就无须“神”的偶像了。但在自然上“天地之符”“数与之相参”的生理观却未免太牵强。对于“数”的这种看法未免就是神秘命数论的符号，而非近代型的数理了。《同类相动篇》说：“天有阴阳，人亦有阴阳。天地之阴气起，而人之阴气应之而起。人之阴气起，而天地之阴气亦应之。”董仲舒把天人的自然感通说得更密切。

但董仲舒对阴阳五行最大的改造乃是“阳尊阴卑”的观念，在农业生产的社会中，温暖的春夏本来就较阴寒的秋冬可爱，但贵阳贱阴却被董仲舒大大发挥了，所以在他所著的《春秋繁露》中有一篇就干脆定名为“阳尊阴卑”，篇中就有“天数右阳而不右阴”的话。他的“君为阳，臣为阴。父为阳，子为阴。夫为阳，妻为阴”[9]的观点，在中国的政治、社会、伦理上造成极大的影响，在自然与宇宙上也有“阳统阴阳，火运水火”的看法，甚至在解释潮汐上也用上了，下文会加以说明。董仲舒如此做，乃希望透过德为阳气、刑为阴气的说法将汉初袭自秦的尚刑政治变为尚德的儒家政治[10]。

9.《春秋繁露·基义篇》。

10. 如《阳寻阴卑篇》中就有阴为刑气，阳为德气，天数右阳而不右阴的说法。

11. 表中所列的配合主要系依据李汉三，《先秦两汉之阴阳五行学说》（台北，维新，1968年）；王焕镳，《汉代讲五行者之异同》，《史地学报》，二卷8期（民国十二年）。

- 阴阳五行说的扩展

阴阳五行说到了汉代，真可说是声势浩大，自然与人事没有一件它不涉及的，不过有时各家的配合并不完全一样，兹列表如下以见阴阳五行扩张的程度，也有助于后文的了解[11]。

	四方	四时	五音	五色	五嗅	五味	十二律	五灵	五谷	五祀
木	东	春	角	青	膻	酸	太蔟　夹钟　姑洗	鳞	麦	户
火	南	夏	徵	赤	焦	苦	中吕　蕤宾　钟林	羽	菽	灶
土	中央	季夏	宫	黄	香	甘	黄钟之宫	毛	稷	中溜（后土）
金	西	秋	商	白	腥	辛	夷则　南宫　无射	介	麻	门
水	北	冬	羽	黑	朽	咸	应钟　黄钟　大吕	倮	黍	行

表中有的很好做类比推论，东方是暖气来的地方，春天多东风，东风带来生气，草木茁壮、青翠，又多带酸味等。其他也可做类似的推论。由此也可看出五行的有机结合推论的特色。

	木	火	土	金	水	
五常	仁	礼	信	义	智	（《天文志》）
	仁	智	信	义	礼	（董仲舒）
	仁	礼	智	义	信	（郑玄）
五脏	肝	心	脾	肺	肾	（《今文尚书》）
	脾	肺	心	肝	肾	（《古文尚书》）
五事	貌	视	思	言	听	（今文家）
	视	言	思	听	貌	（王充）
	貌	言	思	视	听	（古文家）
十二支	生亥	寅	午	巳	申	（《淮南子》）
	壮卯	午	戌	酉	子	
	死未	戌	寅	丑	辰	
	见寅	巳		申	亥	（《白虎通》）
	壮卯	午		酉	子	
	衰辰	未		戌	丑	

十干	甲	丙	戊	庚	壬	（《白虎通》）
	乙	丁	己	辛	癸	
十二生肖	虎	蛇	犬	猴	豕	（《王 充》）
	兔	马	牛	鸡	鼠	
	龙	羊	羊	犬	牛	

早期的元气学说

元气是先民追求万物变化后的根本。《管子·内业篇》就说："凡物之精，比则为生。下生五谷，上为列星，流于天地之间，谓之鬼神，藏于胸中，谓之圣人，是故名气。"《列子·天瑞篇》则有气之发展阶段的说法：

昔者圣人因阴阳以统天地。夫有形者生于无形，则天地安从生？故曰：有太易，有太初，有太始，有太素。太易者，未见气也。太初者，气之始也。太始者形之始也。太素者，质之始也。气形质具；故曰浑沦。浑沦者，言万物相浑沦而未相离也。

……清轻者上为天，浊重者下为地[12]。

天地之形质来自于元气之聚合，人自然也不例外，所以《庄子·秋水篇》乃有"自以比形于天地，而受气于阴阳"之说，"受气"就是聚气，《庄子·知北游》也说："人之生，气之聚也，聚则为生，散则为死。"东汉王充在《论衡·命义篇》甚至有"人禀气而生，含气而长……"的说法。

因为天地万物的生死成毁都来自元气之聚散流行，所以说"通天下一气也"（《庄子·知北游》）；《列子·天瑞篇》在谈杞人忧天时也说

12. 王充，《论衡·谈天篇》有类似的说法："说易者曰，元气未分，浑沌为一。儒书又言，溟涬濛澒，气未分之类也。及其分离，清者为天，浊者为地。……"

“无处无气”。而《淮南子·天文训》对气之流行与天地成毁有更明确的说法：

> 天坠未形，冯冯翼翼，洞洞灟灟，故曰太昭。道始于虚霩，虚霩生宇宙，宇宙生气，气有涯垠。清阳者薄靡而为天，重浊者凝滞而为地。清妙之合专易，重浊之凝竭难，故天先成而地后定。天地之袭精为阴阳，阴阳之专精为四时，四时之散精为万物。……

这是说虚能生气，气再分化，故《淮南子》按今天的分类，应属唯心论的宇宙本原论。

另外《大戴礼记·天圆篇》则以为天圆地方指的是天道地道，并非真的天圆地方：

> 曾子曰：天之所生上首，地之所生下首。上首之谓圆，下首之谓方。如诚天圆而地方，则是四角之不掩也。且来，吾语汝。参尝闻之夫子曰：天道为圆，地道曰方。方曰幽，而圆曰明。明者吐气者也，是故外景。幽者，含气者也，是故内景。故火、日外景，而金、水内景。吐气者施，而含气者化。是以阳施而阴化也。

到了魏晋时代，元气学说仍传承不辍，如晋初的杨泉在其所著《物理论》[13]中就主张天没有实体，只是浩然的元气，他说：“元气皓大，则称皓天。皓天，元气也。皓然而已，无他物也。”故在整体自然观方面，杨泉是气一元论者，认为天地万物都是由元气组成的，气是自然之体；而元气又来源于水，水是天地万物的根本；“立天地者，水也；成天地者，气也。”“夫水，地之本也，吐元气，发日月，经星辰，皆由水而兴。”杨泉并认为依据气本身所固有的刚柔阴阳等不同性质，可以说明各种

13.《物理论》原书在宋代就已失传，现只有在《意林》所载《傅子》的前四条经考证为《物理论》的佚文。见《中国哲学史资料选辑——魏晋隋唐之部》(台北，九思，1978年)。

自然现象的差异，自然现象的形成和变化只是元气自然积聚的结果，并没有超自然的东西使它们如此。至于对人生的看法，则为“人含气而生，精尽而死。死，犹澌也，灭也。譬如火焉，薪尽而火灭，则无光矣。故灭火之余，无遗炎矣；人死之后，无遗魂矣”。这种观念上承庄子，下开魏晋神灭论的先河。

唐柳宗元在其所著《天对》一文[14]中更清楚地说明了元气之所以为元气的理由：“庞昧革化，惟元气存（初始的浑沌状态中，只有元气在运动着，发展变化着）；合焉者三，一以统同（阴阳和天都是由元气派生出来的）；吁炎吹冷，交错而功（阴阳二气运动速度和温度不同，既对立，又彼此渗透，从而生成了天地）。”唐代《关尹子》中还有一段类似亚里士多德的潜态（或可能性）与显态（或现实性）的说法[15]：

> 有时者气，彼非气者，未尝有昼夜，有方者形，彼非形者，未尝有南北。何谓非气？气之所自生者。如摇箑得风，彼未摇时，非风之气，彼已摇时，即名为气。何谓非形？形之所自生者。如钻木得火，彼未钻时，非火之形，彼已钻者，即名为形。

当然气的观念决不只存在于天地自然之上，在中国一定有它伦理性的一面。孔子在《论语·季氏篇》就有如何配合先后天之气修养自己的话：“君子有三戒：少之时，血气未定，戒之在色。及其壮也，血气方刚，戒之在斗。及其老也，血气既衰，戒之在得。”至孟子则直接高倡“养气”之说，《孟子·公孙丑篇》有这样的话：“其为气也，配义与道，无是馁也。是集义所生者，非义袭而取之也。行有不慊于心，则馁矣。”“其为气也，至大至刚，以直养而无害，则塞于天地之间。”如何养此浩然之气？《管子·内业篇》说：“是故此气也不可止以力，而可安以德；不可呼以声，而可迎以意。敬守勿失，是谓成德。德成而智出，

14. 参阅《柳宗元哲学选集》（台北，河洛，1978年），页27。亦见茅以升编，《中国古代科技成就》（1978年），页58。
15. 李约瑟，《中国之科学与文明》，中译本第三册（台北，商务，1977年），页162。

万物毕得。"《礼记·乐记篇》:"是故先王本之情性,稽之度数,制之礼义,合生气之和,道五常之行,使之阳而不散,阴而不密,刚气不怒,柔气不慑,四畅交于中,而发作于外,皆安其位,而不相夺也。"

宋以前阴阳五行对科技的影响

本节所论阴阳五行对科技的影响,着眼的是宋以前而不包括宋。阴阳五行与传统医学的关系则另辟专节,因为中国传统医学与阴阳五行的关系的确太密切。

《荀子·王制篇》说:"水火有气而无生,草木有生而无知,禽兽有生而无义。人有气,有生,有知,亦且有义,故最为天下贵也。"荀子公元前3世纪这种看法与亚里士多德(公元前4世纪)的看法非常类似,兹列表比较如下[16]:

16. 李约瑟,《中国之科学与文明》,中译本第二册,页33。

亚里士多德(公元前4世纪)	荀子(公元前3世纪)
植物:植物生魂	水火:气
动物:植物生魂+动物觉魂	植物:气+生
人:植物生魂+动物觉魂+灵魂	动物:气+生+知 人:气+生+知+义

《大戴礼记·天圆篇》论气象云:"阴阳之气各静其所,则静矣。偏则风;俱则雷;交则电;乱则雾;和则雨。阳气盛,则散为雨露;阴气胜,则凝为霜雪。阳之专气为雹,阴之专气为霰。霰雹者,二气之化也。"这大抵是以春夏为阳,秋冬为阴,阴阳消长对立而生各种气象。晋初的杨泉在《物理论》中对四时及日月的看法是:

日者,太阳之精也。夏则阳盛阴衰,故昼长夜短;冬则阴盛阳衰，故昼短夜长；气之引也[17]。行阴阳之道长，故出入卯酉之北；行阴阳之道短，故出入卯酉之南[18]；春秋阴阳等，故日行中平，昼夜等也。月，水之精。潮有大小，月有盈亏。

至于认为日为太阳，月为太阴，凹面镜（阳燧）对日取火，铜镜（方诸）置于户外过夜得露水，《淮南子·天文训》是这样说的：

天地之袭精为阴阳，阴阳之专精为四时，四时之散精为万物。积阳之热气生火，火气之精者为日；积阴之寒气为水，水气之精者为月。……日者，阳之主也。……月者，阴之宗也。……物类相动；本标相应。故阳燧见日则然而为火；方诸见月则津而为水。

另外《论衡·雷虚篇》对雷电更有"爆炸起电说"的看法：

实说雷者，太阳之激气也。……盛夏之时，太阳用事，阴阳乘之，阴阳分事则相校轸，校轸则激射。激射为毒，中人辄死，中木木折……。何以验之，试以一斗水灌冶铸之火，气激襞裂，若雷之音矣！或近之，必灼人体。

战国的慎到则有"摩擦起电说"的看法："阳与阴夹持，则磨轧有光而为电。"[19]

关于水文循环，《论衡·说日篇》以为是气体偶合："儒者又曰，雨从天下，谓正从天坠也；如当论之，雨从地上，不从天下，……天地上下自相应也。月丽于上，山蒸于下，气体偶合，自然道也。……雨露冻凝者，皆由地发，不从天降也。"《内经·素问·阴阳应象大论》对水文循环则只说了简单的两句话："地气上为云，天气下为雨。"

---

17. 这是说昼夜的长短都是受阴阳二气的牵引。

18. 太阳大抵在卯时出，酉时入；之北，之南即偏北，偏南。

19. 茅以升编，《中国古代科技成就》，页254。

至于地震，《国语·周语》上的看法是这样的："阳伏而不能出，阴迫而不能蒸，于是有地震。"这与今日认为地壳压力不平衡为地震的大部分原因有点相似。

对一端悬炭（或土），一端悬羽的天平式湿度计，《淮南子·天文训》则有如下的解说："阳气为火，阴气为水。水胜故夏至湿，火胜故冬至燥。""燥故炭轻，湿故炭重。"[20]《续汉书·律历志》说："权土炭：冬至阳气应，黄钟通土，炭轻而衡仰；夏至阴阳应，蕤宾通土，炭重而衡低。"黄钟与蕤宾都属音律十二律，本来夏为阳，冬为阴，但应阳者却属阴，应阴者却属阳。

20. 王锦光、洪震寰，《我国古代对大气湿度的测定法》，《科学史集刊》，页20。

21. 汉代的度量衡律均可自基本律黄钟推演出来，如以黄钟之长为九十分以推长度，即十分为寸，十寸为尺……。并以黄钟的容积为一龠，两龠为一合，十合为升，十升为斗……以推容量。又黄钟约容一千二百黍粒，其重定为十二铢，廿四铢为两，十六两为斤……，以推衡重。见《汉书·律历志》。

关于气象的五行论，郑玄注《洪范篇》之"念用庶征：曰雨，曰旸，曰燠，曰寒，曰风"云："雨，木气也；春始施生，故木气为雨。旸，金气也；秋物成而坚，故金气为旸。燠，火气也；寒，水气也；风，土气也。凡气，非风不行，犹金木水火非土不处，故土气为风。"

对于虹这个现象（汉时称螮蝀或蝃蝀，可能认为是虫属雨龙之类），齐诗、韩诗都认为是邪气乘阳，淫佚之征，蔡邕在《月令章句》中也说是阴阳交接之气，著于形色者也。

至于中国正史为何律历合志，先民又如何看待律历，在《大戴礼记》中说得很清楚：

> 圣人慎守日月之数，以察星辰之行，以序四时之顺逆，谓之历。截十二管，以宗八音之上下清浊，谓之律也。律居阴而治阳（按：大概以律管由地所成而应天），历居阳而治阴（按：大概是历来自天上而理地上之事）。律历迭相治也，其间不容发。

由此可见律历之有机结合的一斑，甚至律历与度量衡也是可结合的[21]。并且还可看出律历之所以能结合也彰显了天人合一的色彩，这种对音律的看法，与古希腊毕氏学派发现发出乐音的弦有简单整数比，五大行星的周期运行与乐音相合，以致对自然数（正整数）产生崇拜，可谓东西辉映[22]。此外我们可以发现律历都是需要数学处理的，而中国这种对“数”的处理方式与近代科学的数理分析态度不太一样。中国在五德终始、天变垂象的观念下，改朝换代或功勋盖世时的改历就很自然，“改正朔，易服色”[23]也就成为国之大事，而“改正朔，易服色”正是配合阴阳五行而来的。

资料最丰富，为世界科学史珍宝的天文观测记录，在中国却非“纯”天文。《易经·贲卦》说：“观乎天文，以察时变。”班固在《汉书·艺文志》也说：“天文者，序廿八宿，步五星日月，以纪吉凶之象，圣王所以参政也。”所以中国的天文记录中有很多的星占，而所谓“地有五行，天有五星”[24]正是星占的理论基础。他们首先把天上的廿八宿布于九天，九天复与地上的九州相应，五大行星经过某一星宿，即可兆该星宿所对地区的吉凶。如“岁星（木星）所在，国不可伐，……五谷蕃昌”[25]，这是因为岁星配木，木主春，正是生机勃勃的时候。又如“太白（金星），兵象也”[26]，此乃因太白配金，金为兵器，而又主秋，为司杀者的关系。至于日月食占就更容易附会，因为只要把握住日为阳，月为阴；阳象君，阴象臣两个法则就够了[27]。

对酒的酿造，《春秋纬·元命苞》是这样说的：“黍为阳，麴为阴，阴阳相感乃能沸动，故以麴酿黍为酒。”对制造车毂[28]也用上了阴阳，《考工记·轮人》：“凡斩毂之道，必矩其阴阳。阳也者，稹理而坚；阴也者，疏理而柔：是故以火养其阴而齐诸其阳，则毂虽敝不蔽。”甚至饮食也分了阴阳，《礼记·郊特牲》：“凡饮，养阳气也，故有乐。凡食，养阴气也，故无声。凡声，阳也。……乐由阳来者也，礼由阴来者也，阴阳和而万物得。”

22. 见Dampier著，任鸿隽译，《科学与科学思想发展史》（台北，商务，1977年），页16。

23.《汉书·贾谊传》。

24.《史记·天官书》太史公曰。

25.《汉书·天文志》。

26. 同上。

27. 李汉三，《先秦两汉之阴阳五行学说》，页357。

28. 毂为两车轮中心联系之圆木。

《大戴礼记》言生物现象："毛虫，毛而后生；羽虫，羽而后生。毛、羽之虫，阳气之所生也。介虫，介而后生；鳞虫，鳞而后生。介、鳞之虫，阴气之所生也。唯人为倮匈而后生也，阴阳之精也。"这可能是鳞介居水故阴，毛羽行于天地故阳。

以下略述炼丹术。方士炼丹以祈长生不老在战国末年就已滥觞[29]，而后秦皇汉武都曾有过尝试[30]，但第一本描述炼丹术的典籍却是魏晋时魏伯阳的《周易参同契》。所以叫《周易参同契》是认为儒家的《易》、道家的哲学，炼丹术三者来自同一个道，即所谓的三位一体论。魏伯阳把从阴阳二元的立场出发，到进入一元化的临界点所生产的虚无状态当作最高层的世界。由阴阳出发的理论来自《易》，想象中自然无为的最高虚无来自道，这样便把儒道结合起来。再同时选择与阴阳相应的金（阳）、水银（阴）等金属，将其个别的变化情况做精密的观察以适用儒道的哲学，自然就三位一体了。首先视金为阳，视汞为阴，金汞之合金视为阴与阳的结合，其次所把握的是对《周易》的"变易"、"不易"的附会，把各种情况下不变的黄金视为"不易"的象征，颜色与形态易变的水银（水银原色为银亮色，与硫化合为红色，与氯化合成白色，氧化则变黑色）视为"变易"的象征。炼丹术从事的是黄金、水银的处理，故炼丹家认为服食丹药后既把握了恒常的不易，又把握了变化的作用，因此人体得以长生不朽。这也就是魏伯阳在《周易参同契》中所说的"类辅自然"，葛洪在《抱朴子·金丹篇》所谓的"假求于外物以自固"。在炼丹中曾偶然发现了黑火药，"谎言也产生了真实"[31]，而火药则为中国四大发明之一，对世界影响极大。

至于丹药与五行的媒介主要来自水银化合物的颜色变迁，于是便由五色联系到五行了，葛洪甚至还认为服食药物时对药色须有禁有宜，这种说法见于《抱朴子·仙药篇》："若本命属土，不宜服青色药；属

29. 如《战国策》及《韩非子·说林上篇》中已有方士向楚王献不死药的记载。

30. 如秦皇曾使侯公、石生求仙人不死之药，汉武帝时李少君亦进言："祠灶则致物，致物而丹砂可化为黄金，黄金成，以为饮食器则益寿……"，而汉武帝听了遂"亲祠灶"。《史记·孝武本纪》。

31. 如火药在唐代孙思邈的"伏火硫黄法"中就有了初胎。见吉田光邦著，林从政译，《炼金术》（高雄，大舞台书苑，1977年），页90－92。

金，不宜服赤色药；属木，不宜服白色药；属水，不宜服黄色药；属火，不宜服黑色药；以五行之义，木克土，土克水，水克火，火克金，金克木故也。”

阴阳五行与生理学、医学

离开了阴阳五行与元气学说，中医就不成其为中医了。今传的医学古籍，如《黄帝内经》、《神农本草经》、《难经》、《伤寒论》，莫不盛言阴阳五行。先谈阴阳五行的生理学。《韩诗外传》卷一：

> 天地有合，则生气有精矣。阴阳消息，则变化有时矣。……阴阳相反，阴以阳变，阳以阴变，故男八月生齿，八岁而龆齿，十六而精化小通；女七月生齿，七岁而龀齿，十四而精化小通：是故阳以阴变，阴以阳变。

此中所谓阳以阴变，阴以阳变是指男（单划阳爻）以双月双年而起生理变化，女（双划阴爻）则以单。

其次再看道教的养生思想。葛洪以元气言人与气的关系：“夫人在气中，气在人中，自天地至于万物，无不须气以生者也。”（《抱朴子·至理篇》）也就是人在气中，禀气而生，生死系于气。并且个体生命之长短，乃由气量之多寡而定，故在《极言篇》中又说：“受气各有多少，多者其尽迟，少者其竭速。”葛洪因此坚信变化成仙的可能：即以摄养为要，减少消耗，使禀受之气不致速竭；复加之以修炼服食，增强气之质量，终至改变形躯，炼成不朽不灭之身[32]。

晋初杨泉的《物理论》则提到：“谷气胜元气，其人肥而不寿；元气胜谷气，其人瘦而寿。养生之术，常使谷气少，则病不生矣。”[33] 这可

32. 参阅李丰楙，《葛洪养生思想之研究》，《静宜文理学院学报》，第三期（1980年6月）。

说是道教讲求“辟谷”养生一派的理论基础。

33.《中国哲学史资料选辑——魏晋隋唐之部》。

在中医的理论方面，《素问·生气通天论》说：“阳强不能密，阴气乃绝，阴平阳秘，精神乃治；阴阳离决，精气乃绝。”这说明了阴阳的相对协调是健康的表现，疾病的发生及其病理过程，则是阴阳相对协调的生理活动，因某种原因而失去协调所致。至于如何以阴阳来说明物质与机能在病理上的相互关系，中医认为机能亢进，津液消耗等热性症多属阳盛，而机能不全或减退等寒性症多属阴盛。故《素问·阴阳应象大论》有言：“阴胜则阳病，阳胜则阴病；阳胜则热，阴胜则寒。”即在临床上，中医认为阳虚多表现为外寒，阴虚多表现为内热，阳盛多表现为外热，阴盛多表现为内寒；发热的病属阳病，发冷的病属阴症。凡是一切活力不够，少气、懒言、怕冷、疲倦易累等症，均属外寒现象，也就是阳虚之症，阳虚就要补阳，补阳的药能够促进新陈代谢，增强人体活力；凡是一切物质缺损，血少、面黄、体瘦、骨热等均属内寒现象，也就叫阴虚，阴虚就要补阴，补阴的药能补充体内物质的耗损，而维持机能活动的常态。

至于五行在中医上的运用，着重的不是它们的本身，而是五行间的关系，中医认为五行的相生相克是人体生理的正常现象，也就是说相生相克是不可分离的一体两面。没有生，就没有事物的发生和成长；没有克，就不能维持正常协调关系下的变化与发展。因此必须生中有克，克中有生，相生相克正是相反相成的事态表现。这也就是《老子》第二章所说“有无相生，难易相成，长短相形，高下相倾，音声相和，前后相随”的道理。由此就可看出中医整体主义的观点：即认为人体脏腑组织之间是相互密切联系着的，任何一个脏器组织的生理活动，都是整个人体生理活动的组成部分；它们之间，无不存在着相互资生和相互制约的关系。同时，任何脏腑组织的活动，都与外在环境有着一定的关系。五行学说应用于人体生理上，就是在说明人体脏腑组织之间，以及人体与外在自然环境之间相互联系的统一性。

至于五行在病理上的应用则是其相乘相侮的关系。所谓相乘相侮即如木气有余而金不能对木加以正常的抑制时，则木气太过便去乘土，同时又反过来侮金；反之，木气不足，则金来乘木，土反侮木……，这种乘侮循环的关系就是人体内部相互间的关系失去正常协调的表现，也就是病理的现象。

中医也认为人体疾病的发生和传变，都是有条件的，可变动的，在临床上医师除了要了解五行生克乘侮的关系外，还要根据具体病情来辨证施治，决不能按图索骥，刻舟求剑，甚或头痛医头，脚痛医脚，以致弊病丛生，旷延时效。而且疾病的发生和传变可能由于内脏生克关系的异常所致，某一脏腑功能太过或不及都能影响到整个人体功能活动；因此如何调整其太过、不及，使其功能活动恢复正常，是治疗的关键所在。例如肝病，既可以透过生克关系由心肾脾肺等传来，也可以通过生克关系传至他脏；在治疗上除了对肝本身的病变进行处理以外，还必须考虑其他有关的脏腑，并调整其关系，控制其传变，来达到治疗目的。《难经·六十九难》说："虚则补其母，实则泻其子。"这里的"母子"是这样来的，水生木，木生火，水即为木之母，火即为木之子。这种根据五行生克关系所确立的机体平衡治疗原则，充分透现中医治疗疾病的整体观点。

那么在脏腑上为何要以肝胆配木，心小肠配火，脾胃配土，肺大肠配金，肾膀胱配水？中医的解释是这样的：木的性能是向上，向四旁舒展，这与肝性善疏泄是类同的，故以肝配木。一切火焰都是炎上的，而心在生理上是上开窍于舌，在病变时，如果发生舌尖赤痛，面部红赤（火色赤）等现象，都认为是心火上炎，故以心配火。脾胃属土是因为土是生长万物之母，而人所以能够生存，全靠饮食的功能，没有脾胃的消化和吸收，人就不能生活，并且消化吸收，一日三餐，每天排泄都有一定的规律，表现浑厚稳定的现象，故以脾胃配土。金属都有声音，而人的语言声音都是由肺气鼓动而成，并且肺最怕火气的熏蒸，故以肺配金。至于水都是向下行的，喝进去的水，最后由膀胱排泄出去，而排泄的功能由肾脏领导，故以水配肾，而肾也叫水脏。

针灸的传统理论基础则是经络学说，其基本内容是经络遍布人体各部位，负担运送全身气血，沟通身体内外上下的功能。针灸就是在调整气血顺畅以愈疾。至于脉诊也是以经络学说为基础，经络使全身构成一有机整体，而脉是整体的一部分，所以从脉象的变化可以察知内在的变化，即所谓“有诸内，必形诸外”。

宋代以后的理气学说

宋代是中国科学的黄金时代，在阴阳五行上也有了新的面目，形成了理气的学说。理气并言，气的形而下性就显著了。首先张载提出了他的气一元论，其《正蒙·太和篇》有言:“气有聚散，并无生灭。”“太虚不能无气，气不能不聚而为万物，万物不能不散入太虚，循是出入，是皆不得已而然也。”虚中亦有气，并非虚能生气，这一来就有点唯物论的味道了。

另一方面，周敦颐提出了太极图说。他的要点如下:(一)无极而太极。(二)太极动而生阳，动极而静，静而生阴。静极复动，一动一静，互为其根。分阴分阳，两仪立焉。(三)阳变阴合而生水火木金土。五气顺布，四时行焉。(四)五行一阴阳也，阴阳一太极也，太极本无极也。五行之生也各一其性。(五)无极之真，二五之精，妙合而凝。乾道成男，坤道成女。二气交感，化生万物，万物生生，而变化无穷焉。

在朱子的观念里，气与理分别代表物质(质能)与非物质(组织原理)的因素。《朱子全书》卷四十九:“天地之间有理气。理也者，形而上之道也，生物之本也；气也者，形而下之器也，生物之具也。是以人物之生，必禀此理，然后有性；必禀此气，然后有形。”所谓组织原理，就是部分结合于整体，由此可见是重关系，而非重本质了。就普遍性而言，天下只有一个理，但却散布为万物的组织原理。《朱子全书》卷四十九:“理一，分殊。合天地万物而言，只是一个理，及在人，则各自有一个理。”使理分殊而有所挂搭的，乃因为有气，故曰“同者理也，不同者气也”。(《朱子语类》卷一)也就是宇宙间只有一个理，这好比是源泉，一切分泉都是从它来的，源泉只有一个，分泉却有许多，故自合者而言，天地万物只是一个理，因为同出一本；就其分者而言，则各自有一个理，如人有生理，禽兽有生理，乃至草木也有生理。自其分而言，好像天地间有许许多多的生理；而自其一而言，便见得生理一个。也就是总归万事万物的理来自只有一个会化生阴阳两仪的太极，而“太极只是一个理字”，“太极只是天地万物之理。在天地言，则天地中有太极；在万物言，则万物中各有太极”。(《朱子全书》卷四十九)这就好像百川映月一样，但太极并非如月般有一个实体，故曰无极。

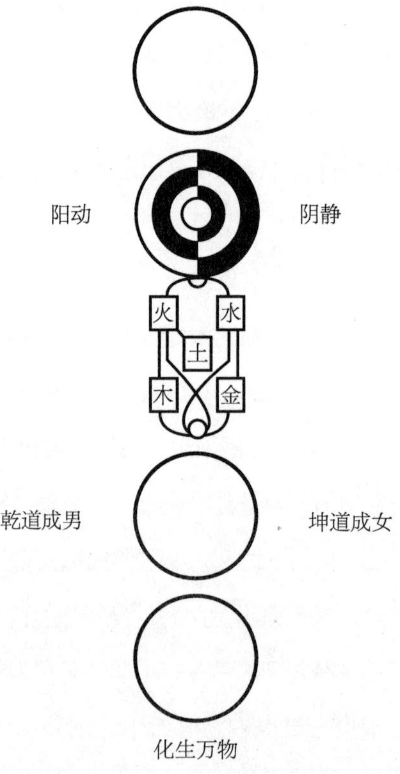

至于理与气的关系，《朱子全书》卷四十九：“理在气中，发见处如何？曰：如阴阳五行，错综不失条绪，便是理；若气不能聚时，理亦无所附着。”“天下未有无理之气，亦未有无气之理”，“理气本无先后之可言，然必欲推其所从来，则虽说先是有理，然理又非别为一物，即存乎是气之中。无是气，则是理亦无挂搭处。气则金木水火，理则仁义礼智”。故所谓先后只是一逻辑上的先后，气绝非赖理而生，形式是事物的本质，但“理”本身既非实质，亦非“气”或“质”的形式。“理”与“气”皆非真实，亦非空幻；“气”非“理”，正如内容非形式一样。理是存在于自然界各层次中目不可见的组织范围或力量，纯粹的形式与纯粹的现实性是上帝，但在理和气的领域内，根本就没有主宰。所以理与气的差别，根本就与灵肉的区分迥异，因为灵魂是由微妙的气组构而成，躯体在时空的配置与相互影响则是理的表现与效验。

所以理与气固然绝对是两回事，但在物上却分不开，《朱子全书》卷四十九：“所谓理与气，决是二物。但在物上看，则二物浑沦，不可分开各在一处，然不害二物之各为一物也。若在理上看，则虽未有物，而已有物之理，然亦但有其理而已，未尝实有是物也。”由引文前段，我们知道所谓理气即即不相离是就物上说，是经验告诉我们如此。宇宙间有物就有理气两部分，如一时但见其气，换句话说，只注意到一物的物质方面，则可以毫不迟疑地去推求它的理，所以朱子主张“即物而穷其理”。由引文后段来看，则不但可以即物穷理，还可以“据理以成物”，顺乎自然之理去创制事物以厚生。由此我们可以看出朱子有相当程度的归纳与演绎的科学方法观，甚至他也相当看重数量，《朱子全书》卷四十九：“有是理，便有是气；有是气，便有是数。盖数乃是分界限处。”但这里的数乃是指一生二，二生三，三生万物这理一分殊的分殊的由来，类似的神秘命数论符号，即一般所谓的“气数”，因此本可革新中国科学的种芽——有关自然的假设数学化——遂一闪而逝了。然而朱子毕竟做了不少的科学努力[34]。

陆王一脉的心学过分地扫物而尊心，与科技的发展不大相干，以下略论明末清初的两位科学家兼思想家——宋应星与方以智。

宋应星的《天工开物》是一本图文并茂，独

34. 如日人山田庆儿，《朱子の气象学》，发表于《东方学报》，第42期（1971年），页209－243。刘昭民，《中华气象学史》（台北，商务，1980年）亦有专节加以介绍。

步古今的明代科技总汇，但他所以有这样的成就是有其科学思想的基础的。在前几年发现的他的佚著中即有《论气》、《谈天》两篇。他认为气生于虚，在《论气篇·水非胜火说》中有言："由虚而有气，气传而为形，形分水火，供民日用。""是故由大虚而二气名，由二气而水火形，水火参而民用繁，水火合而大虚现。"他认为宇宙间一切事物现象和变化，无非是同一气在不断转化为各种形态，各种形态再复返为气，所以他在《形气说》中又说："天地间非形即气，非气即形，""由气而化形，形复返于气"，"有形必化气"。他把水火二行特出于五行，而把土金木视为低一层次的东西，故在《形气说》中又说："杂于形与气之间者，水火是也。"《水火说》中亦言："凡世间有形之物，土与金木而已。"这大概由于他经验到绝大多数的形态变化都要通过火或水的作用来完成，因此就有了突出水火的二气五行论。另外，他又说"土为母，金为子"，"土以载物，使其与物同化，则乾坤或几乎息矣"。[35]可见在尊水火下仍有土为五行之主的看法。

方以智在这方面的观点与宋应星大致雷同，他也几乎有气一元论的观点，除了五行的"水为润气，火为燥气，木为生气，金为杀气，土为中和之气"[36]外，又说"虚固是气，实形亦气所凝成者"。[37]他在五行中也特标水火，《物理小识》卷一"水"条就有"上律天时，凡运动皆火之为也，神之属也。下袭水土，凡滋生皆水之为也，精之属也"。在"四行五行说"条也说："易曰一阴一阳之谓道，非用二乎，谓之水火二行可也，谓之虚气实行二者可也。"与宋应星不同的是方以智顺着董仲舒的阳尊阴卑论，而有"天道以阳气为主，人身亦以阳气为主，阳使阴阳，火运水火也"[38]的看法，因此他又说："天与火同，火传不知其尽，故五行尊火曰君。"[39]但正如一国之君并不一定是一国之主，他在"土"条一开始就明言"土五行之主"，原因是"土纳重以养清，主静以载动，居中以御四维之气，故能和物，

35. 均见宋应星佚著《论气篇·形气说五》。

36. 见方以智，《物理小识》（台北，商务，1978年），卷一，"四行五行说"条。

37. 同上。

38. 同上，卷一，"水"条。

39. 同上。

能生物，又能杀物，故能化物也。……水火贯乎土中而生金木（这大概是因阳光，水，土壤相合则生木，以及水火使土中之金成矿脉的缘故），……百昌皆生于土而复于土”。

不过方以智在《物理小识》中的最大成就是点出了“质测”与“通几”相互为用的科学方法论。方以智在该书自序中说：“寂感之蕴，深究其所自来，是曰通几。物有其故，实考究之，大而元曾，小而草木蠢蠕，类其性情，征其好恶，推其常变，是曰质测，质测即藏通几者也。”故通几即求一理于内心，质测为求多理于外物；以今天的话来讲，质测是各式的观察与实验的经验态度，通几是创造概括许多经验事实的理论。而理论与经验的相互为用、相生相成即是近代科学方法的特色，因此如果真能做到藏通几于质测（即所谓不能离气执理），以通几护质测之穷，或如方以智在自序中所说的“合外内，贯一多”，那么革新中国科学是可能的，即使无法做到内外包举，本末兼赅，而穷究万物，只要有了此一识见，就能博观约取，得其会通，而不囿于曲物了。特别是当时西方已经迈入近代科学的时代，西学也已有部分传至中国，如能以上述健康的态度来处理，真可以如其“总论”中所说的“借远西为郯子，申禹周之矩积”，但不幸的是：方以智本人的通几却只求如“总论”中所说的“因邵蔡为嚆矢，徵河洛之通符”，走到了神秘的河图洛书象数的易学途上，远离有助于建构理论的数量化数学，再加上当时中国大环境的不能配合，方以智与宋应星就只能成为中世纪科学的杰出人物，而无法成为中国近代科学的启蒙师了！

宋代以后涉及阴阳五行的传统科技

北宋的沈括不仅事功兼备，也是位能博观约取的大学者。在《梦溪笔谈》中他有不少科学上的洞识与卓见，如由贝壳化石判断山西太行山以前临海，由竹化石判断黄淮平原远古较现代温湿等，但在《梦溪笔谈》卷二十五第六条却说：

> 信州铅山县有苦泉，流以为涧。挹其水热之，则成胆矾。烹胆矾则成铜。热胆矾铁釜，久之亦化为铜。水能为铜，物之变化固不可测。按黄帝素问，有天五行，有地五行。土之气在天为湿，土能生金石，湿亦能生金石，此其验也。

他把一个硫酸铜溶液加铁而得铜的简单置换反应用五行来加以解释，可见他也摆脱不了阴阳五行学说的影响。

其次是宋代朱肱在《北山酒经》中对酿酒的解释：

> 酒甘易酿，味辛难酝。释名：酒者酉也，酉中阴中也。酉用事而为收，收者甘也。酉用事而为散，散者辛也。酒之名以甘辛为义，金木间隔，以土为媒，自酸之甘，自甘之辛，而酒成焉。所谓以土之甘，合木为酸，以木之酸，合水为辛。

这里用了地支的酉以及五味配五行的说法，而不明近代的发酵原理。

在对潮汐的观点上，以《文献通考·张君房潮说》为例：

> 潮之为体也，父天母地，依阴附阳，其本别系属于月焉。何以言之，夫月之经天，若水之涨海，以躔次于河汉，犹奔激于川流，月之循环，不离于天，海之潮汐，亦常在海，此其大旨也。月之行运者，天之十二宫分；潮之泛历者，地之十二辰位。月周于次舍，惟三百六十五度；潮凑于昼夜，乃计一百刻之间，此又其世所共见矣。夫天体西转，而日月东行，阴阳之经也；地势东倾，而潮涛西上，往还之道也。日迟月速，二十九日差半而月一周天；辰迁刻移，二十九日差半而潮一复位，以此揆彼，候月知潮，又奚辽哉，凡月周天则及于日，日月会同，谓之合朔，合朔则敌体，敌体则气交，气交则阳生，阳生则阴盛，阴盛则朔日之潮大也。自此而后，月渐之东，一十五日与日相望，相望则光偶，光偶则致感，致感则阴融，阴融则

海溢，海溢则望之潮犹朔之大也。……月右天以东行，会诸阴也；潮循地而西转，本诸阳也；日月盈虚朒朓，潮有浮涨奔冲，形诸地也。

这里经验的观察夹缠阴阳的解释，而俞思谦《海潮辑说》对此加了按语[40]：

潮汐之至，必以月丽子午为候者，子午，坎离也，坎为水月之本方，以同气而相求；离为阴阳之正配，以交感而相应也。极大于初三、十八者，避朔望之正合正冲，阴不敢当阳，故稍退后也。

宋代的陈显微和俞琰认为磁石之所以吸铁，是由铁和磁石之间内在之“气”的联系决定的。即所谓“神与气合”，“皆阴阳相感，阻碍相通之理”。[41]而《天工开物》中对火药爆炸的看法是：“硝性至阴，硫性至阳，阴阳两神物相遇于无隙可容之中，其出也，人物膺之，魂散惊而魄齑粉。”[42]另外明代王逵在《蠡海集》中对血和“一方水土一方人”作了阴阳五行的解释：“人与畜，凡动物血皆赤者，血为阴，属水，坎为水，中含阳。血色赤，所含者阳也。离中之交生，气之动也。去体久，即黑；熟之，亦黑，返本之义也（即返诸水，而水之配色为黑）。”“河之北，坎位也；故其人多内实。江以南，离位也；故其人多内虚。内实者，阳在内，宜寒泻；内虚者，阴在内，宜温补。”

至于朱子的天地生成论，则近似于地中心论与地圆说，《朱子全书》卷四十九言：

天地初间，只是阴阳之气。这一个气运行，磨来磨去，磨得急了，便拶许多渣滓，里面无处出，便结成个地在中央。气之清，便为天，为日月，为星辰，只在外常周环运转。地便在中央不动，不是在下。

40. 俞思谦，《海潮辑说》（台北，商务，1966年），卷上，页3—4、12。

41. 转引自茅以升编，《中国古代科技成就》，页177。

42.《天工开物》（台北，商务，人人文库本），卷下，《佳兵篇》，页258。

朱子的气象阴阳论则由下引诸文可见一斑：

> 凡雨者，皆是阴气盛，凝结得密，方湿润下降为雨。且如饭甑盖得紧了，气闷不通，四畔方有温汗[43]。
>
> 阴为阳得，则飘扬为云而升。阴气正升，遭遇阳气，则助之飞腾，而上为云也[44]。
>
> 密云不雨，尚往也，是阴包他不住，阳气更散，做雨不成，所以尚往也[45]。
>
> 阴气凝聚，阳在内者不得出，则奋击而为雷霆。阳气伏于阴气之内不得出，故爆开而为雷也[46]。

特别值得注意的，乃是宋应星的气生声论，以及声的波动论和声波与水波的类比：“冲气，界气而成声。”[33]“气而后有声，声复返于气。”[48]“盈天地皆气也，两气相轧而成声者，风是也。人气轧气而成声，笙簧是也。”[49]“物之冲气也，如其激水然。气与水，同一易动之物。以石投水，水面迎石之地一拳而止，而其纹浪以次而进，至纵横寻丈而犹未歇。其荡气也亦犹是焉，特微渺而不得闻耳。”[50]

另外道家和传统医学对于人先天后天的气化作用有这样的说法[51]：

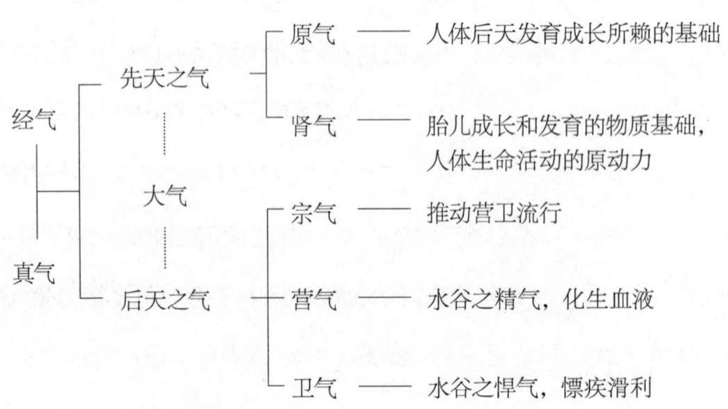

43.《朱子语类》卷七十。

44.《朱子语类》卷九十九。

45.《朱子语类》卷七十。

46.《朱子语类》卷九十九。

47. 宋应星，《论气篇·气声七》。

48. 宋应星，《论气篇·气声一》。

49. 宋应星，《论气篇·气声二》。

50. 宋应星，《论气篇·气色七》。

51. 王绍璠，《气功保健与指针自疗》（台北，老古，1978 年），页72。

而所谓气功，除了一般武术表演性的“外功”外，还有“内功”。气功就是要通过炼功，使气血调和，经络之气平衡，从而达到却病延年的目的。一般说来，气的动能总是局部的，只是先通过某经某脉才能起作用，但如透过“意”（精神）的导引，就能运乎全面，因为只有“意”才能左右人体神经最高中枢—大脑皮质的兴奋和抑制作用，因此气功的基础就是意、气两者的配合，因而是一种整体疗养功夫。

结 语

五行之推衍扩展大抵用的是类比推论，由五行到四方、四时、五色、五味……均是如此。这种类比推论，结论正确与否不是必然的。《吕氏春秋·察传》就说：“夫得言不可以不察，数传而白为黑，黑为白。故狗似玃，玃似母猴，母猴似人，人之与狗则远矣！”因此这种推论是没有标准的，适用于甲类间的作用不见得适用于乙类之间，也就是说五色之间的生克是否和五行之间一样，是很有问题的。

中国古代所以有这样的类比推论，乃是由于天地交感，天人合一，万物皆交感与关联等理念的影响。因此阴阳五行着重的是彼此间的关系，而不太着重每一项的元素性，五行的相生相克、相乘相侮就是这样的关系，由阴阳的消长，五行的生克即构成宇宙的协调与和谐。并且消长生克是反馈的，有机的。阴阳的消长是阴中有阳，阳中有阴，阴极则返阳，阳极则返阴；五行的相生循环，相克循环，既相生又相克就更不用说了。而反馈的机制最显著的就是自动控制，自动平衡，这在自然界中是常见的，如生态的平衡，人体分泌的平衡等。这种平衡与协调被破坏，就是受了外力的病态所致，必须以外力调整恢复。

强调有机与关联很自然的就是对整体性、系统性的注重。当然，在某一层面是整体，在较高的层面可能又为部分，但不管系统的构成如何，系统中重要的就是各部分间的交互作用。不过有机体间的交互作用往往是相生相克的。而且，中国对自然整体性的强调是宇宙通体相关，没有真正的客观者，大家全都是参与者，只是相干程度的深浅而已，这与近代科学讲求客观的科学方法、抽象概念与孤离研究标域是很不同的，自然就更无法数量化并运用数学理论来处理了。固然，抽象孤离的方法有其局限，因为抽离建构模型时认为不相干或影响甚微而去除的因子可能就是更基本的所在，抽离也很可能顾及相生就顾不了相克，因此西方科学往往是在某一范围某一条件下的理论，而后再加推广。但如果不一步一步地来，一开始就想用数学笼括整体是不太可能的，近来的西方科学，如量子力学、系统理论、广义相对论与统一场论等，已开始注重整体性，但如果没有牛顿理论在前面探求了几百年，则这些理论是无法产生的。

中国古代科学既无近代数理化的理论建构，又乏抽象孤离的探讨态度，如再孤立发展，是无法产生近代形式的科学的。但中国这一套“妙万物而为言”的哲学概念对走入“分析”之穷的西方或有启发参酌的价值，所以李约瑟说：“中国文明虽然不能自然而然地产生‘现代的’自然科学，但自然科学若无中国文明特有的哲学也无法臻于至善之境；这乃是个历史上极大的似非而是的情形。”[52]

再者，除了少许附会的例子外，阴阳五行学说大都是用来解释一个已存在的现象，几乎看不到它会预测某一现象的发生。此外，阴阳五行在早期固然可满足对自然现象系统化解释的要求，其系统关联也可作为科学探讨的导向，但却扩展得太过度了，姑不论十天干、十二地支的扩张，连十二生肖也派上用场，难免就有难以解释的情形。木胜土，故羊畏虎固然不错（请参阅前述之五行分配表），但水胜火，鼠何不逐马？金胜木，鸡何不啄兔[53]？这种扩张越过度，就越僵化，离真正的科学解释也就越远了。

此外，就传统中医而言，有很多说法并没有现代解剖学的证据，如心开窍于舌、气血的经络等。认为传统中医注重整体，不头痛医头，

---

52. 李约瑟，《中国之科学与文明》，中译本第二册，页558。

53. 如东汉王充在《论衡·物势篇》中对这种五行扩张过度的现象就曾加以批评，虽然在论生死鬼神，天地生成，气象变化等方面，王充仍采用了阴阳五行说。

配药副作用小，西医只重视局部治疗等也不尽然。内分泌学不也颇重整体观念吗？并且传统中医在伦理要求及阴阳五行的整体观念下不重视解剖，以致对某些生理的了解几付阙如，因此除了体表外，内脏的外科几乎没有，这无疑是传统中医最大的缺陷，何况在局部病变上，如胃出血、盲肠炎，无论怎么“整体”都没用，只要开刀就可轻易解决。其次阴阳五行以相乘相侮及盈虚消长来解释病因，而不知微生物会致病，更是中医缺乏实证的短处。不过，传统医学历经数千年的演进，确已累积了颇为丰富的医药学知识；而且，与阴阳五行学说结合的诊疗原则与方法，也不容否认具有实证经验的成分在内，如何以现代医药学的理论和技术研究传统中医，并促成其融合，应该是刻不容缓的一件事。

重视证明的时代

魏晋南北朝的科技

洪万生

公元220年迄590年，为中国历史上的魏晋南北朝时代，也是政治史上的低潮阶段，上承东汉末年以来的动乱，整整370年间，只有西晋王朝二十年的短暂统一，其余皆为分裂局面。社会经济方面，两汉时代极为兴盛的各项产业，如农业、手工业和矿业等，魏晋以降，都不能维持稳定的水平；间歇性的战乱所造成的破坏、复原之循环，其实意味着产业的衰退[1]。商业的发展，虽然颇为突出，但其特色则是官僚经商和高利贷事业[2]，国内市场的商品无非是士族庄园所生产的农产品和手工业制成品[3]，此外，货币经济基础也相当脆弱[4]，所以这种商业发展并没有多大的意义。至于学术思想方面，两汉经学的繁琐句读，到了东汉末年已经山穷水尽，而始终是学术发展障碍的灾异迷信与谶纬图说[5]，当然都不足以为学术开创新机，因此，一旦政局动荡，托身功名利禄，贵为两汉学术主流的儒学也就不免沦落与衰颓了[6]。这对当时知识分子的思想，造成极大的震撼和解放，因此，一方面老庄思想和孔门以外的诸子之学得以复苏，另一方面，知识分子和平民阶层对佛、道二教的信仰也日渐普遍。以上这些有关学术思想的变因，虽然大都成于汉魏之际，但终魏晋南北朝之世，始终保持发展而不坠。

不容置疑地，中国历史到魏晋南北朝的确面对着一个巨大的转变。两汉时代的大一统局面，社会经济的高度发展[7]以及一枝独秀的儒学盛况[8]已不复可见，取而代之的，是政治的动乱、社会经济的间歇性破坏以及儒学的生机殆尽。这些背景，对魏晋南北朝的科技发展似乎并不有利，然而令人惊讶的，这个时代的科学技术却仍然成就辉煌，在中国文化传统中留下不可磨灭的痕迹。如果说，中国古代的科技多是因应实用需要而发展，以两汉时代为例，历法的制定需要天文

1. 钱公博，《中国经济发展史》（台北，文景，1976年增补再版），页102－208。
2. 陶希圣、武仙卿，《南北朝经济史》（台北，食货，1979年4月），页106－114。
3. 王仲荦，《魏晋南北朝史》（1961年），页345。
4. 钱公博，《中国经济发展史》，页195－200。
5. 刘大杰，《魏晋思想概论》（台北，中华，1979年第7版），页8－9。
6. 同上，页7－12。
7. 钱公博，《中国经济发展史》，页98。
8. 两汉的官僚体制，在儒家的“致用”观点下，在天文、数学的领域内，确有一定的成就。《周髀算经》、《九章算术》这两部出色的科技典籍，出自仕官的儒者自无疑问。

学、数学知识的密切配合，土地丈量、土木建筑和测高度远亦须仰赖数学，而农产工具的改良和兵器的制造则有助于冶金技术的提高，那么，一旦这些需要的压力减弱或消失，科技发展自应停滞或衰竭才是；但事实并非如此。所以，当我们考察魏晋南北朝科技成就的历史意义时，从一个更广泛的文化背景下手，是值得而且应该加以考虑的。

历史上每一个时代的文化精神，不仅表现在典章制度、器物工艺、文学艺术和学术思想上，而且也表现在科学技术上[9]。“其实，严格地说，任何一个文化的高度发展，其外在的有形事物的创造，都与其内在心灵世界的开拓相呼应。器物工艺也好，典章制度也好，科学技术也好，文学艺术也好，都可说是人类思想智识、价值意义和精神情操的具体表现。两者息息相通，互为映照。”[10]因此，实有必要对本期文学艺术风潮，和学术思想背景略加浏览。我们深信：经由科学技术与文化其他层面互动关系的相互参照，应当更能把握本期科技成就的特色。

中国文学发展到魏晋，虽然形体上没有什么创新，但文学的精神和作家的创作态度，都与以往大不相同。儒学的衰微和政治的动乱，使得文学离开了实用的社会使命感；老庄思想的复苏和个人意识的觉醒，更使得文学转趋浪漫的、神秘的、哲理的方向发展。在这个转变过程中，文学发展，逐渐成为独立的艺术，而有不受任何外力指导拘束的明显现象[11]。到了南北朝时代，这股风潮更绝对自由地发展，终于创造了唯美文学的盛况。“文学到了这时候，才真正达到自觉的独立新阶段。一般人对于文学本身的意义和价值，认识得更为清楚，同时文学对于艺术上的技巧问题也讨论得更精密更细致了”。[12]

文学能够成为一种独立的艺术，除了时代条件成熟的因素外，魏晋文学理论建设，也起了积极的引导作用。魏曹丕的《典论·论文》和

9. 比如古典希腊的理想化、抽象化精神，就不仅表现在哲学、数学上，也表现在雕刻作品上。参阅 M. Kline, *Mathematics in Western Culture* (London, Oxford University Press, 1969), p. 33。

10. 刘岱，《中国文化新论——序论篇——不废江河万古流》（台北，联经，1981 年），页 20－21。

11. 刘大杰，《中国文学发展史》（台北，中华，1973 年 4 月第 4 版），页 196－206。

12. 同上，页 250－258。

晋陆机、葛洪的文学理论，都打破了儒家重德行薄辞章的传统。陆、葛二人皆同声提倡反模拟、表现独特个性，甚至强调文学要进化，要内容形式两全[13]。如陆机《文赋》中的“理扶质以立干，主文修以结繁。”即在强调文章的内容固然可贵，形式之美也不容忽视。此种观点对南朝唯美文学的兴起，有推波助澜之功，与魏晋数学家刘徽对数学理论的认识：“事类相推，各有攸归。故枝条虽分，而同本干者，知发其一端而已”。（《九章算术注》序）也有几分神似。

就艺术成就和思潮而言，则由魏晋画家曹不兴、卫协和顾恺之等人的成就，也可发现追求真实形象[画法注重精致描写，形似逼肖，如顾恺之的《女史箴图》（图一）]，以及主观创作（表现画家个性）的思想颇为定型[14]。至南朝时，绘画已具有独立价值，就是赏鉴评论风气大开，谢赫和姚最的画论都极负盛名[15]。

大约言之，魏晋南北朝的文学艺术，都朝向自由解放，也各自建立了新的生命。不但文学绘画如此，画法也遵循此一路线迈进。我们只须看看由汉隶楷书演变到王羲之、王献之父子那种似行云流水般的行草（图二），那高蹈旷远的精神与气质，个体觉醒的情感和生命，无不在在跃然纸上！

文艺风潮对当时科学家诚然不无启发，然而直接影响科学家研究取向和方法的，则莫过于学术思想。由此角度来看，东汉古文学风对魏晋南北朝科技的影响，可说颇为深远。文化的传承与递嬗，都是历史发展过程中极为自然的现象。魏晋南北朝科技发展的一些背景，固然早在东汉时代即已粗具雏形，然而文学艺术风潮又何尝不然？东汉时代的土俑（图三），形象已逐渐脱离秦以来的写实风格，创作者的主观成分也开始加重，足以显示魏晋南北朝的文学艺术风潮，也可上溯东汉时代。与本文题旨密切相关的一部中国古数学经典《九章算术》（图四），数学史家钱宝琮即论定为东汉初、中期（公元50－100年间）之作品[16]，而史

13. 刘大杰，《魏晋思想概论》，页143－149。

14. 参阅俞崑，《中国绘画史》（台北，华正，1975年第1版），页25－78。

15. 同上。

16. 钱宝琮，《中国数学史》（1964年），页32－33。

图一《女史箴图》，顾恺之，东晋。此图是依据西晋张华《女史箴》一文而作，为绢本设色，原作已佚，现存有南宋摹本，水平稍逊，现藏故宫博物院，唐摹本，诸家著录均采用此摹本，现藏大英博物馆。作品注重人物神态的表现，画法精致，惟妙惟肖。

图二《远宦帖》，王羲之，东晋。《远宦帖》墨迹本，无款，为唐人摹本，亦名《省别帖》。《远宦帖》草法以简约为主，虽间有萦绕，亦简略不繁，现藏台北故宫博物院。

图三 陶俑，东汉。风格脱离秦代的写实，造型夸张，富于个性特色。

晋王羲之远宦帖

2

3

学家则推断“为九章算术设法命题者，确非一人。大概均出自秦汉主计籍官吏之手；经许商、杜忠等整理为算术，又经马续（？）冠以九章之名”。[17] 按马续为东汉大儒马融之兄，《后汉书·马援传》说马续（他也是马援的侄孙）“十六治诗，博观群籍，善九章算术”。此外，东汉另一大儒郑玄也“通九章算术”[18]，而且还注解过先秦技术典籍《周礼·考工记》，以这些史实为基础，如果我们大胆推测古文学风对魏晋刘徽《九章算术注》有影响，大概不会太离谱。

东汉古文学的发展，原是否定今文学严守师法、析其微言的繁琐章句之学，而形成的所谓“通儒之学”。东汉通儒如扬雄、桓谭和王充等都是博览群籍，不专一经，不守章句的古文学者。由于他们企图更进一步去探求经书的真义，故对古文经传所用先秦文字训诂之研究，以及对古文经传系统之整理，乃成为东汉通儒传注经书的基础工作，这是通儒之学的一种本质——通理研明。这种工作对魏晋经籍传注，产生了极为直接的影响，而魏晋时代又将这种探索知识的理性精神，表现得更为彻底[19]。通儒之学的另一个本质，是对经传“通理明究”，亦即用客观的态度检证古文资料后，再归纳之，然后究明经义而通其理，并有系统地树立经传的客观解释体系[20]。

魏晋的经书解释，是承继通儒之学的基础而发展的。东汉末年集大成的郑玄，对作为经传解释重要基础的经传资料，已有总结性的成果，所以魏晋的经学解释就朝着“通理明究”的方向发展，在经学解释方面表现了“论”和“辩”，这正是魏晋经学传注的特色；虽然东汉的通儒也长于论辩，但到魏晋，谈辩格外盛行[21]。

谈辩确是魏晋清谈家追求根本原理或最胜义[22]的主要手段。一方

17. 孙文青，《九章算术源流考》，《女师大学术季刊》，第2卷第1期（民国十九年），页1－60。

18.《后汉书·郑玄传》。

19. 逯耀东，《裴松之与三国志注研究》，收入杜维运、陈锦忠编，《中国史学史论文选集》（3）（台北，华世，1980年），页265。

20. 同上，页265－266。

21. 同上，页267。另参见余英时，《汉晋之际士之新自觉与新思潮》，《中国知识阶层史论》（台北，联经，1980年），页287。

22. 魏晋清谈家谈辩论难，有时只求压倒双方，因此最后所得之结论可能只是“最胜义”，而非根本原理，见何启民，《魏晋思想与谈风》（台北，学生，1979年），页11。

面由于它纯粹为求“理”而求“理”，不与现实一切发生关联，乃能将学术思想带向一个新的、形而上的境界[23]；另一方面由于一切为论难，所以语言表达的艺术颇受重视，于是名家惠施、公孙龙的朴素逻辑乃于此时复苏[24]。

南朝的经学，大抵继承魏晋的新学；而北朝则不同，它的经学原是宗汉世古文学的，《隋书·儒林传》的序言说：“南人约简，得其英华。北学深芜，穷其枝叶。”即是明证。“因此，南朝北朝的名称，不仅是属于历史上政治的区划，也成为思想上的分野。”[25]

学术思想的分野，必然导致特色互殊的科技成就。但是，一方面由于南北双方具有一定程度的交流[26]；另一方面，也由于它们都源自同一背景——东汉的古文学风，因此南北朝科技成就的差异似乎并不太大。事实上，南北朝的科学家及其方法也不乏共通点，十分值得注意。

以上指出魏晋南北朝的文学家、艺术家和学者，多有提出“理论架构”的浓厚兴趣；在数学成就上，也有企图通过“证明”建构理论的强烈愿望[27]。在数学上，通常所谓的“证明”，是指建立在一组公设系统上的一个数学推论，因此，严格说来，本文题旨中的“证明”意义并不完全，因为中国传统数学家从未对数学命题赋予完全形式的证明。不过，如果我们不把“证明”当做一个专门技术性的名词，那么，用它来形容溯自东汉大儒扬雄、王充的那种重视实证的精神，应该也是恰当的。所以我们无妨把“证明”的意义加以引申，王充所谓的“事莫明于有效，论莫定于有证”。(《论衡》卷二十三)，正是本文“证明”一词指涉的意义。何况，除数学家外，在这一段时期天文家对实测记录的归纳和整理，以及炼丹家的作为，也都充分表现此种验实求真的态度。

---

23. 同上。

24. 刘大杰，《魏晋思想概论》，页175；或周文炎，《中国逻辑思想史稿》(1979年)，页85－132。

25. 引汤用彤语，见《魏晋思想的发展》，载《魏晋玄学论稿》(1957)，页121－132。

26. 事实上，当时南北虽然分隔，但商贾交通始终不断，参阅吕思勉，《两晋南北朝史》(台北，开明，1969年第1版)，页1097－1098。另祖暅被北魏俘虏时，曾会见当地天文家信都芳，对后者学艺精进，助益颇多。事见《北史》，卷八九，《信都芳传》。

27. 详后文论述。

魏晋南北朝的科学技术

• 天文历法

中国古代的历法大都使用传统的阴阳历，但所包含的内容却不仅是年月日时的安排而已，还包括了日月五星位置的推算、日月蚀的预报、节气的安排等等。而历法的革新，则涵盖了新理论的提出、精密天文数据的测度、计算方法的改进等等。所以，中国古代历法的进步，常常也连带地促进了天文学的发展。

中国古代历法自从汉武帝建立规模[28]以来，于实测记录如客星、太阳黑子等，及仪象之制如落下闳、张衡诸人制作浑天仪等，均贡献卓著。降至三国时代，曹魏杨伟曾造景初历，即已注意到黄道白道交点，每年有移动的现象，然后推知日月蚀的引起不必定在交点，月朔在近交之处亦引起日蚀，月望在近交之处亦可引起月蚀[29]。

两晋沿用景初历，对历法没有什么创新。论者或谓晋士大夫崇尚清谈，不重实学，故对天文历法毫无表现，其实并非如此，东晋虞喜作《安天论》独张“宣夜说”[30]，就颇具卓识，此外，他还发明了岁差[31]，开创了中国天文史的新局面[32]。当时，北方姚秦的姜岌也发现“蒙气差”:“阳光通过空气产生折射，星球视高恒大于真高。”《隋书·天文志》又引姜岌语:“日初出时，地有游气，故色赤而大；及至中天，上无游气，故色白而小。”与近代学理相合，确为中国天文史上光荣的一页。另《晋书·天文志》谈及恒星、彗星、孛星、客星及流星时，都颇有实测之功；故后世天文学名称，大都沿用《晋书·天文志》的用语。

---

28. 朱文鑫,《天文学小史》(台北，商务，1970年第1版)，页24。

29. 黄道面和白道面并不重叠而有五度九分的斜角，因此必须在黄道与白道交点附近才有可能使得太阳、地球和月球成一直线，而产生日月蚀现象。

30. 古人谈天主要有浑天、盖天、宣夜三家。朱文鑫曾谓:“其实浑盖仅言其形，宣夜乃推究其理者也”。又谓:“古人但知浑盖之形象亲切，周髀之测算简易，而忽于宣夜之理，汉以后独晋虞喜本宣夜而作安天论，谓天为不动，当时为葛洪所驳，而未畅其旨”。见《天文学小史》，页22—23。又浑天、盖天两家学说之解释可参阅高平子,《学历散论》(台北，中央研究院数学研究所，1969年)，页1—50。

31. 太阳在天球上运动一周天，并不等于冬至到冬至一周岁；太阳从冬至出发到下一个冬至，还没有回到原来恒星间的位置，这个现象就叫做岁差。

32. 朱文鑫,《天文学小史》，页35。

到南北朝时代，天文家、历家辈出，成就更是辉煌，揭开序幕的便是南朝刘宋的何承天、祖冲之。他们继承虞喜之后，实测岁差，祖冲之并将之采入他的大明历中，开创了天文史的新纪元[33]。但南朝却以何承天为宗，较杰出的祖冲之历学则往北传，为北朝所尊[34]。何承天创定朔之说，开唐历之先；又创调日法[35]，用“强率”、“弱率”、调节“日法”和“朔余”。

祖冲之（429－500年）是5世纪中国最伟大的科学家。他在天文历法上的成就有实测岁差，并用以治历。另测得交点月[36]日数27.21223，与近代布朗（Brown）常数27.21222仅差十万分之一，着实令人惊异。此一交点月对推算日、月蚀贡献卓著[37]。此外，祖冲之的数学成就更是特出，后文再行详述。

祖冲之子祖暅深得家学，对天文数学也有突出贡献，曾实测验证岁差之存在，并将其父所撰大明历献给梁朝而获采用。他曾被俘至北方，住元魏安丰王元延明宾馆中，与当地著名天文家信都芳会面并讨论天文、数学。《北史》卷八十九《信都芳传》谓：“江南人祖暅以诸法授芳，由是弥复精密。”可见祖氏家学对北朝天文数学的影响。

北齐天文家有信都芳、宋景业、董峻、郑元伟、张孟宾及张子信等人，其中以张子信最为有名。张子信因为葛荣作乱而避居海岛，用浑仪测天达三十多年，终于发现“日行在春分后则迟，秋分后则速”。也就是太阳的视运动不是等速率的，也就是从相对运动观点而言，每天地球绕太阳的运行距离并不相等。不过，其差异并不显著，若非长期观测和浑仪的精良，绝不可能发现此一重要事实。

以上概述魏晋南北朝的天文观测成果，和制历理论之兴革概况。至于讨论天体结构的著述，也蔚然大观，颇值称述：计有晋鲁胜《正天论》、虞耸《穷天论》、姚信《昕天论》、虞喜《安天论》、刘智《天论》

---

33. 同上书，页21。

34. 同上，页38。另笔者未悉祖冲之历学如何传入北朝，可能是经由其子祖暅传给信都芳的。

35. 调日法请参看钱宝琮，《中国算学史》，上卷（北平，中央研究院历史语言研究所，民国二十一年），页54。

36. 月球从黄白二道的某一交点出发，绕地球一周回到同一交点时所需日数，称做“交点月”。

37. 见朱文鑫，《天文学小史》，页40。

以及姜岌的《浑天论》和《答难浑天论》；此外，刘宋的何承天有《浑天象体论》、梁武帝有《天象论》、祖暅有《浑天论》[38]，这些都是继东汉杰出科学家张衡谈天以后的宇宙论，多半是魏晋清谈的题材。可惜，这个时代的实测天体资料固然丰富，而且也有很多天体思想，但却始终未能将理论和观测结合，并进一步提出天文学的理论体系。李约瑟曾论定中国的天文学属于算术、代数类型，而非几何学类型[39]，此一观点即使局部化到魏晋南北朝来看，也是正确的。

- 数学

魏晋南北朝的数学本是直接建立在《九章算术》的理论基础上，虽然未能突破《九章》的格局而常让史学工作者引为憾事[40]，但当时数学家对几何思想和内容的深入研究，却创造中国古代几何学的全盛时代[41]。至于代数学方面，本期的表现实为宋金元的辉煌代数成就铺路。宋金元的高次方程数值解法，乃是分别以南北朝和唐初的筹算开带从平方法（二次方程数值解法），和开带从立方法（三次方程的数值解法）逐步发展出来的[42]。此外，代数成就还包括"物不知数"、级数和"百鸡术"等问题的提出，进而开拓了数学的视野。再如隋朝天文家刘焯在测量日月五星的视行度数时，所创立的二次内插公式，基本上，也是在杨伟、姜岌、何承天和祖冲之等人，对东汉末刘洪的一次内插公式继续研究的成果上所发展出来的[43]。

再进一步叙述魏晋南北朝的数学成就以前，实有必要对《九章算术》（图四）一书略作介绍。根据现有的史料记载，《九章算术》是中国最古老的一部数学经典作品，也是周秦及西汉数学知识的总结。本

38. 何启民，《魏晋思想与谈风》，页155－156。

39. 见 Joseph Needham, *Science and Civilisation in China, Vol.III* (London, Cambridge University, 1959) p. 229。

40. 参阅 D. B. Wagner（华道安），"An Early Chinese Derivation of the Volume of a Pyramid: Liu Hui, Third Century A. D., *Historia Mathematica*, 6 (1979), pp. 164 - 188。

41. 参阅洪万生，《古代中国的几何学》，《科学月刊》，十二卷8期（1981年8月），页22－30。

42. 从南北朝到宋金元，当然还需要经过隋唐的衔接。但隋唐数学家中提出开带从立方的，却是唐初的王孝通，这或许也可视为南北朝数学的延续。钱宝琮即曾推测开带从立方可能是祖冲之所创立的，见《中国数学史》，页89－90。

43. 参阅钱宝琮，《中国数学史》，页103－104。

质上，它是一本分门别类的官僚数学公式手册，史家认为《九章算术》成于长安之官府，乃以秦汉之计籍为底稿，并非课吏之讲义”。[44]应该是恰当的论断。它的内容和体例对中国古数学影响颇大，16世纪以前的中国数学书籍大都是应用问题解法之集成，原则上多半遵守《九章算术》的体例。后世数学家即使能够引进新的概念和方法，并且获得突破和创新的成果，但在精神上却始终以《九章算术》为依归[45]。

正如魏晋清谈初期思想家王弼等在东汉总结的经学上创造崭新的文化内涵[46]一样，当时数学家刘徽也是在注解东汉初成书的《九章算术》时，赋予中国古数学新的生命力，因此从文化史的角度来看，刘徽不仅是位杰出的数学家，对文化的传承也极有贡献。

刘徽，魏晋时人，生平事迹不详，仅知他在魏陈留王景元四年（263年）注《九章算术》（事见《隋书·律历志》）。

刘徽的主要成就，一方面在他能从《九章算术》中一些零碎的数学概念、方法或公式，总结出一些抽象的、根本的原理，然后再运用这些原理去贯穿那些数学知识，例如他曾运用出入相补原理，和极限原理去推证《九章算术》的面积公式，运用前二个原理和祖氏原理（或称卡瓦列利原理）去推证《九章算术》的体积公式[47]；另一方面，他也创立许多新方法，开辟了数学发展的新途径，例如他发明了“割圆术”而求得圆周率的近似值、提示推求球体积公式的正确方法、引进十进分数的概念，并且系统整理重差术，以两根测望标杆解决一些测量的难题。

《九章算术》经过他的注解以后，变得更有条理，而且不再有大的变动，一直流传到现在[48]。《九章算术》能够成为中国古数学最重要的经典作品，刘徽居功最伟。此外，南北朝的数学家祖冲之、祖暅父子，也是以刘徽的方法为导引，乃能创造5世纪数学史上的丰功伟业。

---

44. 孙文青，《九章算术源流考》，页58。
45. 钱宝琮，《中国数学史》，页28。
46. 贺昌群，《魏晋清谈思想初论》（台北，三人行出版社，1974年），页9。
47. 参阅洪万生，《古代中国的几何学》。
48. 参见李俨，《中国古代数学简史》（1976年），页76。

祖冲之是南朝宋、齐时代的杰出科学家。他的父亲祖朔之曾做过刘宋王朝的奉朝请。由于家学渊源，祖冲之从小便对天文学和数学产生浓厚的兴趣。青年时代曾任南徐州从事史，后来回建康任公府参军。在大明六年（462年）曾提出大明历建议改历，可惜被戴法兴阻挠而作罢。他那一篇有名的《驳议》就是与戴法兴辩论时所写成的，充分表现怀疑批判、实事求是的科学精神。他的重要数学成就共有两项，一是推算圆周率的近似值到小数点后第六位：3.141592，一是推求并建立球体积的正确公式：$4\pi r^3/3$（r为球半径）。

祖冲之的圆周率成就，是我们从《隋书·律历志》上获知的。《隋书·律历志》记载：

> 古之九数，圆周率三，圆径率一，其术疏舛。自刘歆、张衡、刘徽、王蕃、皮延宗之徒各设新率，未臻折衷。宋末，南徐州从事史祖冲之更开密法。以圆径一亿为一丈，圆周盈数三丈一尺四寸一分五厘九毫二秒七忽，朒数三丈一尺四寸一分五厘九毫二秒六忽，正数在盈朒二限之间。密率：圆径一百一十三，圆周三百五十五。约率：圆径七，周二十二。

可知他推算得到的 π 值是介于3.1415926与3.1415927之间（因此精密到小数点后第六位），并且求出两个近似分数355/113与22/7。至于他是如何推算的，由于他的杰作《缀术》失传，实在无从得知。不过，史家认为《缀术》极可能是他的《九章算术注》（这部书也失传）[49]，如此则他对刘徽的割圆术必然相当熟稔，另外，史家也认为当时除了割圆术以外，恐怕也没有其他的方法可用[50]，是故，他运用割圆术推算 π 的近似值是极为可能的。

球体积公式的推证方法，是祖冲之根据刘徽的提示而求出来的，这个史实记载在《九章算

49. 钱宝琮，《中国数学史》，页85－86。

50. 事实上，割圆术确是微积分发明以前追求圆周率近似值的唯一本质方法，参阅W. L. Schaaf著，赖建业译，《π的历史性质及计算》（台中，中央书局，1973年），页49－50。

术》卷四最后一题的注文内，据研究，他的儿子祖暅应该是个共同的作者[51]。祖氏父子是运用祖氏原理而成功地求得球体积公式的[52]。此一公式之求得虽较古希腊阿基米德为晚，但数学史上明文写出祖氏原理的第一人，却是5世纪的祖冲之[53]，而不是16世纪的卡瓦列利（Cavalieri，意大利数学家，1598－1647年）。

魏晋南北朝还有两位数学家值得推介：其一是孙吴时代的赵爽（字君卿），他是比刘徽稍早的一位数学家[54]，曾注解主张盖天说的一部天文学著作《周髀算经》（成书于公元前100年前后）。另一位是北周的甄鸾。甄鸾著有《五曹算经》、《五经算术》和《数术记遗》，后二书没有什么价值[55]，至于《五曹算经》，则是地方行政官员田曹、兵曹、集曹、仓曹和金曹等写成的一部应用算术书，水准平平，并不能超越《九章算术》。

魏晋南北朝的重要数学书籍，还包括《海岛算经》（刘徽撰）[56]，以及大约是四五世纪但未悉作者的《孙子算经》、《夏侯阳算经》和《张邱建算经》[57]。《孙子算经》共三卷，上卷叙述算筹记数，纵横相间制，和筹算乘除法则，中卷举例说明筹算制度上的分数算法和开平方法，这些都是研究中国古代筹算制度的绝佳资料，下卷则包含几个算术难题，如“鸡兔同笼”和“物不知数”等。

今本《夏侯阳算经》是8世纪的一部算术书籍，并不是四五世纪那一部的原版[58]。而只是征引了原版约六百字，这些文字概括地叙述了筹算乘除法则和分数法则，并且解释“开平方除”、“开立方除”等名词的意义[59]。

根据《张邱建算经》自序，可知它的写作当在《孙子算经》、《夏侯阳算经》之后。史家的研究，也可断定其写作的时间当在466年到484

---

51. 参阅钱宝琮，《中国数学史》，页85－88。

52. 参阅李俨，《中国古代数学简史》，页100－103。

53. 祖冲之所给的原理为：“夫叠棋成立积，缘幕势既同，则积不容异”。见《九章算术》卷四最后一题注文。

54. 参阅钱宝琮，《中国数学史》，页57。

55. 参阅钱宝琮，《中国数学史》，页91－94。

56. 刘徽注《九章算术》时，曾撰“重差”一卷附于该书卷九《勾股章》之后，唐初这一卷单行，而被称为《海岛算经》。参阅钱宝琮，《中国数学史》，页73。

57. 同上书，页75。

58. 参阅钱宝琮，《中国数学史》，页79。

59. 同上。

年的元魏时代[60]。今本《张邱建算经》中已有若干算题失传，不过就仅存的92个题目而言，确有若干超越《九章算术》之处，在中国数学史上有一定的地位。

《张邱建算经》共三卷，一开始就指导分数的运算方法，提出分数和最大公因数、最小公倍数的应用问题；也包括等差级数求和公式，盈与不足问题、开平方、立方法及平方根、立方根的近似值。此外，还有开带从平方法及数学史上颇为有名的“百鸡问题”[61]。

《张邱建算经》是在祖暅传入祖氏家学以前写成的[62]，可见北朝数学也有相当的发展。事实上，颜之推《颜氏家训·杂艺篇》曾说：“算术亦是六艺要事，自古儒士论天道、定律历者皆通学之，然可以兼明，不可以专业。江南此学殊少，唯范阳祖暅精之，位至南康太守。河北多晓此术”。就以《畴人传》（清阮元撰）所收历算家（畴人）数目来比较，也是北朝（共16位）多于南朝（共9位），而且北朝元魏也有两位颇精算学的历算家殷绍和高允[63]，因此，北朝数学的盛况并非偶然。

• 炼丹

中国古代的炼丹术实际包括了炼金一事在内[64]。虽然炼金术的成就微乎其微[65]，但是它在西方早期化学的发展史上确已尽了真正可敬的责任[66]。近代化学是在欧洲中世纪炼丹术的基础上逐步发展起来的，而欧洲中世纪炼丹术则导源于阿拉伯炼丹术，这都是化学史上早已公认的事实[67]。科学史家李约瑟等综合20世纪30年代以来多位学者的研究成果，则认定阿拉伯炼丹术受到中国极为深刻的影响[68]，如此说

---

60. 同上，页80－81。

61. 参阅洪万生,《从百鸡问题谈起》,《台湾教育》，第363期（1981年3月），页23－24。

62. 525年，祖暅在南梁豫章王萧综幕府。萧综投奔元魏，他被魏方所执，留住徐州魏安丰王元延明宾馆期间曾与信都芳论学，事见《梁书》卷三六,《江革传》。

63.《畴人传》卷十“殷绍”、“高允”传。

64. 张子高,《中国古代化学史》（1977年），页142。

65. 有关中国的部分请参阅张子高,《中国古代化学史》，页142－144。西方的部分则参阅 W.C.D. Dampier-Whetham, 任鸿隽译,《科学与科学思想发展史》（台北，商务，1977年），页50。

66. 参阅 W. C. D. Dampier-Whetham,《科学与科学思想发展史》，页50。

67. 参阅张子高,《中国古代化学史》，页304－309。或 Joseph Needham, *Science and Civilisation in China, Vol. V:2* (London, Cambridge University Press, 1974), p. 15。

68. 同上。

来，中国炼丹术对近代化学的初胚，必然也有一定的贡献。

中国炼丹术有其悠久的历史及一贯的体系。事实上，其根源当可远溯到战国时代，而其基本形式至迟应在1世纪末完成[69]。其原始动机本是方士对长生不老丹药的追求，秦汉帝国统一之后，炼丹术更应合了帝王、贵族与豪强的求药成仙企图，终得以蓬勃发展[70]。接着是东晋葛洪的系统化，南朝时代（5世纪）陶宏景和唐初（7世纪）孙思邈、陈少微等人的延拓[71]，最后在唐宋时代达到全盛[72]。因此，葛洪和陶宏景二人在东汉魏伯阳《周易参同契》的基础上承先启后，对炼丹术做出重大贡献是毫无疑问的。

葛洪（281－361左右），号稚川，丹阳句容（今江苏句容县）人。自幼学道，对炼丹理论颇为熟稔[73]。曾任广州刺史嵇含的参军，在当地停留一段时间，并认识南海太守鲍玄，从鲍玄学习神仙方术之道；然后又回到江东，最后请调出产丹砂（可炼仙丹）的交趾郡（今越南）勾漏县担任县官，走到广州时为路所阻，遂退居罗浮山炼丹终老。

葛洪是道教徒，他对炼丹学道成仙的兴趣极为浓厚。年轻时曾到大江以北搜集道教图籍（其中包含金丹部分）。在他的著作《抱朴子·金丹篇》中，葛洪曾说："……余忝大臣之子孙，……少好方术，负步请问，不惮艰险，每有异闻则以为喜，虽见毁笑，不以为戚。"在《抱朴子·内篇序》中又说："权贵之家，虽咫尺弗从也；知道之士，虽艰远必造也；考览奇书既不少矣，率多隐语，难以卒解，自非至精不能寻究，自非勤笃不能悉见也。"虽说魏晋士人的依附道教，希图修道成仙，正如依附老庄、高谈玄虚，都不免是对现世生活的一种逃避，但是就《抱朴子·避览篇》中所记述，他列举自己所看过的道经174种，共六二二卷，其宗教热忱实在令人佩服。因此，究竟他是为了证道，

69.Joseph Needham, *Science and Civilisation in China, Vol. V: 2,* p.14. 世界上最早的一部炼丹术著作《周易参同契》可能就是出现在1世纪。

70. 参阅张子高，《中国古代化学史》，页116－119。

71.Joseph Needham, *Science and Civilisation in China, Vol. V:2,* p.14.

72. 参阅张子高，《中国古代化学史》，页208－215。

73.《晋书·葛洪传》。

或是为帝王贵族服务而炼丹，实在很值得我们深一层探索。

《抱朴子·内篇》提供了可靠的历史资料，可以帮助我们进一步了解炼丹术的发展。以《金丹篇》为例，它所涉及的药物有铜青、丹砂（HgS）、水银（Hg）、雄黄（As_2S_2）、矾石、雌黄（As_2S_3）、云母、铅丹（Pb_3O_4）等22种，较《周易参同契》里所提到的要多。不仅品目增加，隐语也较少，有时还加以解释，这些都是进步的例证。

陶宏景（456－536年），字通明，晚号华阳隐居，丹阳秣陵（今江苏句容县）人。《南史》本传说他"幼得葛洪《神仙传》，便有养生之志。读书万余卷。……性好著述，尚奇异，……尤明阴阳五行、风角星算、山川地理、方图产物、医术本草"。他是南北朝时代非常重要的一位炼丹家，曾为梁武帝配制"善胜"、"成胜"二服著名丹药（见《梁书》卷五十一《陶宏景传》）。

陶宏景的著述颇多，但大都与道教有关，无非是谈论神仙授受真诀之事，或长生不老之术。最重要的一部著作是《名医别录》，根据史家的研究，它是《神农本草经》（西汉末年的作品）以后一部著名的药典。《神农本草》原载药物365种，《名医别录》一书即是陶宏景搜集汉魏以来名医所用的新药物365种辑录而成，两书相合称为《本草经集注》。《集注》一书现在只有《序录》部分的残卷抄本保留下来。但在宋代的《政和本草》和明代的《本草纲目》两书中还保存着一定的条文[74]。他曾自述："隐居先生在乎茅山之上，以吐纳余暇，游意方技，览本草药性，以为尽圣人之心，故撰而论之。……精粗皆取，无复遗落，分别科条，区畛物类，兼注詺时用土地所出，及仙经道术所需，并此序合为七卷。"（《本草纲目》卷一上"历代诸家本草条"引）足见他的《名医别录》，始终是与道教结合的。

其次，拟就炼丹家所表现的宗教热忱和求真校验的实证精神略加考察。席文（Natham Sivin）曾论及葛洪"在其流传之著作中，一再言及世间之人，虽热切追求炼丹之赏赐，惟其始得此道之真传。葛洪反

74. 张子高，《中国古代化学史》，页124。

复讽刺当日道家情况之卑微，而不断对其自身所作之保证，如学识之高超，品格之纯粹，私利心之屏除等，则似乎略有偏执狂”。[75] 论者或谓以长生不死为目的的炼丹术，始终是在为统治者服务，是在争取最高统治者的支持[76]，拙见以为丹家的炼丹狂热极有可能是基于宗教热忱而来，求道成仙才是根本的动机。至于接受帝王或贵族的资助，乃是由于炼丹药物（包含了六十多种的有机物和无机物）的取得不易。葛洪就曾以无资财炼丹为憾，《抱朴子·内篇》卷四曾说：“然余受之已二十余年矣，资无担石，无以为之，但有长叹耳！”又卷十六也说：“而余贫苦无财力，又遭多难之运，有不得已之无赖，兼以道路梗塞，药物不可得，竟不遑合作之”。他的请调交趾，也不过是想就地取材罢了。

关于炼丹家的求真校验精神，唐代陈少微《九还金丹妙诀》一书所记载的“销汞法”（用汞和硫黄制丹砂法）可为代表[77]。在其炼制过程中，汞和硫有一定的比例，加热有一定的火候，操作有一定的程序，最后达到“化紫为砂，分毫无欠”的成果。如此精确细致的实验方法，与近代化学相比，可以说相差不远了。葛洪的炼丹法则较粗糙，《抱朴子·黄白篇》中有一套人造金之方法，在药物的数量上就控制得不够精确，而且过程也不很细致，不过求真校验的实证态度，却是极明显的[78]。另外，葛洪在强调医药疗效所说的：“校其小验，则知其大效；睹其已然，则明其未试耳。”（《抱朴子·塞难篇》）应该可以视为炼丹家重视实证的一个佐证。

75. 引 Natham Sivin 语，见其所著，李焕燊译，《伏炼试探》（台北，正中，1978年第2版），页33。

76. 张子高，《中国古代化学史》，页125。

77. 参见洪万生、刘昭民，《规圆矩方·度量权衡——传统科技的量化趋向》第2节，载本书页270—299。

78. 参见 N. Sivin，《伏炼试探》，页37，引《黄白篇》原文。

- 医药

魏晋南北朝的医药学与道教、炼丹术有极密切的关系，因为炼丹家大都兼修医药，而炼丹则是道教徒求道成仙的一种手段，所以，这个时期最著称于史籍的医家仍是炼丹家葛洪和陶宏景。葛洪著有医书

《肘后备急方》，其中有关天花和结核病的记载，是世界上最早的历史文献，而对肝炎症黄疸的观察也颇为正确[79]。陶宏景的重要著作则是前述的《名医别录》，在这一部书中，他除了增入汉魏以来名医所用药物外，还摒弃了《神农本草经》的上中下三品的原始分类法，创立依自然来源的分类方法，把730种药物分成玉石、草木、虫鱼、禽兽、果菜、米食和有名无用等七大类，这部书是唐代著名的《新修本草》的基础[80]。

由于上承汉魏之际实证医家华陀和张机的影响，史籍记载的本期医家多擅外科手术，如修补兔唇，开肉锯骨和截肢手术等[81]。而在诊断方法上，则有西晋王叔和（约210－285年）的脉学。他把西晋以前医家扁鹊、淳于意和华陀等关于切脉的零散片断记载综合起来，再配合自己的经验及当时医学理论，编成一部专谈脉学的著作《脉经》[82]。在治疗方面，针灸所用材料，也在此时由原先的石针逐渐演变成金针，并有皇甫谧写成中国医史上第一部针灸学书《甲乙经》。这部书共十二卷，一二八篇，其中专谈经穴的有七十篇；内容叙述古代的生理、病理、诊断和治疗；此外，又详述针灸疗法的理论、经穴的部位、操作的方法及禁忌等等，是针灸学的经典之作[83]。此时，医书已经分类，如论医理，言明堂针灸，论诊法，论病源候，本草药录和采药种药法，医方，食经，以及兽医等八种[84]。在陶宏景时医药已经分家[85]；而且，南朝医家也已分科，如小儿科、妇科、产科、痈疽科和耳眼科等[86]，由此可见此一时期医药学的分科观念之成熟。

魏晋以后，医药不仅用在驱除病疾，而且也用以养生，这当然与当时门第风尚不无关联[87]。不过，六朝数度大疫，信道之士学医救人自是可能之事，医学史家也曾说过："皇甫谧、葛洪、陶宏景、巢元方

79. 参阅陈胜崑，《中国传统医学史》（台北，时报，1979年），页59。
80. 参阅蔡仁坚，《中国本草》，《科学与古老的中国》（台北，时报，1979年），页3－15。
81. 吕思勉，《两晋南北朝史》，页1439－1440所引。
82. 参见陈胜崑，《中国传统医学史》，页76－85。
83. 同上，页101－108。
84. 这是《隋书·经籍志》所列医方种类，转引自吕思勉，《两晋南北朝史》，页1439。
85. 参阅那琦，《中国本草史》，《中国科技史选辑》（台北，自然科学，1980年），页290－295。
86. 参阅李唐，《南北朝》（台北，河洛，1978年影印初版），页120。
87. 钱穆，《略论魏晋南北朝学术文化与当时门第之关系》，《新亚学报》，五卷第2期（1963年2月），页76。

与(唐)孙思邈在3世纪至7世纪间，为我国著名道士与医家。彼等之著作影响于中国医学者至大，医家奉为必读之书亦不下数百年。即吾人今日得以略知当时医学状况者亦惟彼等所著医书是赖。故此四百余年，中国医学实掌握于道家手中，与欧洲6世纪以后至10世纪，医学握于僧侣手中者略相仿佛。”[88]据此，我们多少可以了解道家和道教对中国科技的贡献，而对李约瑟的推崇道家[89]也就无法不动容了。

- 工艺技术

魏晋南北朝的冶铸、造纸技术、漆器和瓷器的制造技术，上承东汉的基础，创造了极为可观的成就。尤其有关奇器的创造发明，还曾经获得赞赏和鼓励，的确是其他时期少见的现象[90]。

两汉时代，官方设置铁官管理冶铸作坊，使冶铁技术不断地提高和发展。魏晋时期是百炼钢的全盛期，百炼钢主要用来制造宝刀、宝剑，其炼法是反复加热锻打[91]。到了南北朝时代，先有南朝齐梁间(495－505年)黄文庆发明“横法刚”炼钢法[92]，大约五十年后，北朝的东魏、北齐间(550年前后)有綦毋怀文发明灌钢法(见《北史·艺术列传》)，这是中国冶金史上的突出成就[93]。所谓“灌钢法”，就是一种半液体状态的炼钢方法，亦即把生铁和熟铁结合在一起冶炼，由于生铁的熔点低，易于熔化，生铁熔化之后，滴入熟铁中，使碳分渗入，即能成钢。在坩锅炼钢法发现以前，它是相当进步的炼钢技术[94]。

炼钢技术的精良，必须仰赖强而有力的鼓风设备，才能制造高温以熔解金属。《吴越春秋》早有记载：“……使童女童男三百人鼓橐装

---

88. 李涛，《医学史纲》，《中国科技文明论集》(台北，牧童，1978年)，页505。

89. 李约瑟，《中国之科学与文明》，中译本第二册(台北，商务，1973年)，页202。

90. 参阅张荫麟，《中国历史上之“奇器”及其作者》，《张荫麟文集》(台北，中华丛书委员会，1956年)，页202。

91. 参阅何堂坤，《中国古代冶炼技术的成就》，《中国古代科技成就》(1978年)，页490－507。

92.《御览》卷六六五引陶隐居言：“作刚朴是上虞谢平，凿镂装冶是右尚方师黄文庆，并是中国绝手。以齐建武元年(按即495年)甲戌岁八月十九日辛酉建于茅心造，至梁天监四年(按即505年)乙酉岁敕令造刀剑形供御用，穷极精巧，奇丽绝世。别有横法刚，公家自作百炼，黄文庆因此得免隶役，为山馆道士也。”

93. 参见张子高，《中国古代化学史》，页70。

94. 同上，页61。

炭。”可以想见人力鼓风的规模。东汉后期南阳太守杜诗发明水排——水力鼓风器，以取代人力和兽力，“用力少，见功多，百姓便之”。(《后汉书·杜诗列传》)后来曹魏韩暨又推广改良，大大地提高了生产力(见《魏志·韩暨列传》)。

在造纸方面，自从东汉蔡伦造纸新术发明以后[95]，随着书籍抄写和文化传播事业大幅度的进展，及书法、绘画用纸(特别是东晋王羲之、王献之父子对纸质的讲求)品质的需求，使得造纸的技术在两晋南北朝时代更有长足的进步。这个时期造纸技术的显著发展有两项：其一是原料的利用，南方用藤皮，北方用楮皮造纸，都反映了就地取材的特性[96]。其二是加工技术的加强，北魏贾思勰《齐民要术·杂说》载有染潢及治书法，和雌黄治书法[97]，就是用以保护书卷纸张。

在漆器制造方面，两晋南北朝在两汉的基础上，提出延长漆膜的耐久性及保护方法[98]，而夹纻造像的技术更是盛极一时[99]。当时的漆器用途已经颇为广泛[100]，可以和唐宋以后的瓷器等量齐观。

瓷器制造，在这一时期也有一定程度发展。实际上，魏晋的青瓷，是由陶器迈向瓷器的过渡；一件出土的孙吴永安三年(260年)的通体青釉魂瓶(墓葬物的一种)，釉色即显现较深的绿色，施釉也厚，已离开了早期釉薄而作淡绿带黄色的阶段，证明在烧制技巧上铁的还原已更向前迈进了一大步[101]。瓷器制造经过东晋、南朝，发展迅速，根据最近出土的青瓷器来看[102]，不仅数量上较孙吴、西晋为多，就其品质方面而言，造型技艺的提高、器物形制的更加复杂，与施釉技术的较前进步，都足以证明它是中国陶瓷发展史上一个非常重要的时期。隋唐的真瓷器，便是在两晋、南北朝

95. 蔡伦以前，中国已有纸的存在，故纸绝非他所发明。但蔡伦对于造纸的贡献至少有二：新原料的采用和制造法的改进。参见刘广定，《中国古代的纸和造纸术》，《科学月刊》，第十二卷2期(1981年2月)，页20－26。

96. 参见张子高，《中国古代化学史》，页167－170。

97. 同上，页170－171。

98. 详《齐民要术》有关漆器的专篇。

99. 参见索予明，《夹纻之法及其源流》，《中国漆工艺研究论集》(台北故宫博物院，1977年)，页83、91。

100. 见《御览》，卷758、759、760引文。

101. 参见张子高，《中国古代化学史》，页157－158。

102. 同上，页159－160。

青瓷的基础上发展起来的[103]。

在农业生产技术方面，由于六朝对江南的开发，使得耕作方面从原始的火耕水耨，发达到用粪来做肥料[104]。此外，麦菽也开始在江南推广栽植，旱作的区种法也在江南推行[105]。而水利灌溉系统，则在原先的基础上加以推广和整理，建立了堰闸，沟通了河渠，使得江南成为全国最富饶的地区，为隋唐盛世打下雄厚的基础[106]。至于北方的农业，由于农具——犁的改良，使得农民可以深耕；同时，更在“火耕水耨”法外，提出两种进步的施肥法：掩秧的绿肥法和施粪法，这些都是北魏贾思勰《齐民要术》所提供给我们的资料[107]。

其他手工业技术的改良和发明，还包括曹魏马钧对织机的改良（《三国志·魏书》卷二九《方技杜夔传》注引传玄序），以及晋杜预、刘景宣[108]和南齐祖冲之[109]对碓磨的改良，这对纺织和碾米都很有帮助。至于采矿技术方面，则仅有晋代盐井的掘凿（掘到三十丈深），并曾使用火井（天然气井，井深六十多丈）来煮盐，是颇为先进的技术[110]。

在气象学方面，魏晋南北朝虽不及两汉，但也有较汉代进步之处。如西晋张华利用汉代的天平式测湿器进一步作为预报晴雨的工具（见张华，《感应类从志》），而汉代所发明的相风铜乌到魏晋南北朝时，使用甚为普遍，装设地点也遍及马车、舟船、城墙上和庭园之中（见《晋书·五行志》）。

地理学方面，则有西晋裴秀（223－271年）在两汉的制图技术基础上，更进一步提出制图学原理——制图六体。其中，他说明了制图

103. 同上，页234－235。

104.《南史·到彦之传曾孙溉附传》：“历御史中丞都官左户二尚书，掌吏部尚书。时何敬容以令参选，事有不允，溉辄相执。敬容曰：‘到溉尚有余臭，遂学作贵。’……溉祖彦之，初以担粪自给，故世以为讥云。”

105.《晋书·隐逸郭文传》：“河内轵人也。洛阳陷，乃步担入吴兴、余杭大涤山中……区种菽麦”。又《宋书·文帝纪》：“元嘉二十一年秋七月乙巳，诏曰：‘比年谷稼伤损，淫亢成灾，亦由播殖之宜，尚有未尽。南徐、兖、豫及扬州浙江西属郡，自今悉督种麦，以补缺乏。’”

106. 江南地区经过六朝三百年的经营，已经成为中国的经济中心，隋唐帝国的盛衰，端赖北方的中央政府能否控制江南的财富。参见全汉升，《唐宋帝国与运河》，（《中央研究院历史语言研究所专刊》之24，民国三十三年）。

107. 参见陶希圣、武仙卿，《南北朝经济史》，页9－13。

108.《御览》，卷七六二，引嵇含《八磨赋》。

109.《南齐书》，卷五十二，《祖冲之传》。

110. 参考杨文衡，《中国古代的矿物学和采矿技术》，《中国古代科技成就》，页300－310。

首先要定比例尺的大小，其次须确定彼此之间的方位关系，第三要知道两地之间的人行路程，第四、五和六项则是说人行的路程有高下、方邪、迂直的不同，必须逢高取下，逢方取斜，逢迂取直，也就是因地制宜，求出地物之间的水平直线距离[111]。这些事实足以说明：中国在3世纪时，就已经提出绘制平面地图的科学理论（实际制图更要早到西汉时代）了。因此，裴秀的方法能够一直沿用到清康熙年间才被西法取代，其成就绝非偶然幸致的。

最后，我们要介绍魏晋南北朝时代在“奇器”方面的高度成就。所谓“奇器”，按张荫麟的说法，即“凡器具之利用机械构造，或自然物质，以代替人力，或为人力所不能为之工作，而其理又非恒人所能了解者，中国旧日大抵称为‘奇器’”。[112]事实也的确如此，不过这些奇器并不一定具有实际的用途。魏晋南北朝可以说是中国奇器史上的黄金时代，而其发明者之生平亦多有史可稽[113]。这个时期的奇器与其作者可概述如下。（一）曹魏马钧，生卒年不详，其作品计有纺织棱机之改良（效率较旧机至少增十二倍），制作指南车，发明翻车，并改良诸葛亮所发明的连弩兵器。（二）孙吴葛衡作浑天仪。（三）蜀汉诸葛亮改造连弩兵器，并创制木牛流马。（四）西晋某发明家（姓氏及发明时间无法确定）发明记里鼓车。（五）后赵石虎时代的解飞与魏猛，曾共造指南车，记里鼓车及舂车。解飞又自造檀车。（六）刘宋祖冲之，除精擅天文历法、数学知识外，创制奇器也有很好的成就。曾制造指南车、木牛流马、水碓磨和千里船。（七）北齐信都芳曾作有《器准图》二卷（见《隋书·经籍志》子部小说类）。（八）陈后主时代的耿询和临孝恭，这两人都活到隋朝时代。耿询曾造以水力转动的浑天仪，又创造一种“马上刻漏”，为我国最古之时表，可惜形制今已不详。临孝恭

111. 参考曹婉如，《马王堆出土的地图和裴秀制图六体》，《中国古代科技成就》，页291－299。

112. 张荫麟，《中国历史上之“奇器”及其作者》，《张荫麟文集》，页64。

113. 张荫麟论定东汉至隋为中国奇器史上之黄金时代，见同上，页65。但由于他所列东汉奇器作者仅张衡和毕岚两人，属隋朝的则仅有一人（不知作者），而魏晋南北朝奇器发明家则占绝大多数，因此，我们推定魏晋南北朝为奇器的黄金时代，应该是恰当的。

则著有《欹器图》三卷,《地动铜仪》一卷,也已失传[114]。此外,北魏蒋少游、南朝张永、晋代石季龙、南齐俞灵韵及孙扬、北魏郭善明、侯文和、柳俭、关文备、郭安兴等人,都是巧思之士[115]。

马钧、祖冲之是这个时期最伟大的发明家[116],但际遇却有天壤之别。马钧拙于言语,无法向人明畅阐述其发明,所以不为公卿所重,虽有当时大学者傅玄为他荐举,仍然为武安侯曹爽所忽视[117]。祖冲之的情况应该是好多了,虽然他制作的大明历因刘宋权臣戴法兴阻挠而不获颁行,但他在乐游苑造的碓磨,却获得萧齐武帝的亲往临视[118]。平心而论,这个时期的奇器发明家大都颇受当政者的赏识,纵然生卒年月不详,但其事迹多半能由历史的记载而留传后代。

114. 以上这些奇器发明家及其作品的进一步资料,请参阅张荫麟,《中国历史上之"奇器"及其作者》一文。

115. 吕思勉,《两晋南北朝史》,页1088—1090。

116. 张荫麟,《中国历史上之"奇器"及其作者》,第二节。

117. 同上。

118. 同上。

119. 胡菊人,《李约瑟博士访问记》,《李约瑟与中国科学》(台北,时报,1979年),页34。

科技成就的背景解析

由上文的叙述,大致可以看到魏晋南北朝继承两汉科技的明显痕迹。事实上,根据李约瑟的《中西科学交流期与融合期的分类示意图》(图五)[119],显示中国科技自从公元前300年以来,一直在稳定进步,而魏晋南北朝将近四百年的时间,当然也包括在内——这也足以说明此一时期,介于大一统的秦汉和隋唐两大帝国之间,充分地扮演了承先启后的角色。

两汉无疑是中国科技史上一个相当重要的时期,在科学思想、天文、历法、数学、炼丹、冶金、造纸、陶业、纺织、动植物、医药、地理及各种技术的发明上,都建立了非常宏伟的发展蓝图。根据本书另篇《想象力与逻辑推理——先秦的自然思想与科技成就》,及李约瑟巨著《中国之科学与文明》的论述,我们应能肯定西汉是先秦科技的总

九章筭經卷第一

魏劉徽注

唐朝議大夫行太史令上輕車都尉臣李淳風等奉勅注釋

方田以御田疇界域

今有田廣十五步從十六步問爲田幾何

荅曰一畝

又有田廣十二步從十四步問爲田幾何

百六十八步圖從十四廣十二

術曰廣從步數相乘得積步此積謂凡廣從相乘謂之冪臣淳風等謹按經云廣從相乘得積步注云廣從相乘謂之冪觀斯注意積冪義同以理推之固當不爾何則冪是方面單布之名積乃衆數聚居之稱循名責實二者全殊雖欲同之竊恐不可今以凡言冪者據廣從之一方其言積者舉衆步之都數經云相乘得積步即是都數之明文注云謂之爲冪全乖積步之本意此經注前云積爲田冪於理得通復云謂之爲冪繁而不當今者注釋存善去非略爲科簡遺諸從學

以畝法二百四十步除之即畝數百畝爲一頃臣淳風等謹按此爲篇端故特舉頃畝二法餘術不復言者從此可知

4

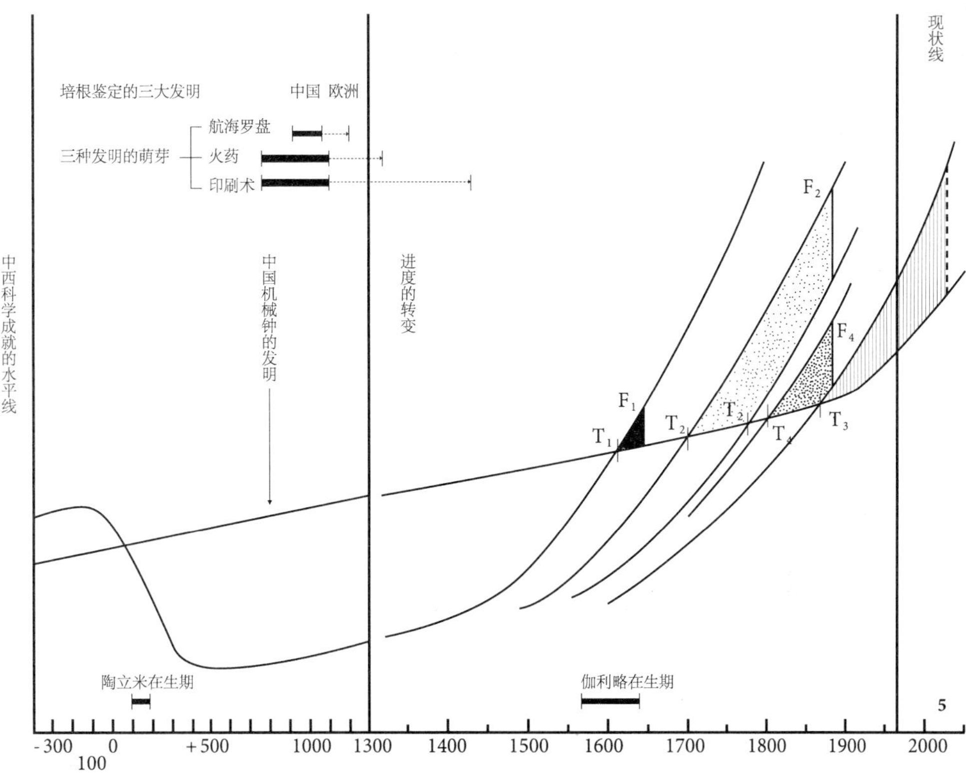

T_1 数学、天文学、物理学的交流期
F_1 数学、天文学、物理学的融合期
T_2 植物学的交流期
F_2 植物学的融合期
T_3 医学的交流期
T_4 化学的交流期
F_4 化学的融合期

图四《九章算术》首页书影（毛氏汲古阁影宋抄本）。《九章算术》是中国古代第一部数学专著，是算经十书中最重要的一种。该书内容十分丰富，系统总结了战国、秦、汉时期的数学成就。它的出现标志中国古代数学形成了完整的体系。

图五 中西科学交流期与融合期的分类示意图。此图显示出中国科技自公元前300年以来一直在稳定前进，而魏晋南北朝时期扮演了承前启后的角色。

结，而东汉则是逐渐迈入再创新的重要阶段。试看东汉的思想家王充等人，杰出科学家张衡、魏伯阳、蔡伦与张仲景等人，以及重要的科学著作《周髀算经》、《九章算术》、《周易参同契》和《伤寒论》等书，就可以了解李约瑟所强调的以王充为代表的怀疑和理性派思潮，必然相当普及[120]，而这些也正是魏晋科技发展的一个契机。

由于科技发展的继承性，魏晋南北朝的科技成就背景与两汉可说大同小异，不过，也不免增添些许新的成分，值得我们仔细考察。

就天文历法而言，其研究目的主要仍在于朝廷旧历的改革。由于历法和国家统治权有密切关系，所以畴人（天文历法官员）常被要求保密[121]，天文知识则处于半秘密状态[122]，非畴人身分者似乎也能接触。东晋虞喜发现岁差现象，独倡宣夜说；姚秦、姜岌发现“蒙气差”，都是天文史上非常独立的成就，但是史籍中似乎没有关于他们担任官职的任何记载[123]，很可能只是当时的隐逸之士。北齐张子信测得太阳视运动的不均匀事实，更是天文史上的大事，而他隐居海岛三十多年，纵有官职亦形同隐士[124]。这三位天文家的研究动机值得我们深入探索，无论如何，在隐居的状况下，其必基于一种追求知识的真诚，是极为可能的。

就数学来看，魏晋南北朝的成就可说是绍继东汉古文学风而得，清代数学家焦循（1763－1820年）即将刘徽与许慎并称[125]。不过刘徽与祖冲之、祖暅父子的成就或许受到魏晋谈玄论理风气的影响，故不仅抽象理论的成分加强，其结

120. 参阅李约瑟，《中国之科学与文明》，中译本第一册（台北，商务，1974年3版），页210－212。

121. 参阅李约瑟，《中国之科学与文明》，中译本第五册（台北，商务，1975年），页37。

122. 同上，页38。

123. 虞喜事迹见《晋书·天文志》。姜岌事迹见《晋书·律历志》及《隋书·天文志》。

124.《北齐书》卷四十九记载：“张子信，河内人也。性清净，颇涉文学。少以医术知名，恒隐于白鹿山。时游京邑，甚为魏收、崔季舒所礼，有赠答子信诗数篇。后魏以太中大夫征之，听其时还山，不常在邺”。另《隋书》卷二十《天文志》则记载：“至后魏末，清河张子信，学艺博通，尤精历数。因避葛荣乱，隐于海岛中，积三十许年。专以浑仪测候日月五星变差之数，以算步之，始悟日月交道，有表里迟速，五星见伏，有感召向背”。笔者未能认同这两份史料，不过，《畴人传》和朱文鑫的《天文学小史》显然都将此二者合而为一。

125. 焦循，《加减乘除释·自序》：“刘氏徽注九章算术，犹许氏慎之撰说文解字。士生千百年后，欲知古人仰观俯察之旨，舍许氏之书不可，欲知古人参天两地之原，舍刘氏之书亦不可”。

构也更为精致[126]。至于北朝的数学，则似乎尊循古文学旧途，努力以《九章算术》的模式和精神为依归，像前述《张邱建算经》、《五曹算经》和《五经算术》等，就是很典型的作品。可是，由于《孙子算经》作者和著作时间未能确定，而且南北双方学术也有一定程度的交流，因此双方数学的差异恐怕不如想象的来得明显。此外，北朝后魏数学家殷绍先后就学于儒者成公兴、僧侣释昙影与道士法穆的史实[127]，也透露了有关中印数学的早期交流，以及与隐逸道士的可能关联。

道教与炼丹术的发展关系极为密切，事实上，道家的门徒[128]对亲自动手或赞助从事技术工作一向颇感兴趣，嵇康锻铁就是一件活生生的史实[129]；而王戎则是早期水车技术的重要赞助人[130]。“儒家完全是站在士大夫这一边，对从事技艺和手工的人是毫不同情的。而道家却与技术工人有着密切的接触（这又与苏格拉底以前希腊的自然哲学家很相近）。自古以来，在中国历史上道家一向保持这种态度。譬如葛洪干禄于安南，得一卑职，为的是求炼丹所需之朱砂。又如陶宏景收集鉴别草药以开学者弃官不做，卖药为生的先例。”[131]还有前述发明“横法刚”的黄文庆，和发明灌钢法的綦毋怀文，也都是道士，这些，都足以说明道教和中国早期科学技术的关系，并非偶然。

嵇康、王戎位列“竹林七贤”，是魏晋清谈中的代表人物，给人的印象正如葛洪所批判的：“蓬发乱须，横挟不带，或亵衣以接人，或裸袒而箕踞。……终日无及义之言，彻底无箴规之益。”（《抱朴子·疾谬篇》）然而，通过道教思想的熏陶，他们对科学技术的态度却颇有可取之处。

奇器的制作和发明，在本期即使不曾受到鼓舞，但也不至于因为

126. 详本篇第四节的论述。

127. 见《畴人传》卷十《殷绍传》。

128. 此处道家系指魏晋清谈文士而言，又称“新道家”；而道教一词则指汉以后新兴之道教，又称“宗教之道家”。顾名思义，可知道教间有承袭老庄道家之处，其部分神学理论亦能相通。参见李丰楙，《魏晋南北朝文士与道教之关系》（台湾政治大学中国文学研究所博士论文），页1—3。

129.《御览》卷三八九引：“嵇康性绝巧，好锻，家有盛柳树，乃激水圜之，夏天甚凉，恒居其下自锻，有人就著，康不受其直”。

130. 见李约瑟，《中国之科学与文明》，中译本第二册，页242。

131. 引李约瑟语，同上，页202—203。

“奇技淫巧”而受到禁制[132]。我们认为此一时期奇器创作之鼎盛，可能与高官、学者的风尚有关。试看诸葛亮身为蜀相，仍率先改造连弩，发明木牛流马，东晋儒学重镇兼词赋家傅玄[133]，对马钧的荐举，以及裴秀对马钧改良的连弩之诘难[134]，都充分表现奇器的制作和发明，在此一时期十分受人注目。事实上，即使是以儒家旧学为宗的北朝，仍有多位奇器发明家留下可稽的史料。因此，当时人对奇器和技术未加歧视和禁制，必然与整个文化的风潮息息相关，而这一风潮无疑是史家所谓的“个体自觉”[135]。

医学则可能深受印度医学的影响。学者曾指出当时以外科手术知名的印度医家耆域、龙树的事迹与医术典籍，均曾传入中土，对中国医学（尤其是外科手术和眼科）的进步颇有贡献[136]。这些医术典籍都是随着佛教传入中国的[137]。然而印度医学对中国医学究竟影响到何种程度，仍是个重要且有待研究的问题。前文已经论及道教与此时医药学的深厚关系，所以，此一时期如较重实证[138]，则除了印度医学的刺激外，当然也必须把道教徒的炼丹实验精神这一重要因素考虑在内。

另外，江南的开发和经营所遭遇的风土病，如葛洪在《抱朴子》所提到的“射工”和“沙虱”两种寄生虫[139]，可能使此一时期的医药学内容更形丰富，正如宋室南迁所遭遇的风土病使宋代医药学更加发达一样[140]。可惜，限于史料和文献的不足，无法做出更进一步的论断。

江南地区经过六朝（孙吴、东晋、宋、齐、梁、陈）三百多年的努力经营，终能一跃成为中国经济的重心[141]，此固端赖优秀的地理环境[142]，并非农耕技术超越北方；不过，异地开发的需要却使得地

132. 有人献百戏给曹魏明帝，无法操作，帝乃命马钧加以改良，事见张荫麟，《中国历史上之“奇器”及其作者》一文所引史料，可见帝王对奇器并非全然抱着禁绝的态度。同样的事例，可参阅前一节所叙述萧齐武帝对祖冲之发明水碓磨的赞赏。

133. 傅玄还是当时儒家的纯粹分子，著有《傅子》，主在阐明儒家的经济政策与伦理哲学，关于社会经济方面的议论，尤具卓识。参见陈青之，《中国教育史》（台北，商务，1968年第三版），页164。

134. 见张荫麟，《中国历史上之“奇器”及其作者》所引有关马钧之史料。

135. 参阅钱穆，《略论魏晋南北朝学术文化与当时门第之关系》；余英时，《汉魏之际士之新自觉与新思潮》。

136. 见李涛，《医学史纲》第四节，《中国科技文明论集》，页489－519。

137. 同上。

138. 参阅陈胜崑，《实证医学的兴起》，《中国传统医学史》，页42－46。

139. 参阅陈胜崑，《宋室南迁与风土病》，《中国传统医学史》，页137－146。

140. 同上。

理学，包括方志的撰写和地图的绘制，自然地勃兴起来；另外，对异地风物的兴趣，也导致学者对南方的植物学和矿物学展开广泛的研究，比如稽含的《南方草木状》，是世界文献中最先提到植物虫害控制的著作，其他如万震的《南州异物志》，以及杨孚的《南裔异物志》，都是同类的著作[143]。

总而言之，儒学的衰微，东汉经学的改弦更辙，道家思想的复兴，道教徒对方术的兴趣，以及魏晋玄学谈论的盛行，都是魏晋南北朝科技成就不可或缺的（内在）文化思想背景；而政治社会的动荡，门第的风尚，南方的开发与对外的交流，以及道教势力的崛起，无一不是衬托魏晋南北朝科技的外在背景。只有内在、外在背景的交织影响，才能创造出此一时期辉煌的科技成果。李约瑟曾指出："……同时道家也相当活跃，其力量也许受到社会的动荡所刺激，而日益增高。其时所最需要的人材是军事而不是行政的，故哲学家不能登上政治舞台，有为有猷，然而因此之故，客观环境，才给他们造成一种探究自然的适当机会，所以道家在4世纪早期，产生过最伟大的自然学家和炼丹家之一的抱朴子（葛洪）。"[144]然而更主要的，我们认为全面地刻画魏晋南北朝科技成果的，应该是那一股"个体自觉"的文化风潮才是。

141. 陶希圣武仙卿，《南北朝经济史》。

142.《汉书》卷二八下《地理志下》对当时江南地理环境的描述如下："江南地广，或火耕水耨。民食鱼稻，以渔猎山伐为业。果蓏蠃蛤，食物常见。故呰窳偷生，而亡积聚。……江南卑湿，丈夫多夭。"

143. 见李约瑟，《中国之科学与文明》中译本第一册，页223。

144. 同上，页228。

145. 见 Joseph Needham, *Science and Civilisation in China, Vol.III*(London, Cambridge University Press 1959), p.99.

"非实用"之礼赞

魏晋南北朝最突出的科技成就当推几何学，但早期的科技史研究大都未暇顾及。李约瑟认定刘徽是"经验"立体几何学的伟大解说者之一[145]，显然并未洞察刘徽的真正贡献。而真正透视刘徽数学成就的科技史家，似乎以钱宝琮为最早。他认为："徽所撰注，崇尚理证，务求明晰，未尝拘泥古法，视赵爽、周髀注为尤胜一筹。中国算学得由经验的公式，为合理的研究，刘徽之功为多云。”[146] 的确是个颇为公允的评论。

刘徽的睿智，在他注《九章算术》的面积、体积公式时，表现得淋漓尽致。他总结出来的根本原理，如“以盈补虚”、“出入相补”、“祖氏原理”和极限原理等，虽然未曾明白提出它们的意义，但是在必要场合总一再出现，足见刘徽确有以它们贯通面积、体积公式的清晰理念，他在《九章算术注》序文中，也曾表达自己对数学知识的洞察力：

> 事类相推，各有攸归，故枝条虽分，而同本干者，知发其一端而已。

这样的见解，再结合杰出的注解方法：

> 又所析理以辞，解体用图，庶亦约而能周，通而不黩，览之者思过半矣。

《九章算术注》当然能够独立于《九章算术》外，而自成一个理论体系。

中国传统经典的注疏，是将经典的章句与字义加以注释，至于注释的形式，最初以训诂为主，然后则析其微旨，阐其大义[147]。刘徽的《九章算术注》显然是由传统经注蜕变而来，本质上则近于东汉古文学风。关于前者，我们自然可以他的注解形式追索传统经注的痕迹，至于后者，除了前文的论述以外，在后文我们将举证作进一步的补充解说。其实，按刘徽《九章算术注》序中所说：

> 往者暴秦焚书，经术败坏，自时厥后，汉北平侯张苍、大司农中丞耿寿昌皆以善算命世，苍等因旧文之遗缺，各称删补。故校其目，

146. 见钱宝琮，《中国算学史》，上卷（北平，中央研究院历史语言研究所，民国二十一年），页40。

147. 参阅逯耀东，《裴松之与三国志注研究》。

则与古或异，而所论者多近语也。徽幼习九章，长再详览，观阴阳之割裂，总算术之根源，探赜之暇，遂悟其意。是以敢竭顽鲁，采其所见，为之作注。

多少也已经透露一些讯息。

《九章算术》的几何知识，严格说仅包括多种面积、体积公式，至于这些公式是如何得到的，以及它们彼此之间有什么关系，完全付诸阙如；此种原始的面貌，适足反映它“乃以秦汉之计籍为底稿”的史实。刘徽的注，不但推证了各个面积、体积公式的正确性，而且还在推证的过程中，提出“以盈补虚”和“出入相补”原理来贯通这些公式之间的紧密关系。事实上，通过他的注，《九章算术》的几何知识的确形成一个理论体系，而这个体系中的主要骨架就是出入相补原理。所谓出入相补，就是将几何图形从一处移至他处，而保持面积或体积不变的一种几何变换，其内涵近于欧几里德几何学中的全等公理。

我们试将刘徽的几何理论整理如下：《九章算术》中的面积、体积公式可说是出自同一棵“本干”的“枝条”，而本干则显然是“出入相补”原理；“树根”是有关算术和几何基础的一些性质，包括乘法对加法分配律、长方形面积公式，长方体体积公式的列为假设等等，这些都是刘徽和其他中国古代数学家未能明白提出，并深入研究的一些重要性质。极限原理（割圆术和祖氏原理本质上都是极限原理）被引用来协助铺展整个理论——由下而上，依次为面积、体积理论；由内而外，依次则从直线形到曲线形。由此看来，刘徽有关面积、体积公式的注解，确是继承东汉古文派“通理明究”学风，而使《九章算术》中的几何知识成为一个理论体系。

另一方面，刘徽的论辩也相当犀利，他指出“割圆术”的必要性时曾说：“……。然世传此法，莫肯精核。学者踵古，习其谬失，不有明据，辩之斯难。……。谨按图验，更造密率，恐空设法数，昧而难譬，故置诸捡括。谨详其记注焉。”[148] 在提示球体积推求方法时，也曾对张衡的谬误提出批评：“衡说之自然，欲协其阴阳奇偶之说而不顾疏密矣。虽有文辞，斯乱道破义，病矣。”[149]“论”、“辩”正是魏晋经学传注承继两汉公开论经学风[150]，并受清谈影响所表现出来的特色[151]。刘徽的成就，也可以说是这方面一个相当真实的写照。

魏晋清谈有一个最重要的特色，便是“作纯‘理’之探讨，不落于‘实’际”。[152] 这个风气，当然是承自东汉中叶儒学发展之不屑于繁琐章句，而崇尚经典之本义而来，然而此种逐渐舍弃具体事象而求根本原理的学术流变，任何背景的解释，都不如采用士的“个体自觉”之观点来得确切与直接[153]。“盖随士大夫内心自觉而来者为思想之解放与精神之自由，如是则自不能满足于章句之支离破碎，而必求于义理之本有统一性之了解。此实为获得充分发展与具有高度自觉之精神个体，要求认识宇宙人生之根本意义，以安顿其心灵之必然归趋也。故东汉学术中叶以降，下迄魏晋玄学之兴，实用之意味日淡，而满足内心要求之色彩日浓。”[154] 所谓“个体自觉”，即自觉为具有独立精神的个体，而不与其他个体相同，并处处表现一己独特的所在，以期为人认识[155]。风潮所掩，士人不但敢于怀疑和批评，而且更常于具体实用的事象中，提出抽象根本的原理以安顿其自觉心。刘徽生当魏晋之际，自然无法不受影响，其实他的“证明”正足以表现《九章算术注》的非实用特色[156]，至于他的“出入相补”不也正是统合几何理论的一个根本原理吗？而南北朝的祖冲之、祖暅父子，其怀疑批判的精神[157]，与推证球体积公

148. 见《九章算术》卷一第三十二题刘徽注文。

149. 见《九章算术》卷四第二十四题刘徽注文。

150. 两汉官学公开论辩风气极盛，君臣辩论五经时只问是非，不管君臣，只认真理，不避权势的精神，也是颇为尊重学术的表现。参阅陈青之，《中国教育史》，页99－100。

151. 参阅逯耀东，《裴松之与三国志注研究》。

152. 何启民，《魏晋思想与谈风》，页56。

153. 参阅余英时，《汉晋之际士之新自觉与新思潮》。

154. 同上，页287－288。

155. 同上，页231－232。

156. 在《九章算术》卷五第十五题注文中，刘徽于推证阳马（一种长方锥，其一侧棱线垂直于长方形底边）的体积公式时曾说：“鳖臑之物，不同器用。阳马之形或随修短广狭，然不有鳖臑，无以审阳之数，不有阳马，无以知锥亭之数。功实主也”。其中“鳖臑”是一种四面体，具有一个（底）面为直角三角形，并有一条侧棱线垂直于此底面，是因为形似鳖之臂骨而得名。刘徽在此明白表示鳖臑此种立体虽无实际用途，但没有它，阳马体积公式就无从推知，连带也无法推求锥亭类的体积，因此，鳖臑可说是“功实之主”。

式的方法，以及推算圆周率近似值的不朽业绩，无疑是“作纯理探讨，不落于实际”的另一个最佳注脚。

总之，魏晋南北朝几何学的最主要特色就是“非实用性”，我们深信唯有如此，几何学才能推进到“论理”的层次，并进一步完成几何学的理论体系[158]。而“纯理探求，不落实际”正是“个体自觉”外铄的一个最重要结果。前文虽一再强调东汉古文学风对魏晋经注的影响，但刘徽的注显然已经脱离了“通经致用”[159]的常轨，因此以“个体自觉”来总结其成就的内在背景，应该是比较圆满的。

有关数学形上理念和方法论的一个备注

在“个体自觉”的背景下，不论是文学、艺术、学术思想或科学技术，都朝着自由解放和大胆创新的方向大步迈进。通过这一背景，张子信的半生隐居测天，刘徽、祖冲之对几何学的“证明”和创造，葛洪、陶宏景的炼丹狂热，以及马钧、祖冲之的奇器发明等重大成就，所以会同时出现在一个大时代内，才能找到更恰当的解释。甚至于嵇康的锻铁，道士黄文庆、綦毋怀文的炼钢，这些行为的背后也可能都隐含着“完成自我”的高贵情操。

不过，话说回来，我们必须承认：古代中国的科技发展不免存在着先天的局限[160]。以几何学为例，其理论体系显然在刘徽手上已»经完成，但是在祖氏父子推求球体积公式以后，却不

157. 参阅祖冲之的《驳议》。

158. 参阅洪万生，《古代中国的几何学》。

159. 汉儒“通经”目的在于“致用”，如西汉时代便有所谓“以春秋决狱，以禹贡治河，以三百五篇（即《诗经》）当谏书”（见顾颉刚，《汉代学术史略》第十三章“通经致用”）。到了东汉时代，儒士治经也是以致仕为鹄的，至于在野通儒如郑玄志在“整理古籍，阐明圣教”（见陈青之，《中国教育史》，页138），则无疑也是一种“致用”了。对数学而言，虽然《颜氏家训·杂艺篇》指出：“算术亦是六艺要事，自古儒士论天道、定律历者皆学通之。”但一般儒士所学数学知识恐怕都仅止于“算术”——一种实用的计算技术而已。刘徽在《九章算术注》序文中所说的：“且算在六艺，古者以宾兴贤能教习国子。虽曰九数，其能穷纤入微，探测无方，至于以法相传，亦犹规矩度量，可得而共，非特为难也。当今好之者寡，故世虽多通才达学，而未必能综于此耳。”应该是个很明显的例证。刘徽注不以“实用”为归趋，当也可由注文推证得知，如面积、体积公式确是基于实用需要而发展的，但从《九章算术》成书年代（50－100年）到刘徽注解年代（263年），这些公式已经顺理成章地“实用”了将近两百年，因此，相对于此一史实，刘徽的注解对前述之“实用”已经没有什么深意了。

160. 就是辉煌如古希腊数学，也难免存在本质的囿限。参见M. Kline著，林炎全译，《数学史》（台北，九章，1979年），上册，第8章《希腊世界的陨落》。

再有实质的进步了[161]。因此，倘若这是因刘徽的数学形上理念和方法论之不足所致，那么，其他数学家似乎也必然会有这方面的缺憾了。

然则刘徽的方法论到底欠缺了什么？显然是间接证法的逻辑和逼近法的精确概念，而这两者却使古希腊几何学家欧几里德以证出圆面积公式[162]。另一方面，中国古代数学的形上理念似乎并不重视“定性”的结果[163]，因此，对“形”的本质之探索也就缺乏强迫性的动机了。再者，墨名二家那种素朴逻辑有限度的发展[164]，似乎也无法提供充分的数学演证工具。所有这些，都可能是刘徽之所以不能挣脱《九章算术》的格局，而创造一个全新著述体例的主要因素。此外，也由于刘徽的几何学未能形式化[165]，所以当“实用”背景无法提供有意义的几何问题时，刘徽的理论架构当然也不足以衍生新问题[166]，于是，几何学被迫步上式微之途。

几何学没有成为中国古代天文学的研究工具[167]，可能也是它没有朝着“定性”方向发展的一个因素。先秦诸子讲天“道”，汉儒讲天“命”，魏晋清谈讲天“体”[168]，都未曾像古希腊思想家一样，不是假设大自然是按照数学定律所设计[169]，就是认定应该运用数学理论来为自然界的现象进行解释[170]，因此，基于历法推算的需要，中国古代天文学的研究在天体的观测资料中，寻求一些周期性的规律[171]。而不像古希腊的天文学家如尤得萨斯（Eudoxus）、希巴克斯（Hipparchus）和托勒密（Ptolemy）等人所提出的几何模型，总是企图解释或蕴涵天体在三度

161. 参阅洪万生，《古代中国的几何学》。

162. 参阅 M.Kline，《数学史》，上册，页89－90。

163. 比较之下，古希腊几何学辄以追求定性结果为尚。同上。

164. 关于墨名二家学说在魏晋时期发展情形，及其对刘徽方法论的影响，限于水平无法论及，颇感遗憾。不过逻辑未能理论化、系统化却是事实。

165.“形式化”定义请参阅 W. Gellert，H. Küsther，M. Hellwich，H. Kästher 合编，《简明数学百科全书》，中译本（台北，九章，1979 年），页436。就此标准而言，《几何原本》也未必就是一个“形式化”理论，但却颇为接近。说得更明确一点，“形式化”的定义根本就源自《几何原本》的结构。

166. 关于“形式化”与“实用”对数学理论发展的交互影响，参阅洪万生，《中西‘巴斯卡三角’的比较研究，1000－1700》，和《从理论体系角度看中国古代数学》，皆收入《中国 π 的一页沧桑》。

167. 参阅 Kiyosi Yabuuti（薮内清）“Chinese Astronomy: Development and Limiting Factors”, in S. Naka-yama and N.Sivin(ed.), *Chinese Science* (Cambridge, The MIT Press, 1973), pp. 93 - 103。

168. 参阅贺昌群，《魏晋清谈思想初论》，页7。

169. 参阅 M. Kline，《数学史》，第7章《希腊自然哲学之理性化》。

170. 同上。

171. Kiyosi Yabuuti, “Chinese Astronomy: Development and Limiting Factors.”

172. 参阅 M. Kline,《数学史》，页165－171。

空间中的运行[172]。至于魏晋时期所提出的宇宙论，则诚然是主观“玄”谈的成分居多；缺乏数理模型的规范作用，当是它们无法与实测结合的主要因素。

当然，未曾将实测天象记录赋予科学理论体系的解释，并不意味古代中国天文学的杰出成就会受到分毫的减损，但是思想家或科学家对待天文“学”的态度，很可能也是他们对待其他科“学”的态度。那么，到底是那些形上理念带动中国古代科技的发展呢？这是中国科技史研究所面临的一个严肃问题，颇值得我们深思。

结 语

中国古代科学技术，与传统文化背景的互动关系是极明确的，本文所论魏晋南北朝的科技成就，无疑是个重要的例证。虽然我们还无法全面地综理这些关系，但是就其内在脉络而言，运用“个体自觉”此一概念来贯通它们，却是颇为恰当的。再者，我们也可以发现“个体自觉”投射在多种科技上的效果——“事莫明于有效，论莫定于有证”。由于重视“证明”，乃能发现归属于同一“本干”的许多“枝条”知识，可以纳入一个理论体系之内。因此，“证明”的确是本期科技研究的一个最重要手段；通过它，我们可以发现本期中多种科技方法的一些共有特色，也能体会到文化思想与科学技术的深厚关联。

理性的发皇

灿烂的宋金元科技

刘昭民

中国古代的科技发展在宋金元时代达到极盛，印刷术、火药和指南针三大发明，分别在书写、军事和航海方面，改变了整个世界的面貌和一切事物的状态，后来又引起了无数的发明。西方学者也曾指出，任何学说和杰出人物对人类的大影响都比不上这些发明[1]。这些重大科技成就的出现，固然是在前人奠立的基础上出发，同时也有其特殊的历史背景与时代需求。

宋代虽然始终面临外力的威胁，内部的政局却尚称安定，经济快速发展，农业、手工业都有进步，尤以商业的繁盛，不仅与航海事业的发展密切关联，更刺激了数学计算法进行了一番整理工作。政府重视学术，对图籍的搜集不遗余力，宋仁宗庆历年间《崇文总目》所收录的便多达三万余部，颇有助于宋代学术的复兴。印刷业兴盛后，人民知识水准随着书籍的普及而提高，更为宋金元科技发展提供了良好的学术背景。而北宋儒学复兴，主张实用学问的儒者颇不乏人，他们注重功利，提倡霸国与强国，并以之教育学生，因此宋代很多儒生对于水利、算术和兵法有兴趣，得到了不少成就[2]。此外局部而频仍的边患，也是讲求军事技术更新的主要动因。

1. 参见 Joseph Needham,"Science and Chi-na's Influence on the World,"in Raymond Dawson(ed.), *The Legacy of China* (London, Oxford University Press, 1964), p. 242. 陶晋生,《中国近古史》(台北，东华，1979年)，页241。

2. 薮内清,《宋元时代における科学技术の展开》，载薮内清编,《宋元时代の科学技术史》(日本，京都大学人文科学研究所，1967年)，页1—32。陶晋生,《中国近古史》，页241。

天文学

宋金元是中国天文学史上最绚烂的时代，举凡天象的观测与记录、星图的绘制、观象与计时仪器的改良、历法的修订，及宇宙理论的推衍，莫不有卓越的成就。

在天象观测方面，北宋科学家沈括在《梦溪笔谈》卷二十留下一则有关宋英宗年间陨石的详细记载：

> 治平元年，常州日禺时（按：上午九时至十一时），天有大声如雷，乃一大星，几如月，见于东南；少时而又震一声，移著西南；又一震而坠在宜兴县民许氏园中，远近皆见，火光赫然照天，许氏藩篱皆为所焚。是时火息，视地中只有一窍如杯大，极深，下视之，星在其中，荧荧然。良久，渐暗，尚热不可近。又久之，发其窍，深三尺余，乃得一圆石，犹热，其大如拳，一头微锐，色如铁，重亦如之。

除了观察到陨石是流星体坠落地面的残余部分，还注意到陨石的成分。治平元年当1064年，比西方人到1803年才对陨石有真确认识要早了七百余年。

新星和超新星是现代天文学家热心研究的问题，宋代科学家在这方面也有所成就。《宋会要》记载："嘉祐元年三月，司天监言客星没，客去之兆也。初，至和元年五月，晨出东方，守天关，昼见如太白，芒角四出，色赤白，凡见二十三日"。[3]《宋史·仁宗本纪》有类似的记载。这颗金牛座天关星附近的超新星，自宋仁宗至和元年（1054年）出现，两年以后（嘉祐元年）变暗。这颗超新星的位置上，至今仍可以用望远镜看到一个蟹状星云，正以每秒1100公里的速度膨胀着。

3. 郑文光、席泽宗，《中国历史上的宇宙理论》（1975年），页25。

在星图的绘制方面有举世闻名的苏州石刻天文图，它的原图是黄裳于宋光宗绍熙元年（1190年）所绘制，到宋理宗淳祐七年（1247年）刻石。图高8尺，宽3.5尺，直径大约2尺5寸，图上部绘一圆形星图，并有银河，内、外规之间还画有通过二十八宿距星的经线二十八条。下部刻有说明文字，图上共有星1434颗。是根据宋神宗元丰年间（1078－1085年）的观测结果绘制的，绘刻精确。年代比苏州石刻天文图还要早的是宋哲宗元祐三年（1088年）苏颂所绘的圆、横结合星图，载于《新仪象法要》一书。圆图称为"浑象紫微垣星之图"。横图分成两段，从秋分到春分一段叫“浑象东北方中外官星图”，从春分到秋分一段叫“浑象西南方中外官星图”（图一），也是根据元丰年间的观测绘制的。考古学家并曾在河北省宣化县一座北宋徽宗政和六年（1116年）的辽国古墓后厅穹窿顶部发现彩色星宿图，该图直径21.7米，中央嵌一面直径35厘米之铜镜，镜周围绘有九瓣莲花，再外为二十八宿和北斗七星等星宿，及十二宫在太空中的位置（图二），此外并有太阳、月亮和五个行星——水星、金星、火星、木星和土星等，星球总数达268个之多[4]。

在测天仪器的发明方面，北宋时代苏颂和韩公廉曾建成一座高达12米的水运仪象台，这种仪器共分为三层：上层放浑仪，专司观测；中层放浑象，以便和浑仪所观测的天象核对；下层为木阁。木阁又分五层，层层有门，每到一时刻，门户洞开，有木人出来报时。例如第一层三个木人：每过一刻钟，有一个人出来打鼓；每逢“时初”（时辰的开头），有一个木人出来摇铃；每逢“时正”（时辰的当中），有一个木人出来敲钟。木阁后面装有水力发动的机械系统，使观测仪器（浑仪）、表演仪器（浑象）和计时仪器构成一个统一的系统，同时动作（图三）。这个水运仪象台在世界天文史和钟表史上占有非常重要的地位，因为：（一）它的屋顶是活动的，乃近世天文台圆顶的祖先；（二）浑象的旋转，一昼夜一圈，这是转仪钟（现代天文台的跟踪机械）的祖先；（三）这个计时设备中有个擒纵器（卡子），是现代钟表的关键零件，因此它又是钟表的祖先[5]。苏颂还将唐代以来的浑仪加以改进，增加了二分圈和二至圈（过二分点和二至点的赤经圈），在天文学史上贡献很大。沈括将浑仪的白道环取消，把仪器简化、分工，再借用数学工具把环圈之关系联系起来——“省去月道环，其候之出入，专以历法步之”。另一方面又改变一些环的位置，使它们不致挡住视线。他说：“旧法黄赤道平设，正当天度，掩蔽人目，不可占察；其后乃别加钻孔，尤为拙谬。今当侧置少偏，使天度出北际之外，自不

4. 夏鼐，《宣化辽墓壁画的星图》，《文物》，1975年第8期，页31－34。

5. 郑文光、席泽宗，《中国历史上的宇宙理论》，页21。

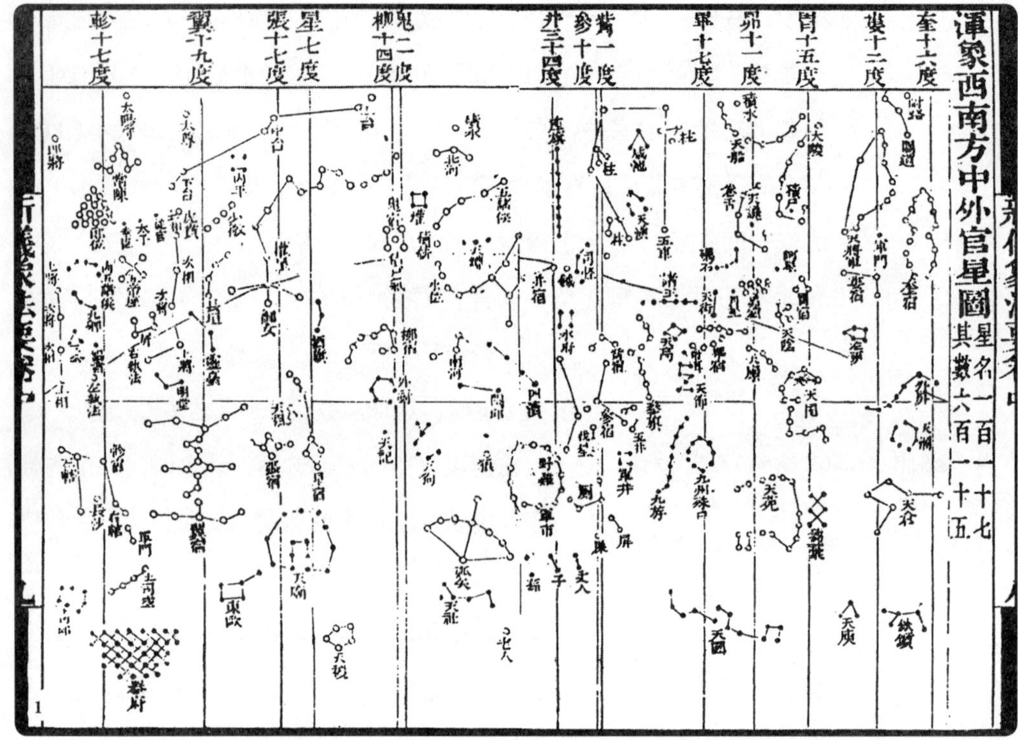

图一《新仪象法要》中的星图，苏颂，北宋。苏颂是宋代著名医药学家、天文学家，他根据浑仪和仪象台的构造原理，和韩公廉合撰《新仪象法要》三卷，详细介绍浑仪、浑象和水运仪象台的构造。《新仪象法要》是我国现存最详尽的天文仪象专著，也是一部代表11世纪我国天文学和机械制作水平的重要文献。

图二 辽国古墓中的星象图，宋徽宗时代。该图为彩色，中央嵌铜镜，铜周围绘有九瓣莲花，再外为星宿及十二宫的位置。

图三 苏颂在开封所建水运星象台，哲宗元祐元年（1086年），苏颂奉命校验新旧浑仪，他集合一批能工巧匠，历时数年，制造出一座把浑仪、浑象和报时装置3组器件合在一起的“水运仪象台”。整个仪器用漏壶的水力推动运转，经变速和传动装置使三部分仪器联动，浑仪和浑象可自动跟踪天体，又能自动报时。现代天文台圆顶启闭室、跟踪机械转仪钟、机械钟表锚状擒纵器，都可以在“水运仪象台”中找到其鼻祖。

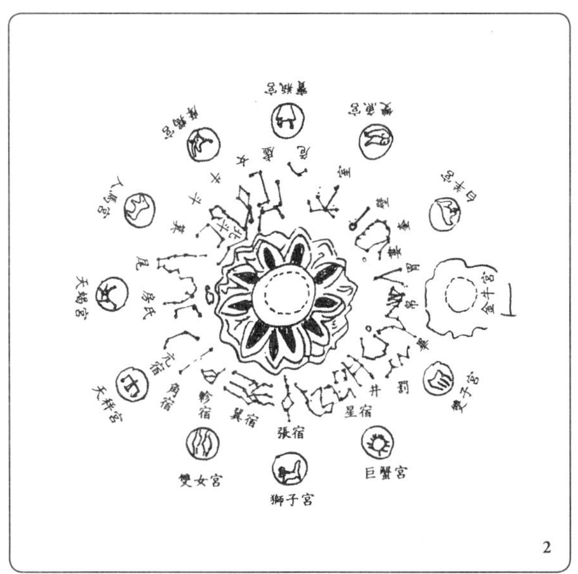

2

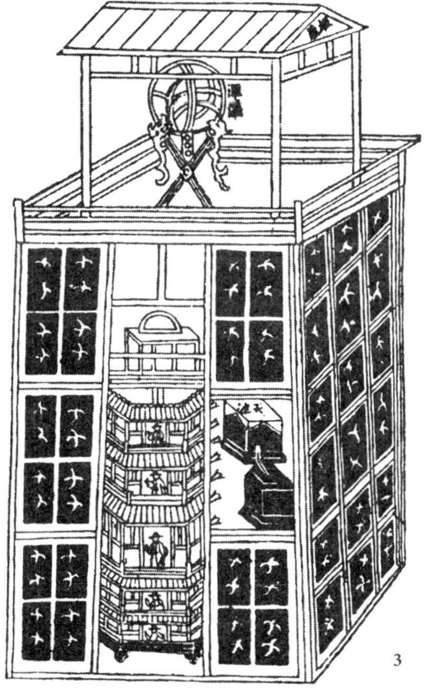

3

凌蔽”。(《浑仪议》)。

沈括把浑仪的发展由综合和复杂化改变为分工和简化，为天文仪器的发展开辟了新的途径。元代著名天文学家郭守敬于元世祖至元十三年(1276年)创制的简仪就是在这个基础上产生的。郭守敬曾制造了简仪等天文仪器近二十种，他所制造的简仪不但取消了白道环，也没有了黄道环，并且把地平坐标(由地平圈和地平经圈组成)和赤道坐标(由赤道圈和赤经圈组成)分别安装，使除了北天极附近以外，全部天空一望无遗，不再有妨碍视线的圆环。郭守敬还创造了一种叫做“景符”的仪器，用来解决日影边界模糊不清的问题，进而加大表高来增加测量冬至时刻的精度。现存的河南登封测景台，就是郭守敬所造巨大砖石结构的圭表，表高四丈，比传统的高度增加了四倍[6]。元世祖至元十九年(1282年)，尚书纳怀等人“制饰铜轮仪表、刻漏”，铜轮仪表大概是一种有铜轮装置的天文仪器，刻漏是古代的计时器。元顺帝也熟悉天文仪器制造，他设计的“宫漏”，“约高六七尺，广半之”，附装按时捧时刻筹浮水而上的玉女，敲击钟、钲的二金甲神，能活动的狮、凤、飞仙六人等。这是在前代水运浑仪一类天文仪器的基础上设计的自动报时器。

历法方面，沈括的《梦溪笔谈》记载卫朴等人所制订的一种完全根据二十四节气的历法——“奉元历”。南宋的杨忠辅对历史上的观测资料作一番分析研究，在宋宁宗庆元五年(1199年)作“统天历”，以365.2425日为一年的长度，比现在世界通用的格里历所颁布的时间(1582年)还要早383年。元代郭守敬根据自己多次精密测定冬至时刻的观测资料，并且利用历史上从祖冲之“大明历”以来六次冬至时刻的观测资料，证实了365.2425日是历史上所使用的最精密数值。郭守敬并废除古代历元，作“授时历”，乃中国历史上第四次历法大改革，该历已和现代公历性质一样，于元世祖至元十八年(1281年)颁布，施行达四百年左右。

6. 席泽宗，《中国古代测天仪器的成就》，《中国古代科技成就》(1978年)，页33。

关于日月蚀的研究，沈括在《梦溪笔谈》中曾清楚地解释为何不是每一朔望都会发生日月蚀，指出黄道和白道并不在一个平面，而是相交的。只有当角度（经度）相同而又靠近的时候（纬度相近），就是在黄道、白道相交的地方才会互相掩盖。在黄、白道正好相交的地方，便发生全蚀，不在正中，便发生偏蚀。后来郭守敬也曾经准确地推算交蚀发生的日期和情况，其所用的方法在世界天文学史上被认为十分先进[7]。

7. 郑文光、席泽宗，《中国历史上的宇宙理论》，页71—72、99、103、111。

在宇宙理论方面，理学家的贡献独多，他们提出不少颇可称道的见解。张载认为地球浮于气中，仿如气球一般，他在《正蒙·参篇》中说“地在气中”，而“地有升降，日有修短，地虽凝聚不散之物，然一气升降其间，相从而不已也”。把地球运动的原因归之于气的升降，指出地球在空间中是悬浮着的，而且在不停的运动中，地球上四季的交替不是由于外界的原因，而是地球本身运动所致，比前人的见解更加进步。北宋名儒胡瑗说：“天形苍然，南极入地下三十六度，北极出地上三十六度。犹如倚杆，其周则一昼一夜行九十余万里，人一呼一吸为一息，一息之间天已行八十余里”。胡瑗利用天壳的旋转来解释天体运行。

对行星运动的研究，作最精确的描述者要推沈括，他说：“予蒙考古今历法，五星行度，唯留逆之际最多差。自内而进者，其退必向外；自外而进者，其退必由内。其迹如循柳叶，两末锐，中间往还之道，相去甚远。故两末星行，成度稍迟，以其斜行故也；中间成度稍速，以其径绝故也”。把行星视运动的迟速规律描述得十分细致，他还进一步记述了如何获得行星运动的正确认识的过程：“其法须测验每夜昏、晓、夜半月及五星所在度秒，置簿录之，满五年，其间剔去云阴及昼见日数外，可得三年实行，然后以算术缀之，古所谓缀术者此也”。（《梦溪笔谈》卷八）

南宋著名理学家朱熹对于日、月、星之间的运动也提出他的看法，他说：“问天道左旋，日月星辰右转？曰：自疏家有此说，人皆守定。

某看天上日、月、星辰不曾右旋，只是随天转。天行健，这个物事，极是转得速。且如今日，日与月、星都在这度上，明日旋一转，天却过了一度，日迟些便欠了一度，月又迟些又欠了十三度，如岁星须一转争了三十度”。[8] 这就是“左旋说”，后来曾经盛行一时。

北宋时代的邢昺（932－1010 年）在注疏《尔雅·释天》时，曾经对“地有四游”的观念作明确的描述：“地与星辰俱有四游升降。四游者：自立春，地与星辰西游；春分，西游之极，地虽西极，升降正中，从此渐渐而东，至春末复正；自立夏之后北游，夏至，北游之极，地则升降极下，至夏末复正；立秋之后东游，秋分，东游之极，地则升降中，至秋末复正；立冬之后南游，冬至，南游之极，地则升降极上，至冬末复正。此是地及星辰四游之义也”。[9] 这一段话很明白地叙述了地球在空间中的周年运动和四季变化的关系，乃地球运动理论的重大发展。

张载对地球的自转和地游也有十分深入的认识。他说：“恒星所以为昼夜者，直以地气乘机右旋于中，故使恒星河汉，回北为南，日月因天隐见，太虚无体，则无以验其迁动于外也”。这一段话说明恒星昼夜出没，周天回转，都是由于地球自转所致。只因为天空是无形的，无法直接验证是天动还是地动。最值得注意的是张载指出：“地气乘机右旋于中”。即地球的自转是由于“气”的旋转。他试图找出地球运动的原因，虽不正确，但却把地球自转归因于内力。他又说：“凡圆转之物，动必有机。既谓之机，则动非自外也”。指出运动是物质的基本属性，绝非外力所致，这是十分深刻的思想。张载也认识到地球不但绕轴自转，同时又在宇宙空间中运动着，也就是地游。他说：“地有升降；日有修短。地虽凝聚不散之物，然二气升降其间，相从而不已也”。十分明确地指出，地的升降不但影响到气候寒暖，也影响到昼夜的长短。原因是阴阳两气不断推动着地的升降[10]。

---

8. 同上，页103。

9. 同上，页111－112。

10. 陈美东，《中国古代天体演化和宇宙无限的思想》，《中国古代科技成就》，页59、64。

天体的演化方面，朱熹在描述以地球为中心的天地生成过程时指出："天地初间，只是阴阳二气。这个气运行，磨来磨去，磨得急了，便拶许多渣滓，里面无处出，便结个地在中央。气之清者便为天，为日月，为星辰，只在外常周环运转。地便只在中央不动，不是在下。"（《朱子全书》卷四九）描述一个处于不停顿的旋转运动中的，由阴阳两气组成的庞大气团，由于摩擦、碰撞和离心力的作用，在它中央结成地球，在地球周围形成天和日月星辰的情景。这些推测虽然有缺点，但是在当时而言，不失为一种有价值的见解。

在宇宙的无限思想方面，张载在《正蒙·太和篇》中认为："气块然太虚，升降飞扬，未尝止息。"叙述了在无限空间里运动着的物质普遍存在的思想。到了元代，中国的天文学家对宇宙无限性的认识更进一步，出现了无穷的天体系统的观念，把空间的有限和无限加以明确的限定，如元代《琅环记》载："人有彼此，天地亦有彼此乎？曰：人物无穷，天地亦无穷也。譬如蛔居人腹，不知是人之外更有人也；人在天地腹，不知天地之外更有天地也。"又如元代邓牧在《伯牙琴·超然观记》中指出："天地大也，其在虚空中不过一粟耳。虚空，木也，天地犹果也；虚空，国也，天地犹人也。一木所生，必非一果；一国所生，必非一人。谓天地之外无复天地，岂通论耶？"[11]他们都以通俗的比喻，阐明了天地之外复有天地，以至于有无穷的天地的思想，天地虽大，它却如同一虫、一粟、一果或一人那样，是有限度的，是渺小的，而整个宇宙空间却是无穷的有限空间的总和。

11. 陈久金，《中国古代的历法成就》，《中国古代科技成就》，页51－52。

数学

中国古代数学的发展，到了宋金元时代达到巅峰状态，在世界数学史上亦占有极重要的地位。

宋金元时代最伟大的科学家沈括在数学上亦有甚大的贡献，他首创“隙积术”，“隙积术”的算法，和现代数学中“积弹”的算法相似（即把同样的许多物品如弹子等层层堆积，各层都是一个长方形，自上而下，逐层在长、阔方面各增加一个，以求其积）。沈括“隙积术”的求积法是“用刍童法为上行，下行别列下广，以上广减之，余者以高乘之，六而一，并入上行”；而刍童法即“倍上长加入下长，以上广乘之，倍下长加入上长，以下广乘之，并二位法，以高乘之，六而二”（皆见《梦溪笔谈》卷十八）。依据沈括“隙积术”计算总和的方法，可以用下列公式表示：

$$S=\frac{n}{6}[a(2b+B)+A(2B+b)+(B-b)]$$

其中 a 表顶层阔，b 表顶层长，A 表底层阔，B 表底层长，n 为层数，S 表总和。

沈括所创的“隙积术”“求积尺之法”的公式，是从等差级数和自然数的平方级数推衍而来的。依照这种方法计算，便可求得“积弹”的总和。后来杨辉和朱世杰所创的许多高阶等差级数——总称为“垛积术”，便是根据沈括的“隙积术”推广而得。

沈括又创“会圆术”，即“履亩之法”，其中说：“……予别为拆会之术，置圆田径，半之以为弦，又以半径减去所割数，余者为股，各自乘，以股除弦，余者开方除为勾，倍之为割田之直径，以所割之数自乘，退一位倍之，又以圆径除所得，加入直径，为割田之弧。再割亦如之：减去已割之数，则再割之数也”。（《梦溪笔谈》卷十八）这就是由已知圆的直径和弓形的高（矢）而求弓形底（弦）和弓形弧的方法，可以下列公式表示：

$$c=2\sqrt{(\frac{d}{2})^2-(\frac{d}{2}-b)^2}$$

$$a=\frac{2b^2}{d}+c$$

其中 c 表弓形的底，d 表圆田的直径，b 表弓形的高，a 表弧的长度。

后来郭守敬造“授时历”，以四次方程式求得天球“黄道积度”的矢，就是应用沈括这个方法来列式的[12]。沈括在《梦溪笔谈》中也首先作高阶等差级数的研究，站在数学史的观点来看，也是很重要的。

北宋数学家贾宪约在11世纪中叶时绘出了《开方作法本源图》，并说明其系数的求法。这个图通称为帕斯卡三角形，是法国数学家帕斯卡（Pascal, 1623-1662）有效地把它应用到古典几率论上而得名的。贾宪在《黄帝九章算术细草》（今已失传）中更结合《开方作法本源图》，发明“增乘开方法”来进行任意高次幂的开方，后来又经刘益的继续研究，最后由秦九韶总结地提出“正负开方术”——求解一般高次方程式的解法。在欧洲，这种解法直到1804年、1819年才分别由意大利数学家鲁菲尼（Ruffini）、英国数学家霍纳（Horner）提出，称为“霍纳法”，比我国大约晚八百年（现在一般书籍中，都把这种方法称作“霍纳法”，其实若改称为“贾宪法”或“正负开方术”并无不当）。

南宋时秦九韶著《数书九章》（共十八卷），除了总结贾宪的增乘开方法外，并把《孙子算经》中的“韩信点兵”问题之解法系统化，提出“联立一次同余式”的解法，正式命名为“大衍求一术”，它是“中国剩余定理”的源头，此定理在19世纪中叶曾由英国传教士伟烈亚力传到西方[13]，这是它后来被冠上“中国”之名的由来。

李治在金人统治之下度过一生，曾考取金朝的进士，并曾做过金朝的官——知事，他在宋理宗淳祐八年（1248年）著成《测圆海镜》十二卷，这是第一部有系统地论述天元术的著作，虽然有一部分为研究直角三角形内切圆的性质（图四），但它主要的贡献在于方程式的解法，而且完全属于代数的（图五）。“天元”即指问题中的未知数，“立天元一为半城径”就是“设X为圆城半径”的意思。李治把各项系数集

---

12. 参阅李俨，《中国古代数学简史》（1976年），页196—200。

13. U. Libberecht, *Chinese Mathematics in the Thirteenth Century* (Cambridge, MIT Press, 1973), pp. 310-311.

中排列，在书写方程式时，直行与横列并用，未知数则冠以“元”的名称，元所指的项即 X 的一次项，绝对项（常数项）冠以“太”的名称，而置于一次项的下面，式中如有三次、四次等项，则此诸项皆置于未知数上方，例如：

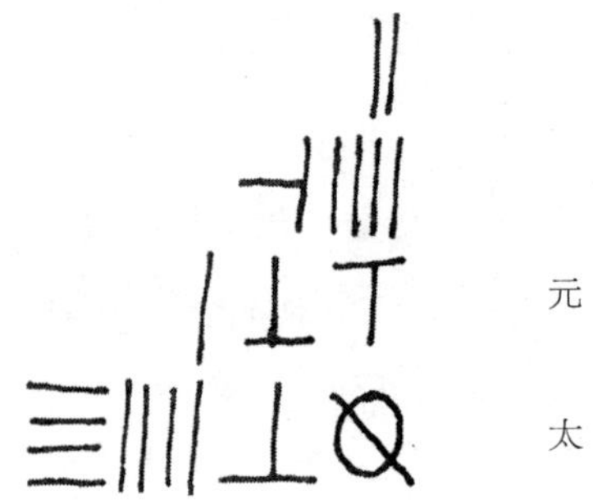

即表示方程式　$2X^3+15X^2+166X-4460=0$

再如下列记录方程式的筹式：

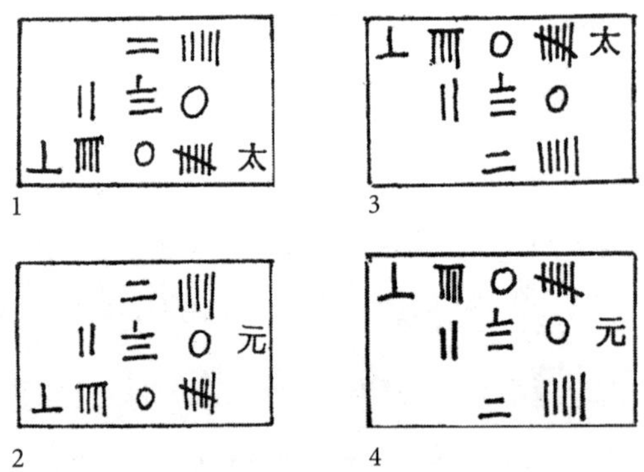

四种形式都是用来表示 $25X^2+280X-6905=0$。筹算术式的个位数画上斜线，则表示该数为负数。李治在宋理宗开庆元年（1259 年）所写的《益古演段》，其中讨论64 个代数学问题，所使用的记号虽与《测圆海镜》略有不同，但表示方法却是一样的。

宋理宗景定二年（1261 年），杨辉发表《详解九章算法》，用“垛积术”求出几类高阶等差级数之和，其中两类可以下式表示：

$$1+(1+2)+(1+2+3)+\cdots\cdots+(1+2+3+\cdots\cdots+n)$$

$$1^2+2^2+3^2+\cdots\cdots+n^2$$

杨辉对于小数的处理，也极巧妙。他对于一块长二十四步三又十分之四尺，宽三十六步二又十分之八尺的长方形土地的求积，先把尺数各化成步的小数，然后再相乘。此与今日算术所使用小数点的 24.68 × 36.56=902.3008 完全一致。可见杨辉对于小数的位数有高度发展的概念[14]。

宋度宗咸淳十年（1274 年）杨辉又发表《乘除通变本末》，叙述“九归”捷法，介绍了筹算乘除的各种运算法。

元成宗大德七年（1303 年），朱世杰著《四元玉鉴》（共三卷），不但提出《古法七乘方图》，把贾宪《开方作法本源图》中的五乘方推至七乘方。而且把“天元术”推广为“四元术”，用来求解二、三、四元的高次联立方程组，把我国古代代数学的成就推向一个高峰。他在《四元玉鉴》中并且提出高阶等差级数的求和公式，并曾经应用相当于四次差的招差公式

$$f(n)=f(0)+n\Delta f(0)+\frac{1}{2!}n(n-1)\Delta^2 f(0)+\frac{1}{3!}n(n-1)\Delta^3 f(0)$$
$$+\frac{1}{4!}n(n-1)(n-2)(n-3)\Delta^4 f(0)$$

的方法，求得三阶等差级数 $f(n)=\sum_{k=1}^{n}(2+k)^3$ 的和[在此，可设 $f(0)=0$]，较牛顿的“招差公式”早约四百年。

元代郭守敬和王恂也曾经在《授时历》中，采用等间距三次差的内插原理来编制日月的方位表[15]。

14. 李约瑟，《中国之科学与文明》，中译本第四册（台北，商务，1975 年），页 81－82。

15. 李俨，《中国古代数学简史》，页 174－181。

气象学

宋金元时代也是中国气象发展史上最为蓬勃的时代，而以沈括的贡献最大，沈括在《景表议》中写道："然测景之地，百里之间，地之高下东西，不能无偏，其间又有邑屋山林之蔽，倘在人目之外，则与浊氛相杂，莫能知其所蔽，而浊氛又系其日之明晦风雨，人间烟气尘氛，变作不常"。不但指出霾（浊氛）为空气中烟气、灰尘和尘土所构成，而且指出其所以"变作不常"，实乃天体光线通过大气层到达地面时，因大气光线之折射作用，以致有大气差——天体之视高比真实高度大的现象，这项发现比西方早了五百年。沈括和孙彦先又指出："虹乃雨中日影也，日照雨则有之"。比欧人罗吉尔·培根（Roger Bacon, 1214-1249）主张虹是空中无数水滴所引起的说法早二百年。

沈括不但描述熙宁九年（1076年）山东省武城县发生的龙卷风，以及自古以来山东登州经常出现的海市蜃楼现象，而且详述其观察雷击的结果，说明"漆器银钉者，银悉镕于地，漆器曾不焦灼，有一宝刀极坚钢，就刀室中镕为汁，而室亦俨然"的情况，乃雷击造成的结果（《梦溪笔谈·神奇篇》）。虽然沈括在当时可能不认识金属导电问题，但是他能正确指出金属与非金属之分别，还是很有意义的。

沈括对物候和高度的关系、物候和纬度的关系、物候和植物品种的关系、物候和栽培技术的关系等方面也很注意观察。他指出，由于"地势高下之不同"，在平原地区"三月花者"，到了山区"则四月花"。又说南岭地方的草"凌冬不雕"，而汾河流域的树木"望秋先陨"，这是因为"地气的不同"，也说明了全国气候的分布情况。他又分析水稻"有七月熟者，有八九月熟者，有十月熟者"。是因为水稻本身"性之不同也"（《梦溪笔谈》卷三十六）。

沈括又指出一地气候变迁的原理。《梦溪笔谈》卷二十一《异事篇》记载："近岁延州永宁关大河岸崩，入地数十尺，土下得竹笋一林，凡数百茎，悉化为石，……，延郡素无竹，此入在数十尺土下，不知其何代物，无乃旷古以前地卑气湿而宜竹耶”。沈括以竹笋化石说明肤施县从前气候必定是潮湿而温暖，适宜竹林生长，而宋代气候已较寒，故已不适竹子生长。而西方以化石研究古代气候之变迁，乃15世纪以后的事。

沈括也非常重视天气预测，他从长期的经验中，体会到天气演变的道理和原则，把握住原则，就可以成功地预测天气。熙宁年间，开封一带久旱，农作物普遍缺水，人人望雨心切。宋神宗问他：“什么时候会下雨？”沈括回答说：“下雨的条件具备了，明天就会下雨”。当时大家都不相信，但是第二天果然下雨了！沈括的理由是：那时正是水汽充沛的季节，连日天阴，说明水汽的确已很充分，但因为风比较大，所以云虽比较多，也未能成雨，后来突然云散天晴，阳光可以烤热地面，使水汽有了充分蒸发成雨的条件。第二天，水汽和地面热力作用两个条件齐备，共同发挥了作用，必然会下雨，这是可以估计得到的。沈括天气预报很成功，所根据的理由也合乎科学原理[16]。

北宋的孔平仲也很重视气象预测，他在《谈苑》中说：“云向南，雨潭潭；云向北，老鹳寻河哭；云向西，雨没犁；云向东，尘埃没。老翁言：云向南与西行，则有雨，向北与东行，则无雨”。他把云向和晴雨之预测联系起来，在天气预报上也很有意义。

蔡卞也曾指出：“水气纯化，在天成雾，雾，云之类也”。(《毛诗名物解》)说明水汽在空中形成雾，雾和云是同一类东西。这个见解比德国气象家柯本氏所说“云是空中之雾，雾为地面之云”一语要早数百年。

南宋时，范成大在《吴船录》中曾详细描述峨眉光的结构，是中国有关峨眉光的最早描述。

16. 刘昭民，《宋代沈括在地学上的贡献》，《科学月刊》，第十一卷第六期（1980年6月），页33—35。《梦溪笔谈》卷七《象数一》云：“熙宁中，京师久旱，祈祷备至，连日重阴，人谓必雨，一日骤晴，炎日赫然，予时因事入对，上问雨期，予对曰：‘雨候已见，期在明日。’众以谓频日晦溽，尚且不雨，如此晴燥，岂复有望，次日果大雨。是土湿土用事，连日阴者，从气已效，但为厥阴所胜，未能成雨，后日骤晴者，燥金入候，厥阴当折，则太阴得伸，明日运气皆顺，以是知其必雨，此亦当急处所占也，若他处候别，所占亦异，其造微之妙，间不容发，推此而求，自臻至理”。

秦九韶在《数书九章》的序文中，曾指出农业生产的收成如何与降雨量或降雪量很有关系，所以雨量和雪量的观测很重要。在《天池测雨》、《竹器验雪》、《圆罂测雨》和《峻积验雪》四节的记载，显示宋代测雨器的形式和种类已发展得更多，故《天池测雨》中言“器形不同”，又言“州郡多有天池盆以测雨水”，可见宋代每一行政区和都会、城市都有测雨器的设置。而欧洲直到明末才使用雨量计，比秦九韶时代尚晚四百年之久。秦氏不但对雪的形体已有所辨认，而且首创推算降雪量的技术和方法，在当时而言，确实是很难能可贵的[17]。

17. 刘昭民，《中华气象学史》（台北，商务，1980 年），页 135－144。

程朱对气象学也有贡献，程子认为雷电“只是气相摩轧”，“电者，阴阳相轧；雷者，阴阳相击也”。基本上，其看法和战国时代的慎到相同，属于摩擦起电说。朱熹曾经注解《诗经》中的气象学思想，并论述雨、露、雾、霜、雪等之成因，虽不尽正确，但其探究自然界大气现象的科学精神，甚为难得。他对雷电的成因也有研究，认为“雷，如今之爆杖，盖郁积之极而迸散者也”，“阴阳之气，闭结之极，忽然迸散去，做这雷雨”。可以解说为阴电和阳电累积到相当多时，乃爆炸成雷电，基本上和王充的爆炸起电说相似。

南宋的陈言著有《三因极一病证方论》六卷，根据金匮“千般灾难，不越三条”的理论，论述与气候有关的疾病，将伤寒、中暑、风湿、瘟疫以及时气等归结为外因病，把风、寒、暑、湿、燥、火作为外感病的六大因素，认为这些疾病的发生，往往具有季节性，可以说是医疗气候学的先驱。

地理学

我国古代的地理学起源甚早，但是直到北宋时代，由于沈括的许多创见和发明，才得到重大的突破。就以地图学方面而言，沈括首创“鸟飞直达”的方法，他在《梦溪笔谈》卷三中说：“地理之书，古人有飞鸟图，不知何人所为。所谓飞鸟者，谓虽有四至，里数皆有循路步之，道路迂直而不常，既列为图，则里步无缘相应，故按图别量径直四至，如空中飞鸟直达，更无山川回屈之差。予尝为守令图（即天下郡县图），虽以二寸折百里为分率，又立准望、牙融、傍验、高下、方斜、迂直七法，分四至八到，为二十四至，以十二支、甲乙丙丁庚辛壬癸八干，乾坤艮巽四卦名之。使后世图虽亡，得予此书，按二十四至以布郡县，立可成图，毫发无差矣！”沈括系把测量方法应用到制图方法上，指出取得“鸟飞之数”的方法，飞鸟图（地图）中各地之间的距离“如空中鸟飞直达”，他绘制守令图（天下郡县图，亦即全国地图）的时候，取“鸟飞之数”的方法，正是晋代裴秀“制图六体”中的后三项（即“高下”、“方邪”、“迂直”），乃因地制宜，求得两地之间水平直线距离的方法。在沈括之前，古人所作地图和地理书籍，记述方向均用八到，极不精密；而沈括认为八到不足用，而以二十四定方位，其精密超出前人三倍，与今天欧洲航海上所用三十二至者相差不远。

在南宋时代刻石而一直流传到现在的地图有《华夷图》、《禹迹图》和《地理图》，范围包括长城以北、黄河、长江和珠江等流域，图中水系和海岸线大都精度比较高。《华夷图》和《禹迹图》是同一年——宋高宗绍兴六年（1136年）刻石的，而且刻在同一石碑的两面。但是两者之图形有一定的差别，说明两幅图根据的实测资料不同。《禹迹图》显然比《华夷图》精确，而且比例尺采用计里画方的方法在图上绘小方格，并注明“每方折地百里”[18]。

到了元代，朱思本（1273－1333年）亲自考察过许多地方，并核对前人地图，发现有不少错误；于是花费十年时间，根据大量资料编绘一幅“长广七尺”的“舆地图”，图上画有方格。元朝政府也曾主编过《大元一统志》，记载当时全国的地理情况，至元二十五年（1288年）也曾由扎马剌丁负责纂修

18. 曹婉如，《马王堆出土的地图和裴秀制图六体》，《中国古代科技成就》，页298。

《地理图志》，到大德七年（1303 年）有蒙人方平完成彩色地图之绘制。契丹人都实也曾经奉元朝皇帝的命令勘查黄河河源，王喜即根据当时的考察记录，绘制了一幅《河源之图》。

在测量方面，北宋曾公亮曾经在《武经总要》中记述完备的测量仪器——准，也叫做水衡（水平面平衡）或者水臬，计有平板和高度经纬仪，水平衡呈槽形，有三个浮标，每一个浮标装有一个基准的瞄准器，还有一个人拿着的朝板和一个测量杆，其观测原理和现代水准测量原理相似，可测量地势之高低和距离（图六）。沈括对海州出土的古弩机的望山进行研究，他在《梦溪笔谈》中说："其望山甚长，望山之侧为小矩，如尺之有分寸。原其意，以目注镞端，以望山一度拟之，准其高下，正用算家句（即勾）股法也"。这种望山的弩机，在汉墓中曾出土，弩机安置在弩上，当弓弦引满而钩于牙上时，望山向上竖立，犹如近代来福枪上的表尺，也就是直角三角形中之勾，由望山底部到镞端（箭的尖头末端）是股，两者成为勾股的关系，因为箭射出去以后，受地心引力和空气阻力影响，飞行路线不能完全呈直线，而是作近似抛物线前进，射击者的视线要由望山上某一点通过镞端而对准目标，箭射出后，可以射中目标而不致偏低（图七），沈括称赞这种弩机"设度于机，定加密矣！"

沈括也是世界上最早创制立体地形模型图的人。他在《梦溪笔谈》卷二十五中说："予奉使按边，始为木图，写其山川道路。其初，遍履山川，旋以面糊木屑写其形势于木案上，未几寒冻，木屑不可为，又镕腊为之。皆欲其轻，易赍故也。至官所，则以木刻上之，上召辅臣同观，乃诏边州，皆为木图，藏于内府"。这种木质地形模型图（图八）之制作，不仅比欧洲最早的地形模型图（18 世纪瑞士制）早七百年，而且规模也大得多。

沈括也极富国防地理学思想，他在《梦溪笔谈》卷十三中说："熙宁中，高丽入贡，所经州县，悉要地图，所至皆造送，山川道路，形势险易，无不备载。至扬州，牒州取地图，是时丞相陈秀公守扬州，给使者欲尽见两浙所供图，仿其规模供造，及图至，都聚而焚之，具以事闻”。可见他极明白地图的价值。

此外，沈括在《梦溪笔谈》中也曾经记述中国茶盐的产地分布、性质以及产量，可谓中国人文地理之先驱[19]。

地质学

宋金元时代地质学和矿物学的发展，亦有极可观的成就。在地质学原理的研究方面，以沈括的贡献最大，沈括在《梦溪笔谈》中说：“予奉使河北，遵太行而北，山崖之间，往往衔螺蚌壳及石子如鸟卵者，横亘石壁如带。此乃昔之海滨，今距东海已近千里。所谓大陆者，皆浊流所湮耳。尧殛鲧于羽山，旧说在东海中，今乃在平陆。凡大河、漳河、滹沱、涿水、桑乾之类，悉是浊流。今关、陕以西，水流地中，不减百余尺，其泥岁东流，皆大陆之上，此理必然”。他已经采用综合分析的方法，首先根据太行山麓岩石中含海相化石螺蚌壳，和海滨往往有磨圆度比较好的卵石分布的特点，论证太行山麓一带是过去的海滨。又利用自然环境变迁原理，进一步说明现在千里平原的地方，过去是海洋。再从大陆变成陆地的物质来源和它的输送途径，及陆地的形成乃漫长岁月沉积方式进行等事实，论证了海洋变成陆地的问题。他又提到化石是生物所化成的，此较达芬奇（Leonardo da Vinci）发现化石乃生物之遗骸早四百年。沈括又发现浙江雁荡山（图九）地形特殊之原因乃山间溪流长久冲蚀，砂土易于流失，较硬岩石乃残留于该地，相应突出之结果，其论述流水侵蚀地形的原理，比英国地质学家哈顿（J. Hutton）在1802年所提的现代地质学基本理论早七百年[20]。

在矿物学方面，北宋寇宗奭曾提到利用化学变化、晶形、解理、色泽来鉴定矿物（《本草衍义》）。南宋的杜绾著《云林石谱》，描述石头的大概形状、颜色、声音、硬度、文理、光泽、晶形、磁性、透明

19. 周世德，《中国古代原动力的利用——人力的进一步发挥和自然力的有效利用》，《中国古代科技成就》，页532—538。

20. 刘昭民，《宋代沈括在地学上的贡献》，页36—37。

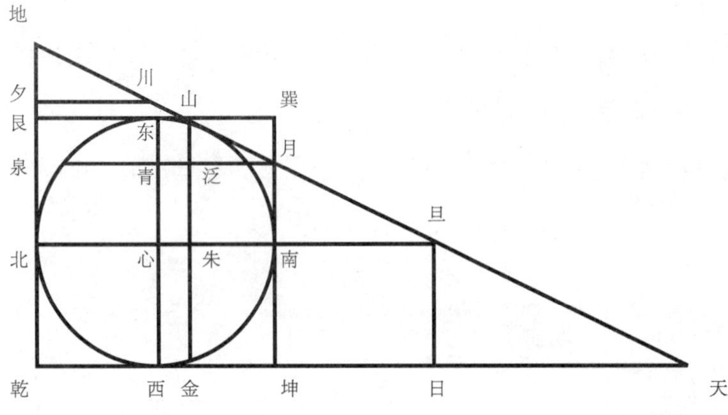

4

草曰立天元一爲半城徑副之上位加甲行
步得[illegible]元[illegible]爲大股也下位減於甲行步得[illegible]元
[illegible]爲小股也其乙東行卽小勾也置大股以
小勾乘之得[illegible]元[illegible]內寄[illegible]元[illegible]小股[illegible]爲母便以爲大
勾也置天元以母通之得[illegible]元[illegible]減於大勾得
[illegible]爲半个矮梯底於上再置乙東行內
減天元得下式[illegible]元[illegible]爲半个矮梯頭以乘上
位得下式[illegible]爲半徑冪寄左再置天
元以自之爲冪又以分母乘之得[illegible]元爲

5

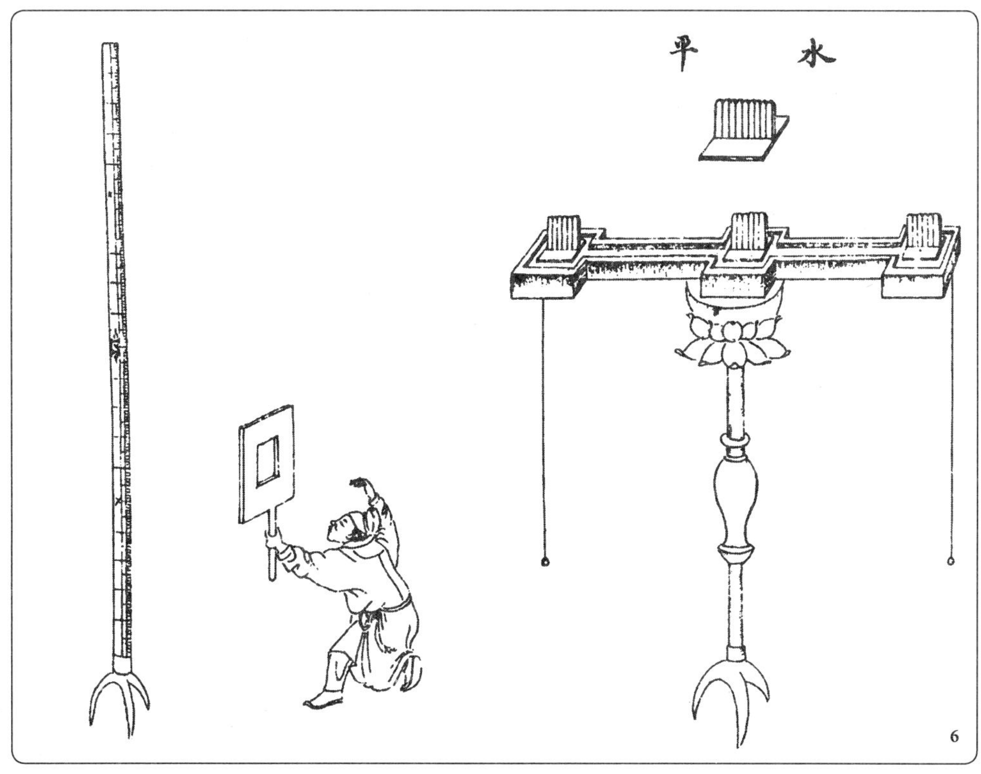

图四 李治《测圆海镜》的插图，《测圆海镜》由中国金、元时期数学家李冶所著，成书于1248年，是中国古代传统数学著作，是中国古代论述三角形内切圆的一部专著，也是天元术的代表作。

图五 李治《测圆海镜》天元术算式书影。在中国古代数学的发展中，天元术起着重要的作用。在《测圆海镜》问世之前，我国虽有文字代表未知数用以布列方程和多项式的工作，但是没有留下很有系统的记载。李冶在《测圆海镜》中系统而概括地总结了天元术，使文词代数开始演变成符号代数。

图六 曾公亮创制的测量仪器，采自曾公亮《武经总要》。此仪器名为“准”，也叫“水衡”或者“水臬”，有平板和高度经纬仪，水平衡呈槽形，有三个浮标，每一个浮标装有一个基准的瞄准器，其观测原理和现代水准测量原理相似，可测量地势高低和距离。

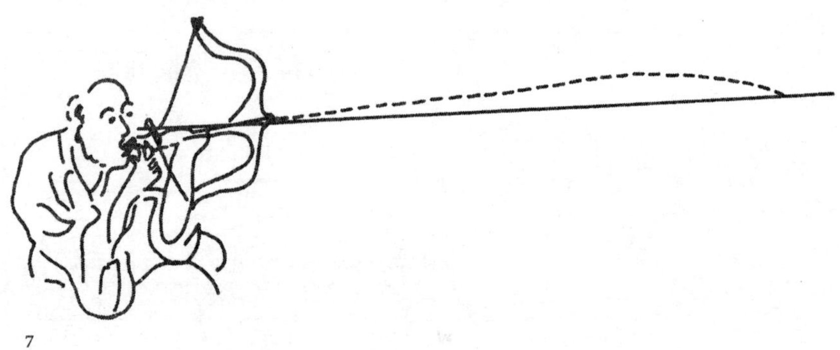

7

8

图七 沈括所研究的使用望山射弩图。沈括对古兵器、古乐器、古画、古籍、手稿等，亦深入研究，甚至加以仿制，力图用出土文物来验证古书中的某些记载，以纠正古籍和流俗之说的谬误和讹传。他根据海州出土的古弩机对弩机上的“望山”进行的研究便是一例，这是有关古代弩机最为精确和详尽的记载。

图八 沈括首创之木质立体地形图。沈括在任河北西路察访使出使契丹时，沿途仔细勘察了边境的山川地势情况之后，绘制成一幅名为《使契丹图钞》的地图。为了便于研究，使用面糊和木屑在木案上制成有山川、道路、地形的立体模型地图。当时正值天寒地冻，绘制的木屑被冻坏，遂改用熔蜡来制作。以后，沈括又制成木刻立体模型地图进呈宋神宗，神宗皇帝十分赞赏，并下令沿边诸州均依此仿制本州立体模型地图归内府收藏。

图九 浙江南部雁荡山的侵蚀断崖。北宋科学家沈括游雁荡山后得出了流水对地形侵蚀作用的学说，这比欧洲学术界关于侵蚀学说的提出早七百多年。现代地质学研究表明，雁荡山是一座具有世界意义的典型的白垩纪流纹质古火山——破火山。它的科学价值具有世界突出的普遍的意义。

度、吸湿性和风化性、化学作用等，它所记载的石类有:（一）比较纯的石灰岩类。（二）石钟乳类。（三）含有长石的石灰岩或砂岩。（四）含有锰质或铁质的石灰岩或砂岩。（五）比较纯的石英岩、砂岩、玛瑙等。（六）叶腊石、云母、滑石类。（七）页岩和砚石类。（八）比较纯的金属矿物和玉类。（九）化石类。乃一部比较全面而专门的矿物岩石著作，特别偏重于变质岩的研究，是名副其实的石谱[21]。沈括也曾经发现江西铅山县含胆矾涧水可以炼铜，又指出石油日后必“大行于世，自予始为之。盖石油至多，生于地中无穷”。在《梦溪笔谈》卷二十六《药议篇》中，沈括对一种石膏的矿物晶体的几何形状作了清楚的记述:“太阴元精，生解州盐泽大卤中沟渠土内得之。大者如杏叶，小者如鱼鳞，悉皆六角，端正如刻，正如龟甲。其裙襕小椭，其前则下剡，其后则上剡，正如穿山甲，相掩之处全是龟甲，更无异也。色绿而莹彻，叩之则直理而折，莹明如鉴，折处亦六角如柳叶。火烧过则悉解析，薄如柳叶，片片相离，白如霜雪，平洁可爱”。就是说石膏的晶体大的像杏叶，小的像鱼鳞，都是六角形的，很有规则，如同龟甲状。四周围像裙襕那样小的凸出，前面的晶面斜向下，后面的晶面斜向上，一片掩盖着一片，就像穿山甲的鳞片相叠一样，打碎后的小晶体也呈六角形，这无疑是中国矿物结晶学的先驱。

另外，宋代乐史所著的《太平寰宇记》卷一〇九江南西道庐陵县“落亭石”条引王烈之《安成记》云:“郡渚江川发源，同会落亭石，上有芝草，下有紫金”。这也是宋代地表植物指示矿藏的文献。沈括在《梦溪笔谈》中谈道:“信州铃山累有苦泉流出，土能生金石，石穴中水所滴皆含钟乳，春秋分时，汲井泉结石花”。文中所言土能生金石系指钟乳石，石花系指与石笋一样的结晶物。沈括所言钟乳石之成因与今日所言相类似，在九百年前，这个发现已很难能可贵。

---

21. 杨文衡，《中国古代的矿物学和采矿技术》，《中国古代科技成就》，页301—302。

物理学与工艺技术

这一方面的重大成就包括指南针的制作并用于航海、造船与矿冶技术的改良，表面张力、大气压力与声波共振的实验应用，及活字印刷的发明与改进。

早在战国时代，国人即发现磁石的指极性，并用来制作指示南北的工具。宋代以后更引起普遍的关注而有长足的进展。北宋初年的曾公亮，在《武经总要》一书中首先介绍了“指南鱼”，将薄铁叶裁成鱼形，用地磁场磁化法使它带有磁性，于行军需要时，浮在水面，铁叶鱼就能指南（图十）。沈括则提到指南针，以天然磁石摩擦钢针使之磁化，同样可以指南。他并且介绍了四种指南针试验：

> 方家以磁石磨针锋，则能指南，然常微偏东，不全南也。水浮多荡摇，指爪及碗盘上皆可为之，运转尤速；但坚滑易坠，不若缕悬法为最善。其法取新纩中独茧缕，以芥子许蜡缀于针腰，无风处悬之，则针常指南。（《梦溪笔谈》卷二十四《杂志一》）

这四种试验，第一种叫水浮法，第二种叫指甲旋定法，第三种叫碗唇旋定法，第四种叫缕旋法（图十一）。北宋末年寇宗奭在《本草衍义》卷五《磁石下》对水浮指南针的装置另有补充说明：“以针横贯灯心，浮水上，亦指南”。

南宋陈元靓在《事林广记》中，也介绍了另外两种当时流行的指南针，即木刻的指南鱼和木刻指南龟（图十二），能自由转动，并指向南方。

指南针的进一步发展是罗盘的出现并用于航海。北宋的朱彧曾记述当时广州航海业兴旺的盛况，并论及中国海船在海上航行的情形说：“舟师识地理，夜则观星，昼则观日，阴晦观指南针”。（《萍洲可谈》）南宋吴自牧也说：“风雨冥晦时，惟凭针盘而行，乃火长掌之，毫厘不敢差误，盖一舟人命所系也”。（《梦粱录》）足见指南针在航海上已相当重要。根据南宋熙宗（1174－1189年）时人曾三异的说法，航海用的指南针属水浮法指南，又称“地螺”，已具近代罗盘雏形。他又说：“地螺或有子午正针，或用子午丙壬间缝针”。（《因话录》）子午正针即磁针所指的子午线，缝针系指地球子午线，说明磁针有偏角存在；这与沈括所说的“磁石磨针锋则能指南，然常微偏东，不全南也”。同指磁偏角的发现，远比西方的同类发现早数百年。

另一方面，大型海船也在此时出现。朱彧记载广州的商船深阔各数十丈，船幅广阔，像正方形（《萍洲可谈》）。徐竞于北宋末年出使高丽途中，看到当时开往高丽的官船，船面较低宽，船中使用全木，用铁钉打造（当时阿拉伯商船尚不知用铁钉打造，只取椰子皮制成绳索来缝船板）[22]。明州的客船，下侧尖锐成刃形，便于破浪，船首两根夹柱中按车轮，上面用粗藤索吊着锚头，锚绳长达五百尺。船后有大小两个正柁，又有副长柁。船中大墙高十丈，设布帆和席帆，正风时用布帆，斜风时用席帆，船舱分三区，前舱放炉灶与水柜，中舱分四个房间，后舱四壁开窗户，中、后舱间用坚厚木板隔开（《宣和奉使高丽图经》卷三四“官航”、“客船”）。南宋吴自牧记载当时从浙江出海的船，大则可载五六百人小亦可载二三百人（《梦粱录》卷十二“江海船舰”）。周去非也说，“从广西航行去南海，舟如巨室，帆若垂天之云”，柁长好几丈，船上存储一年的粮食，并且还酿酒养猪。开往阿剌伯的船可容纳一千人，有市街及纺织业（《岭外代答》卷六“木兰舟记”）。1974年在福建泉州曾发现13世纪（南宋）的海船残骸，长34.55米，宽9.9米，深3.27米，重二百吨以上，排水量374.4吨，设十三个互不渗水的船舱，有龙骨、桅杆、舵孔、绞盘、船桨等，适于远洋航行，更证明了宋代造船技术已具相当水准[23]。

矿冶方面，考古学家曾在安徽繁昌、河北邯郸、邢台、河南安阳、

---

22. 李光璧、钱君晔，《中国古代指南针的发明及其与航海的关系》，《中国科学技术发明与科学技术人物论集》（1955年），页32－33。

23. 周世德，《中国古代造船工程技术成就》，《中国古代科技成就》，页612－613。

广东曲江等地，先后发掘到宋代冶铁遗址；黑龙江和其他东北地区也曾发掘到金代的冶铁遗址[24]，显示当时冶铁业极盛。炉缸直径也已减少到一公尺以下，证明冶铁技术之高，符合火法冶金的原理。当时并使用水排鼓风炼铁法，技术相当进步，元代王桢在《农书》中曾加以详细描述（图十三）。沈括在《梦溪笔谈》中曾叙述磁州百炼成钢的过程，即一连烧锻百余次，至斤两不减为止，其炼制方法是将熟铁条屈绕成盘，把生铁陷在盘中，用泥密封之，入炉烧炼，炼成后取出锻锤成钢，称为灌钢或团钢。苏颂也指出“以生柔相杂和，用以作刀剑锋刃者为钢铁”。（《本草图经》）可见当时的炼钢技术已达一定的水准。

24. 黄务涤，《中国古代冶金》（1978年），页13。

25. 同上，页13、61、66、80、81、89、96。

26. 杨文衡，《中国古代的矿物学和采矿技术》，页308。

宋代崔昉在他的《外丹本草》中也有冶炼黄铜的明确记载：“用铜一斤、炉甘石一斤，炼之即成鍮石一斤半”。托名苏轼之元代作品《格物粗谈》也说：“赤铜入炉甘石炼成黄铜，其色如金”。说明炼铜的原料是铜矿石和炉甘石，炉甘石即一种含锌之矿石。

在炼银技术方面，宋代赵彦卫的描述最有系统：“取银之法，每石壁上有黑路乃银脉，随脉凿穴而入，甫容人身，深至数十丈，烛火自照，所取银矿皆碎石，用臼捣碎，再上磨，以绢罗细。然后以水淘，黄者即石，弃去，黑者乃银，用面糊团入铅，锻为大片，即入官库，俟两三日再煎成碎银”。（《云麓漫钞》）包括了从采矿到精炼的整个生产过程[25]。

北宋庆历、皇祐年间（1041－1053年），中国矿工还发明一种叫做“卓筒井”的小口深井开凿法，使用圜刀来开凿，井口只有小碗般大，深却可达数十丈。用粗大竹子做井套，隔断淡水，再用较小竹子做桶，出入井中装水，用机械提升。这种圜刀即近代钻井用的各种凿刃的先驱[26]。

《宋史·舆服志》还记载燕肃曾发明用以计时的莲花漏，用以计程的记里鼓车等；并制出指南车，其车呈红色，上有花鸟及青龙白虎等

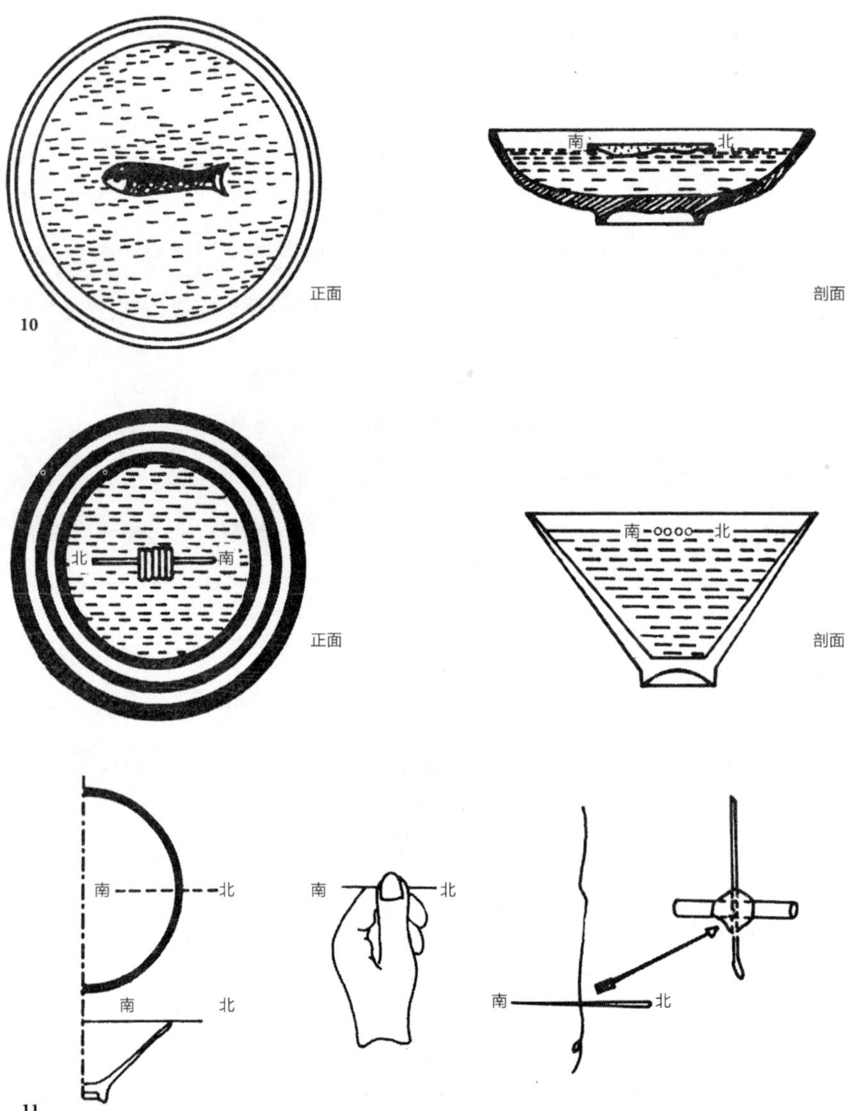

图十《武经总要》中所描述的指南鱼复原模型。《武经总要》载有制作和使用指南鱼的方法："用薄铁叶剪裁，长二寸，阔五分，首尾锐如鱼型，置炭火中烧之，候通赤，以铁钤钤鱼首出火，以尾正对子位，蘸水盆中，没尾数分则止，以密器收之。用时，置水碗于无风处平放，鱼在水面，令浮，其首常向午也。"

图十一 沈括的磁针装置实验示意图。关于磁针的装置方法，沈括介绍了四种方法：1. 水浮法——将磁针上穿几根灯芯草浮在水面，就可以指示方向。（上左、上右）2. 碗唇旋定法——将磁针搁在碗口边缘，磁针可以旋转，指示方向。（下左）3. 指甲旋定法——把磁针搁在手指甲上面由于指甲面光滑，磁针可以旋转自如，指示方向。（下中）4. 缕悬法——在磁针中部涂一些蜡，粘一根蚕丝，挂在没有风的地方，就可以指示方向了。（下右）

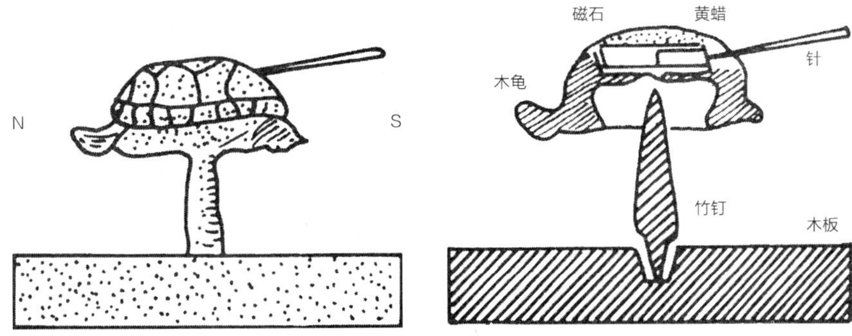

12

13

图十二《事林广记》所描述的木刻指南龟的复原模型。指南龟是南宋时流行的一种新装置，将一块天然磁石放置在木刻龟的腹内，在木龟腹下方挖一光滑的小孔，对准并放置在直立于木板上的顶端尖滑的竹钉上，这样木龟就被放置在一个固定的、可以自由旋转的支点上了。由于支点处摩擦力很小，木龟可以自由转动指南。当时它并没有用于航海指向，而用于幻术。但是这就是后来出现的旱罗盘的先声。

图十三 宋代水排鼓风炼钢图。宋代的王祯在《农书》中详细记载了水排的结构和工作原理，并绘图说明。水排是在湍急的水流之滨竖立起的巨大的木轮，靠水流的冲击力带动木轮转动，再由传动机构带动橐排的转动，从而将强大的风吹入高炉。古代水力鼓风机所包括的动力机构、传动机构和工作机构三部分已经达到相当完备的程度，制作技术和尺寸大小和中国高炉的规模相适应，举世无匹。欧洲出现水力鼓风机是在12世纪。

文饰，四角挂有香囊，由四匹马带动，并有三十人为之护卫。对于内部构造的描述也颇详尽[27]。宋仁宗庆历年间（1041－1048年），有一位李姓巧工曾造一奇器献给荆王，“中置机械，上刻木为一钟馗，高二三尺；右手执简，以香饵置左手中。鼠缘手取食，则左手扼鼠，右手运简毙之”。[28]

此外，宋人已知运用表面张力现象来检验桐油的好坏，用竹篾一头做成圈状，蘸上桐油，如果毫无杂质，桐油就像鼓面一样附着在圈上（《游宦纪略》）。俞琰在《席上腐谈》中也谈到大气压力现象，他说：“予幼时有道人见教，则剧烧片纸纳空瓶，急复于银盆水中，水皆涌入瓶，而银瓶铿然有声，盖火气使之然也；又依法放于壮夫腹上，挈之不坠”。[29]这些现象皆为大气压力所致[30]。沈括并做过测定共振的实验。剪一个小纸人放在弦线上，弹动发生共振的弦，纸人却不动。比欧洲的同类实验早了几个世纪[31]。

印刷术的主要发展也在北宋。宋仁宗庆历年间，毕昇发明了胶泥活字版，比西方早四百年。根据沈括的描述，毕昇的方法是用胶泥刻字，字画凸出的高度薄如铜钱的边缘。每字作为一印，用火把它烧得坚硬。设一块铁板，上面敷以混合松脂、蜡和纸灰等制成的药品。印刷时，先在铁板上放一个铁制框子，框中嵌满字印，挤成一板。然后拿到火旁去烤，待铁板上药品熔化，再用一平板压在字印上，等药凝固，字印便全部平如磨刀石，即可付印（《梦溪笔谈》卷十八）。但这种印刷术流行不广。元代学者王桢在元仁宗延祐元年（1314年）左右发明木制活字，根据《农书》的记载，其法为先从官定韵书中挑选可用字数，分韵写成字样，并用“以字就人”的方式排版。确为印刷术的一大进步[32]。

27. 刘天一，《漫谈指南车》，《科学月刊》，第十二卷第1期（1981年1月），页19。

28. 张荫麟，《中国历史上之“奇器”及其作者》，《中国科技文明论集》（台北，牧童，1978年），页262。

29. 戴念祖，《中国古代的力学知识》，《中国古代科技成就》，页151。

30. 同上。

31. 戴念祖，《中国古代的声学知识》，《中国古代科技成就》，页161。

32. 邢润川，《印刷术的发明发展与其外传》，《中国古代科技成就》，页480－489。

化学与化工

宋金元时代在这一方面的重大发展是火药、炼丹术、石油的应用，及酿酒方法的改进。

火药也是中国古代的四大发明之一，原是古代炼丹家在无意中发现的，后来应用到军事上。到了宋金元时代，火药制成的武器已普遍使用，宋将虞允文在采石矶之役以火药击退金人，便是著名的战例，蒙古西征更使火器的使用远及欧洲。政府并设有专司火药制作的机构与工厂[33]。说宋金元时代为火药武器时代，似乎也并不夸张。曾公亮的《武经总要》便列举北宋制造火药的主要种类与成分：

33. 冯家升，《火药的由来及其传入欧洲的经过》，《中国科学技术发明和科学技术人物论集》，页43－44。

毒药烟毬	蒺藜火毬	火炮
硇（硫）黄　十五两	硫黄　一斤四两	晋州硫黄　十四两
焰硝　一斤十四两	焰硝　二斤半	焰硝二斤半
草乌头　五两	炭木　五两	麻茹一两
狼毒　五两	沥青　二两半	干漆一两
桐油　二两半	干漆　二两半	砒黄一两
黄蜡　一两	竹茹　一两一分	定粉一两
芭豆　二两半	麻茹　一两一分	竹茹一两
小油　二两半	桐油　二两半	黄丹一两
木炭末　五两	小油　二两半	黄蜡半两
沥青　二两半	蜡　二两半	清油一分
砒霜　二两		桐油　半两
竹茹　一两一分		松脂　十四两
麻茹　一两一分		浓油　一分

这些药料，有的具有爆炸性，有的具有燃烧性，有的具有毒性，显示当时的火药已发展到相当的阶段。

炼丹术在宋代仍颇受重视，沈括曾记载宋真宗祥符年间，王捷作“黄金”（伪金）的事。其法是炼铁为之，“金”（伪金）初从炉中拿出，色尚黑，后变黄，百余两为一饼，每饼又凿为八片，叫做“鸭嘴金”。真宗令尚方铸为金龟、金牌各数百。龟以赐近臣，牌以赐州府军监，谓之“金宝牌”（《梦溪笔谈》卷二十）。《太平广记》有类似的记载[34]。成书于10世纪的《宝藏论》更列举了伪金十五种、伪银十三种，其中有药制与点化之分[35]。足见当时炼丹术的发达。并曾传到波斯及欧洲[36]。此外，世界上最早的胆水（胆矾溶液）浸铜法，为水法冶金技术的起源，乃是从宋初开始应用于生产上[37]。

石油在宋代不但供作军用与药用，沈括并发现石油烟可以造墨。他在《梦溪笔谈》中说：

> 鄜延境内有石油，………燃之如麻，但烟甚浓，所沾幄幕皆黑。余疑其烟可用，试扫其煤以为墨，墨光如漆，松墨不及也，遂大为之。

不但说明发现石油烟可以制墨的经过，并且是中国文献上首次使用“石油”一词。

至于酿酒技术方面，在宋金元时也有极大的发展，南宋朱肱在《北山酒经》中述及，葡萄酒的制法是将酸米和葡萄放在甑中，“待甑罩上酒秀透，酒溢出，可揭甑取开看，酒滚即熟矣！”到了元代，蒙古族忽思慧著《饮膳正要》，曾经提到“蒸熬取露”的“阿拉吉酒”。元人朱德润在《札赖机酒赋》中叙述当时蒸馏酒的方法说：“甑一器而两圈，铛外环而中洼，中实以酒，仍缄合之无穷。少焉火炽既盛，鼎沸

34. 李光璧，钱君晔，《炼丹术的成长及其西传》，《中国科学技术发明和科学技术人物论集》，页141。

35. 同上，页142。

36. 参阅张子高，《中国古代化学史》（香港，商务，1977年），页304－309。

37. 同上，页189－193。

为汤；色混沌于郁蒸，鼓元气于中央。熏陶渐渍，凝结为炀，中涵竭于连漉，顶溜咸濡于四旁。乃泻之金盘，盛之以瑶樽”。可见至迟到元代，中国的制酒技术已发展到蒸馏法的阶段。

医学与本草

宋代医学十分发达。北宋有翰林医官千余人，曾为本草、医书、针灸等制定一套国家规准，颁布天下。对于医疗人才的培养也极重视，中央有太医局专司其事，各道府也设立地方医学。

解剖次数较前代增多是宋代医学发达的一项表征，其中还有两次解剖的图谱留传下来。

第一次是北宋庆历三、四年间（1044—1045 年），杜杞活捉作乱的欧希范等五十六人，把他们加以刳剖，宜州推官吴简命令画工把他们的内脏绘成图谱，此乃中国医学史上著名的《欧希范五脏图》。

第二次在崇宁年间（1102—1106 年），泗州处决了一批刑犯，郡守李夷行命医家与画工把尸体内脏的位置与形态描绘下来，更命医家杨介以实地观察所得，校以古书，编成《存真环中图》，后世医家奉为圭臬。

宋元医学发达的另一表征是分工日益精细，妇产科与小儿科都有卓越成就。宋代太医局中设有产科一门，负责训练专业人才。元代太医局又分置妇人杂病科，分工愈来愈细。当时曾出了不少著名的产科医师。杨子建的《十产论》（1078 年）和陈自明的《妇人大全良方》（南宋嘉熙元年，1237 年），都是当时产科的代表作。小儿医学也相当发达，当时的小儿医家以钱元最有名，他不但精于医痘，并著有《伤寒指微》、《婴孩论》、《小儿药证直诀》，是中国最早的小儿科专书。

法医学的专书也在此时出现。著名的法医和刑法官宋慈综合了他多年的工作经验与前人的理论，著成《洗冤录》一书，于南宋理宗淳祐七年（1247 年）出版，内容包括验伤、保辜、验尸等，比西方的同类作品早三百余年[38]。

此外，由于手工业发达，长期劳动所带来的职业病也出现了。宋代学者也留下当时若干职业病的线索。孔平仲的《谈苑》有如下记载：

38. 陈胜崑，《中国传统医学史》（台北，时报，1979年），页120、122－127、131－134。

39. 同上，页123－124。

40. 张子高，《中国古代化学史》，页218。

41. 同上。

> 后苑银作镀金，为水银所熏，头手俱颤。卖饼家窥炉，目皆所昏。贾谷山采石人，石末伤肺，肺多焦死。铸钱监卒，无白首者，以辛苦故也。

他提到了四种职业病：第一种是水银中毒，症状是“头手俱颤”；第二种是火的光与热对眼睛造成的伤害；第三种是采石工人吸入粉尘造成肺病；第四种是造币局的工人，因为工作辛苦而多短命。这些都是孔平仲实证观察的记载，较西方早了五世纪[39]。

针灸的起源甚早，时间久了，穴位名称和数字部位等便有不统一甚或矛盾之处。宋仁宗时王惟一负责设计铸制铜人（图十四），并校正穴位，统一名称和数字，又著《铜人俞穴针灸图经》来说明铜人，图文相辅而行，在当时是一大进步。铜人造工精细，其中置水银，并不泄漏，外涂黄蜡络道、穴道名称隐而不见；下针时，若位置正确，则水银霍然而出；若稍有差误，则针不能入，可作教学、考试之用。宋元之际，直隶人窦汉卿乃于1241年著成《针灸指南》，有利于针灸术之推广。

本草学的经典著作以东汉时代的《神农本草经》为最早，唐代极为发达，宋金元在这一方面续有增益。开宝六年（973年），宋太祖命尚药奉御刘翰等九人取唐、蜀本草加以详校，并增药133种。次年又命马志等人整理新旧药983种，并目录为书二十一卷，世称《开宝本草》[40]。嘉祐二年（1057年），宋仁宗命掌禹锡等人重修本草，共1082条，称为《嘉祐补注本草》；又命苏颂著《图经本草》[41]。元祐年间，蜀医唐慎微著《证类本草》，其后又有《大观本草》、《政和本草》问世，其中

《政和本草》行世达四百年之久，至明代为《本草纲目》所取代[42]。此外尚有宋代寇宗奭的《本草衍义》，元代朱震亨的《本草衍义补遗》等[43]。

42. 同上，页220、221。
43. 同上。
44. 陈文华，《光辉灿烂的中国古代农业》，《文物》，1980年第8期，页68－71。
45. 参见陈良佐，《我国历代农田施用之绿肥》，《中国科技文明论集》，页354；黄耀能，《中国古代农业技术史简介》，《中国科技史选辑》（台北，自然科学，1981年），页261。
46. 黄耀能，《中国古代农业技术史简介》，页262。
47. 程洛，《中国水车历史的发展》，《中国科学技术发明和科学技术人物论集》，页187。

农业与水利

宋代沿袭唐代的水田耕作，并引进北方较进步的水稻耕作技术。插秧技术也已普及，苏轼曾推广秧马插秧法，使水田农业更形发达。农民们并利用秋收后到翌年春耕的休闲期播种小麦，形成二期作的耕作方式。因为一年之中分别种植水稻和小麦，故称为一年二作式。

宋人对于果树接枝的优点已有相当认识，并普遍应用。《分门琐碎录》关于种桑法的记载是："谷壳树上接桑，其桑肥大。桑上接梨，脆美而甘。撒子种桑，不若压条而分根茎"。该书亦云："浙间植桑，斩其桑而栽之，谓之好桑，即以螺壳覆其顶，恐梅雨侵损其皮也，二年即盛"。元代官修的《农桑辑要》列举插接、劈接、靥接、搭接四种嫁接法[44]；王桢的《农书》所提到的嫁接法更多达六种，包括身接、根接、皮接、枝接、压接、搭接（图十五）。显示当时园艺技术已很进步。

施肥方面，宋代用麻枯、石灰作肥料，麻枯是麻籽经过挤油、榨油后所剩的渣子。南宋《耕织图诗·淤荫中》有"杀草闻吴儿"之句，可能指积草田中作为肥料之意；《尔雅翼》载宋人捞取荇菜作肥料，王桢《农书》更明指元人堆积绿色植物（如青草、苔华等）作肥田之用[45]。此外，元代也已开始利用河边污水的沉淀物，引入田中，谓之河淤，功用类似埃及、两河流域及印度河之天然泛滥[46]。

灌溉工具的长足进步，更显示了此时智农巧匠不断创新的精神。汉代即已发明的水车，在宋神宗熙宁八年（1075年）发展成筒车，轮上装有四十二个筒管，利用水力推动，即可引水到高远处[47]（图十六）。

南宋时代长江流域多用龙骨车，用人力操作："人凭架上踏动拐木，则龙骨板随转循环，行道板刮水上岸"。[48] 在江浙围田、湖田地区很实用。龙骨车又称翻车，到元代有进一步发展，因使用动力不同而有牛转翻车及水转翻车之别。此外尚有高转筒车，俱收省力之功。

宋人并发明水转九磨和船磨等粮食加工机械，早于西欧五百年左右[49]。

在农书著作方面，宋代有陈旉著《农书》，提出"地力常新壮"的农学思想，把中国数千年来农民改造自然、增加收成的宝贵经验，提升成科学理论。陈旉在《农书》中不但介绍水田农业的耕作技术，而且针对宋代水田实施稻麦二期作所造成的地力减退，提出堆肥制造法，以救其弊。楼璹著《耕织图诗》，记载如何插秧、除草、收割等农业耕作技术。元代王桢的《农书》，不但提出生物适于生长的地区，因种类本性不同而异的学说，而且记载了许多他所研究的农具。鲁明善所著《农桑衣食撮要》，则是一本农业指导专书[50]。

水利工程方面，宋以后进入治河的防守时代，宋初行"复闸"与"平河置插"制，能节水及省夫役之繁费，后毁于金人之乱。元代以后，河淮合流，元人开南北漕运，而会通黄淮水道仍为治水要务，于是尽力于防水以求河运之共济。元顺帝时，黄河曾一再溃决，数年防治无功，帝乃命令贾鲁治河。至正十一年（1351 年），贾氏役使民夫十五万，戍军二万实施浚河工作，于四月二十二日鸠工，七月疏凿成，八月决水故河，九月舟楫通行，十一月白茅合龙，水土毕工，河复故道，南汇于淮，又东入于海。水利工程专著则有元人沙克什所著之《河防通议》，多言治河防守之道，当时治河者悉守为法。欧阳玄著《至正河防记》，论治河诸法，疏、浚、塞三法之异，而浚复有四别，次论治堤、治扫、塞河之类别，再论各段之浚挖，长、广、深之尺度，塞口及堤扫之度与卷扫之法，最特殊者则以石沉船作石船大堤，并论所用物料之数及工费[51]。

---

48. 同上，页189。

49. 陈文华，《光辉灿烂的中国古代农业》，页69。

50. 同上，页68－71。

51. 徐世大，《中国水利学史》，《中国科技文明论集》，页440－443。

生物学

中国古代生物学上的最大成就首推传统分类法之发展，而宋金元时代也有不少的成就。在宋代，官方和民间曾先后编修本草五次，收列的药物愈来愈多，其分类仍不脱唐代《新修本草》之层次。

在类书方面，宋代吴俶所编的《事类赋》中，已载有禽、兽、草、木、鳞介、虫鱼等门类，此为类书收载动植物资料之始。宋太宗太平兴国二年（977年），李昉等奉敕编辑《太平御览》，越八年而书成，共一千卷，分五十五部，自八八九卷以迄终篇，皆为动植物资料，分兽、羽、鳞介、虫豸、木、竹、果、菜、香、药、百卉等十一部。北宋初叶（1078－1085年）陆佃在《埤雅》一书中曾经对一百六十五种动植物作了解释。

在专谱方面，宋朝最盛，如欧阳修之《洛阳牡丹记》，陆游之《天彭牡丹谱》，刘贡父子之《芍药谱》，刘蒙、史正志、范成大、史铸之《菊谱》，赵时庚之《兰记》，王贵学、鹿翁之《兰谱》，蔡襄之《荔枝谱》，韩彦直之《橘录》，陈思、陈立之《海棠谱》，傅肱之《蟹谱》，高似孙之《蟹类》等等，皆为分类学典籍，可见宋人在分类学上之水准甚高[52]。其中刘蒙之《菊谱》，记有35种菊花品种，并曾指出变异可形成生物的新类型，此可谓生物变异论之先驱。

此外，宋度宗咸淳六年（1270年），罗顾在《尔雅翼》中也有生物界生存竞争的记载。宋代《农桑辑要》中也记有人工选择的方法和事例。在宋孝宗隆兴元年（1163年）宋人也曾从事金鱼家化的遗传研究，可见宋人已有一些进化论的最基本观念。

52. 张之杰，《中国的分类学》，《中国古代科技发明特展专辑》，第一辑（台北，台湾科学教育馆，1981年），页42－43。

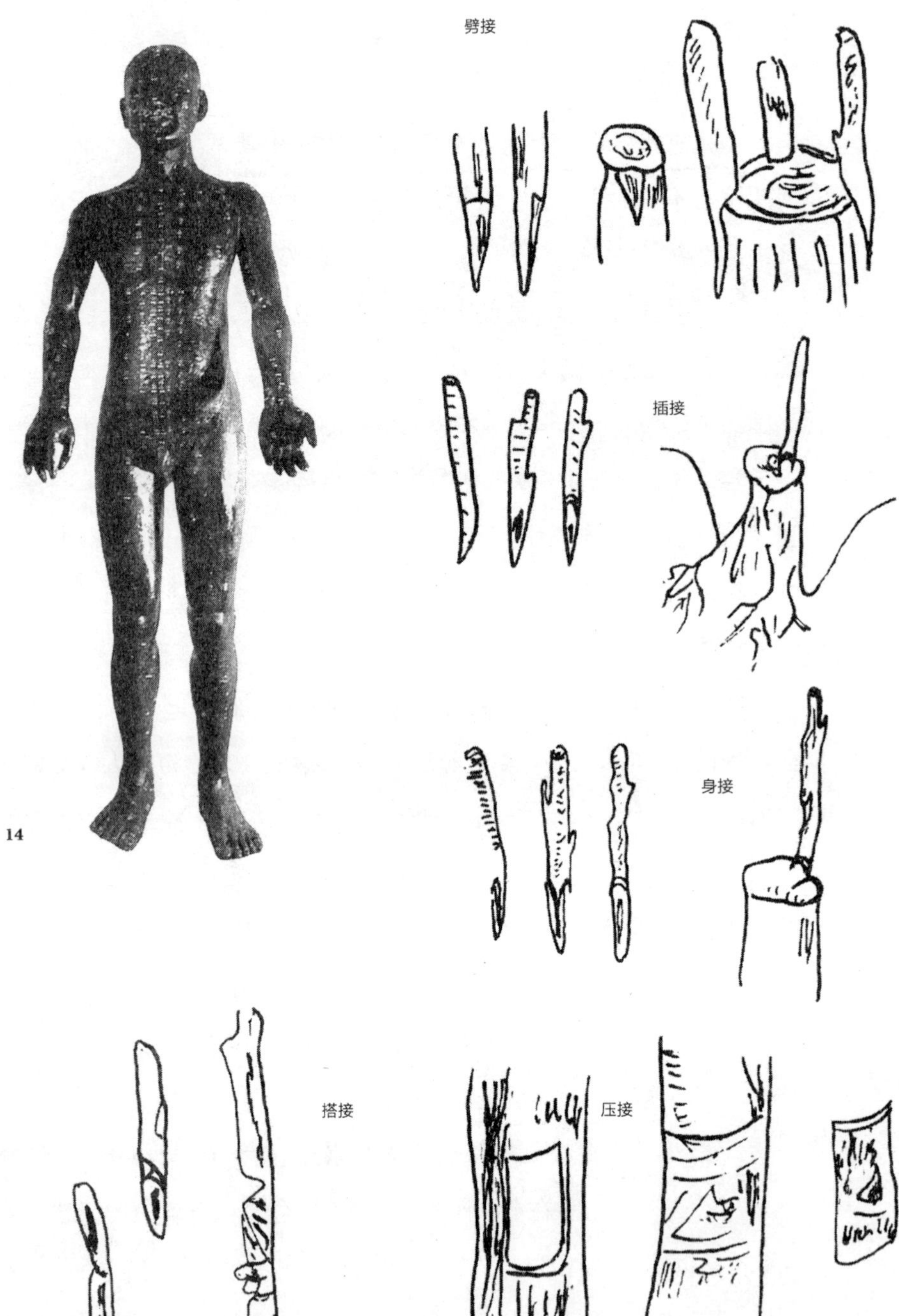

14

15

图十四 针灸铜人，北宋王惟一铸制。王惟一，或名惟德，北宋医家，约生活于987－1067年间，历任宋仁宗、宋英宗两朝医官，仁宗时为翰林医官、朝散大夫、殿中省尚药奉御骑都尉。天圣五年（1027年）王惟一负责设计，朝廷组织工匠，以精铜铸成人体模型两具。仁宗下令将一具置于医官院，一具置于大相国寺仁济殿。两具针灸铜人均仿成年男子而制，躯壳由前后两件构成，内置脏腑，外刻腧穴，各穴均与体内相通，外涂黄蜡，内灌水或水银，刺中穴位，则液体溢出，稍差则针不能入，因而可使医生按此试针，以供教学和考试之用。

图十五 元代《农桑辑要》及王桢《农书》中所提之嫁接法。元初的《农桑辑要》和稍晚出的《王祯农书》对我国桑树嫁接技术均作了总结性的记述，这是我国现存古农书中对桑树嫁接技术最早的完整记载。从我国古代接木技术的发展历史上看，元代农书中总结出来的桑树嫁接技术成就，在一定程度上反映出七百年前我国桑树栽培技术的水平，同时也显示出自《齐民要术》以后的六七百年间我国桑树栽培技术的演变和发展。

图十六 筒车。水力筒车最迟到宋代已经出现。北宋范仲淹和南宋张孝祥对筒车作了比较仔细的描述。王桢《农书》对高转筒车和筒车的性能与构造都作了说明。高转筒车的构造，简略地说，就是上下各有一个轮子，下轮一半淹在水中，两轮之间有轮带，轮带上装有很多尺把长的竹筒管。流水冲击下面的水轮转动，竹筒就浸满了水，并自下而上地把河水带到高处倒出。

军事技术

宋金元时代先后有宋、辽、西夏、金、蒙古之长期对峙和军事冲突，故战争特多，使宋金元时代的军事技术和武器不断地改良和进步。

在战法方面，宋人为对付金人之骑兵攻击，曾创造战车，以革毡包裹，可防矢石和火箭，上有兵员五人，并置有枪和弓箭等武器，后来并扩大到可乘兵员25人之规模，当时每军2500人，并配战车80辆，采用每边20辆的方阵战法。宋高宗绍兴十一年（1141年）吴璘为对付金人骑兵，采用四线战术，第一线为长枪队，第二线为强弓队，第三线为强弩队（跪坐式），第四线为神臂弓队，当敌人接近至一百步以内时，即由神臂弓队发射，接近到七十步以内时，则由强弩队发射，敌人到达短兵相接地步时，则使用长枪进行肉搏战，或使用铁钩对付金人骑兵。至于金人攻城的工具则有火梯、云梯、偏桥、撞竿、鹅车、洞子，配合攻城的武器则有三梢炮、五梢炮、大炮等[53]。

宋代所使用的武器相当多，《武经总要》对攻守器械记载至为详细，虽然各次大战后，宋军曾经遭受惨败，但是武备却相当进步，此乃宋代官私手工艺技术相当进步，宋室对兵器的发明和创造也极为鼓励的结果。《宋史·兵志》记载：宋太祖开宝三年（970年），冯继升等进火箭法，试验后，皇上赏赐衣物束帛；宋真宗咸平三年（1000年），唐福献火箭、火球、火蒺藜，赐以缗钱。《续资治通鉴长篇》卷五十二载宋真宗咸平五年（1002年），石普制火球火箭，真宗召至便殿，与宰辅同观其试验。都是很好的例子[54]。

宋代所使用的兵器甚多，但以弩、投石机（炮）、火药为主，弩之种类甚多，以动物的腱做成，有弓体长6.7公尺，可射达180米者。投石机就是火炮，乃发射火药引发火球或其他火药制燃烧体者。《武经总要》曾列出北宋时代之各种火炮，如下表：

53. 吉田光邦，《宋元の军事技术》，《宋元の科学技术史》，页211－218。

54. 冯家升，《火药的由来及其传入欧洲的经过》，页42－43。

种类	梢长	拽手(人)	射程(步)	砲重(斤)
单梢砲(图十七)	二丈六尺	40	60	2
双梢炮	二丈六尺	100	80	25
五梢炮	一丈五尺	150	50	70、80
七梢炮(图十八)	二丈八尺	250	50	90
旋风炮	一丈八尺	50	50	3
虎蹲炮	二丈五尺	70	50	12

55. 吉田光邦，《宋元の军事技术》，页218－223。

56. 冯家升，《火药的由来及其传入欧洲的经过》，页44－56。

其中以七梢炮规模最大[55](图十八)，当时用火药制成的燃烧武器，其用途为：烟球能张烟幕，使敌方失去对己方军队行动的判断力；毒药烟球使敌人中毒，减少战斗力；蒺藜火球抛在要冲，可以阻碍敌方人马的前进；引火球、弓火药箭、弩火药箭、火药鞭箭、火炮，可用来焚烧积聚的敌人和军用物资。这些火药火器不但使用在陆上，而且也使用在水面上，故能多次击败金兵于长江和东海水面上。宋代另外还有：(一)爆炸性火器——铁火器，相似于今日之大型地雷；(二)射击性管形火器——突火枪，此突火枪乃今日射击性管形火器用子弹的先驱；(三)火筒——相似于今日之火焰实射器，到了元代则为发射石弹或铁弹的武器。元末则出现有大形铁铳——乃今日大炮的先驱[56]。

结 语

以上所述宋金元时代的科技发展，在天文、数学、气象、地理、地质、物理和工艺技术、化学、医学和本草、农业和水利、生物、军事技术各方面，学者专家都充分发挥理性的光辉，以客观、踏实的态度，共同创造了中国科技发展史上的巅峰时代，而西方则正当中古时代，其科技实不如中国远甚。宋金元时代中国科技的发展和工矿生产

17

图十七 单梢炮。《武经总要》中一共记录了十几种不同式样的炮，单梢炮是比较轻便的一种，只用一人定炮，四人拽索，可以把二斤重的炮石抛掷五十步远。改变方向时要移动炮架，因有架座，故而稳固。

图十八 七梢炮，是《武经总要》所录的十几种炮中最重的一款，由四根脚柱构成的方形炮架上装置炮梢，可以把九十至一百斤重的石弹抛掷到五十步远，有拽索一百二十五根，需用二人定炮，二百五十人拉动。

情形实相当于英国16世纪及17世纪工业革命初期的情形，宋代煤矿和铁的产量甚至超过工业革命初期英国的产量[57]，煤铁的大量生产正是英国工业革命的原动力；再者，北宋时代中国的科技人才也相当多，例如沈括在各种科技上的发现和发明实不下于西方的伽利略，可惜未能在“量化”的数据上建立理论架构[58]，以致伽利略式的科学纪元不曾诞生在中国。另一方面，一些科技的发展脱离了当时社会的需要，似乎也是科技无法再进一步发展的原因之一，例如宋金元时代天元术、高次方程的数值解法等，后来因为外在社会没有这方面的需求以致不再有所发展。至于14世纪以后，中国传统科技逐渐没落因素则颇为复杂，仍然有待深入的研究。

57. 薮内清，《宋元时代における科学の展开》，页3。

58. 参阅洪万生、刘昭民，《规圆矩方·度量权衡——传统科技的量化倾向》，载本书页270－299。

峰回路转

明代的科技

陈进传

中国的科技，从先秦萌芽开基，经两汉、魏晋南北朝、隋唐的持续进展，至宋元而灿烂辉煌，伟大的科学家也代不乏人。明朝则为一变异时代：先由宋元的鼎盛，归于明初的黯淡；经二百年的沉潜后，又因政治、社会、经济、思想等因素的交互影响，加上西洋耶稣会士的来华，传入新思潮、新科学、新技术、新方法，国人大开眼界之余，深受冲击启发，使得晚明科技大放异彩，登上新的高峰。因此以“峰回路转”、“柳暗花明”来形容明代科技的发展，应是再恰当不过了。

明初科技的没落

宋元以前，中国科技的成就远驾西方之上，这是众所熟知的事实。正如李约瑟所说：“我相信无论何人，只要不辞劳瘁读完本书（指《中国之科学与文明》）之后，将会诧异为什么欧洲在1400年当中，从中国方面所取得的技术如此之多”。[1] 李约瑟认为明代传统的物理、科学与技术多走下坡[2]，关键应在明代初年。

数学是自然科学的基础，数学成就的高低，常被认为是科学发达与否的指标。宋元为中国数学的黄金时代，算士辈出，其所论述，超迈前古。最著者有秦九韶、李治、杨辉、郭守敬、朱世杰等人。天元、四元学说已极发达，方程式理论，也达到代数符号化的极致，球面三角算法与级数总和算法，并于此时得到确切运用[3]。继起的明代则呈衰微颓势，对宋元高度的数学成就无法正确理解[4]。甚至朱世杰的经典作品《四元玉鉴》也几乎失传[5]。因此，明初在数学方面，一无可述，直到15世纪以后，数学家才重新出现[6]。

纺织工业是工业发展的前奏，对经济的繁荣有积极刺激的作用，

1. 李约瑟，《中国之科学与文明》，中译本第一册（台北，商务，1974年），页35。
2. 李约瑟，《中国之科学与文明》，中译本第九册（台北，商务，1976年），页331。
3. 李俨，《中国算学之起源及其发达》，《中国科技文明论集》（台北，牧童，1978年），页142－143。
4. 薮内清著，黄仲图译，《关于天工开物》，《天工开物之研究》（台北，中华丛书，1956年），页20。
5. 华罗庚，《我国古代数学成就之一瞥》，《文物》，1978年第一期，页48。
6. 李约瑟，《中国之科学与文明》，中译本第四册（台北，商务，1974年），页91。

英国产业革命即是显例。我国纺织技术以元代最发达，这应归功黄道婆的贡献。稍后，王祯著《农书》，对制棉工具略有改进，增加搅车、弹弓、卷筵、纺车、拨车、轻车和线架等，使得生产技术与工具更加进步。明初只能蹈袭前代，未能创造新兴的技术[7]。

农业机械的运用与农业生产有密切的关系。宋末，农业技术及知识已达巅峰，元代王祯作《农书》更是意义重大，它完整详细地记载农业生产工具及其使用方法[8]。明初却一味因袭，无复创造。徐光启的《农政全书》几乎翻印《农书》中全部的农业机械知识，仅作轻微的变动[9]。

印刷术的发明，对学术文化的发展，居功甚伟。我国是最早发明印刷术的国家，现存有明确日期记载的雕版印刷品，是唐懿宗咸通九年（868年）的《金刚经》，早于西方约六百年；而11世纪毕昇发明胶泥活字版印书，较之德人谷腾堡（Gutenberg）印《圣经》要早四百年。后来又有锡活字木活字、王桢并发明转轮排字架，以简单的机械，增加排字的效率，但明初以后无复创新。反观朝鲜，接受中国的木活字印刷术后，加以研究改良，创制铜活版印刷，对世界印刷术的发展贡献很大，15世纪后传入我国[10]。

武器是战争的工具，历来英雄豪杰、创业帝王，无不借重它以完成霸业。明太祖所以能奠立基业，也是靠火器的助益；然天下平定后，即不再继续研究发明，进而严禁武器私学、硝磺私贩、军火私藏，虽边镇总兵也不例外[11]。在这种情况下，火器的制造当然毫无进展。因此明代兵书的火药方子，与11世纪时并无不同[12]。所以“明代之兵器，在其初期有传统之性格及形态，继承元代及宋代之遗绪”。[13]

明太祖洪武十七年（1384年），钦天监博士元统取元朝“授时历”，

7. 太田英藏著，陈奇禄译，《天工开物之机织技术》，《天工开物之研究》，页112。

8. 李剑农，《宋元明经济史稿》（1957年），页31。

9. 李约瑟，《中国之科学与文明》，中译本第八册（台北，商务，1976年），页297。

10. 邢润川，《印刷术的发明发展与外传》，《中国古代科技成就》（1978年），页489。

11. 冯应京编，《皇明经世实用篇》（台北，成文，1967年），册三，卷十六，页1288。

12. 冯家升，《火药的由来及其传入欧洲的经过》，《中国科学技术发明与科学技术人物论集》（1955年），页35—73。

13. 吉田光邦著，彭九生译，《明代之兵器》，《天工开物之研究》，页213。

去其岁实消长之说，以洪武甲子的历元，命名为“大统历法通轨”。洪武二十六年（1393 年），李德芳认为不用消长之法，则计时会有误差。太祖乃言：“但验七政交会，行度无差为是”。自是大统历以洪武为甲子，而推算仍依授时法[14]。可见明初大统历，实即元之授时历[15]。

农业生产端赖完善的水利工程，明太祖笃意养民，对水利建设亦极注意。然论其工程技术，比之元末贾鲁仅以七阅月，塞七八年未堵之口，疏浚与堤扫兼施于夏秋大汛之际[16]，似有所不逮。再者，明代二百余年，河患甚多，受命治河者，代有重臣，惟其能谙水道，确有治河方略而奏效者，殊不多见，可称者仅徐有贞、刘大夏、潘季驯三数人，初年则付阙如[17]。

瓷器到了明代则有进一步的发展。建文四年（1402 年）设立专门生产御用瓷器的御器厂，是为“官瓷”，以别于“民瓷”。宣德年间出品的青花瓷已达最高的艺术水准[18]。其后则是“制作日巧，无物不备”，所谓“屏瓶盆盎之观不可胜计，碎器与各色瓮盘相竞以逞”。[19] 入清以后，烧瓷技术更达到高峰，颇多创造性的发明，超乎元明之上[20]。

明代的油漆技术也甚为可观。洪武年间在南京设置漆园、桐园，种漆、桐各千万株，以示提倡。永乐时期又在北京果园厂成立官局制造雕漆，专供御用[21]。洪武年间，风气朴实，漆器有生活实用上的需要；后来逐渐趋尚浮华，制造高级器具，以满足上层社会的享受，故宣德以后，漆技似有后来居上之势[22]。

明初为运粮供应辽东等地军士给养，命汤和“造舟明州，运粮直沽”。[23]。大运河全线通航后，永乐十三年（1415 年），“增造浅船三千余只，一年四次，由里河转漕，遂罢海运。独蓟州军饷，用遮洋

14.《明史》，卷三一，《历志一》。
15. 同上。
16. 徐世大，《中国水利学史》，《中国科技文明论集》，页442。
17. 尹尚卿，《明清两代河防考略》，《史学集刊》，第一期（民国二十五年四月），页104。
18. 陈万里，《景德镇陶瓷史稿》（1960 年），页124。
19. 同上，页131。
20. 张子高，《中国古代化学史》（香港，商务，1977 年），页244。
21. 潘吉星，《中国古代的油漆技术和漆器》，《中国古代科技成就》，页229。
22. 索予明，《髹饰录解说》，《自序》，页3－4。
23.《续文献通考》，卷三一，《国用二》。

船海运如初”。[24] 而郑和下西洋，写下世界航海史上最光辉的一页，其宝船的技术特点为：（一）船底平坦能坐滩，不怕搁浅，受潮水影响较小，比较安全；（二）适航性良好，逆风顶水也能通行；（三）船宽又有各项保持稳性设备，故稳性极佳；（四）多桅多帆，吃水浅，阻力小，航速快[25]。这项造船技术的优秀表现，主要是成祖为了宣扬国威，寻找惠帝下落所促成的。

医药之学在中国已有深厚的背景与渊源。倪维德说：“医为儒者之一事，为儒者不可不兼夫医也”。[26] 元以异族入主中国，持有狭隘的种族偏见，多数士人不甘受辱，纷纷息隐山林，念及“不为良相，当为良医”的明训；又看到政治黑暗，生灵涂炭愤而研习岐黄之术，济世救人，造成元朝医学普遍发达。明初虽重医道，为振兴医学，作养医人，鼓励多读医书，深究医理；但以开国艰困，求才若渴，读书人多从政为官，鲜少顾及医术。名医如倪维德（1303－1377 年）、葛乾孙（1305－1353 年）、滑寿（？－1380 年）、王履和及吕复等大半辈子均处居元朝。因此明初医学平凡无奇[27]，地方医学亦不及元代水准[28]。

然而明初在医学上也有值得喝彩的，就是周宪王朱橚的贡献。他是太祖第五子，于洪武二十五年（1392 年）被遣徙到云南后，“询及医书，十无七八，察其人病，或祭神祀鬼，间有病者求药，而里无良医，或恣其偏僻之见，求为殊异之方，造次用行，死者多矣。呜呼！诚医书之不全，故乃于暇日，集录经验诸方，始成一书，名之曰《袖珍》”。[29] 旋又著有《普济方》一册，李时珍的《本草纲目》所附诸方，就有许多是采自此书的。故纪晓岚称其采摭之繁富，编次之详析，自古经方，无更赅备于是书者。是以古之专门秘术，实不仅以此书而有传，即后人亦得能参考其异同，推求正变，博收约取，应用不穷[30]。

24.《明会典》，卷二〇〇，《河渠五》。

25. 周世德，《中国古代造船工程技术成就》，《中国古代科技成就》，页611。

26. 倪维德，《原机启微序》，转引自刘伯骥，《中国医学史》（台北，华冈，1974 年），上册，《导言》，页5－6。

27. 刘伯骥，《中国医学史》，上册，《导言》，页5。

28. 同上，下册，页409。

29. 朱橚，《袖珍方大全序》，转引自任遵时，《周宪王研究》（台北，三民，1974 年），页43。

30. 纪昀，《四库全书总目提要》（台北，艺文影印本），册七，卷一〇四，页2036。

后又有《救荒本草》一书的汇辑。

总之，明洪武永乐年间在中国科技史上，是一段较失色的时期，有些方面不仅无所创新，甚至远落前代之后；有些虽能维持原有水准，然皆因特殊缘故所致。如天文历法是为了农业生产，瓷器、漆器为了实用，造船为了运粮与国威，医药植物乃基于医疗等，并非源于对科技的体认与兴趣；充其量，科技成为达到目的之工具而已。如凤阳“百族错居，动十万数，然而物大而盛，不假器一之，无以严昏旦之禁，乃诏江阴侯吴良监铸大钟，以定众志，以俾治化”。[31] 目的达到后，科技就不再受到重视与鼓励，就难有进展。

永乐以后，除造船、瓷器、漆器等尚具成就外，其余实无可观，直到万历以后，才有新的突破。

以历法而言，魏文魁“主持中法以难西学，然其造诣较唐宋术家，固已远逊，反复辩论，徒欲以意气相胜，亦多见其不知量矣！至谓岁实之数，不假思索，皆从天得，可以千载合天，自欺乎！欺人乎！其悠谬诞妄，真不足与较也”。[32] 按魏文魁已是崇祯时代的人，尚复如此，较早的历法家之水准，更可想而知。至于明代历法的改进，还是接纳西学以后的事。

以数学而言，阮元说：“夫元时学士著书，台官治历，莫非此物（借根方法），不知何故遂失其传，犹幸远人慕化，复得故物，东来之名，彼尚不能忘所自，而明人视为赘疣，而欲弃之。噫！好学深思如唐、顾二公，犹不能知其意，而浅见寡闻者，又何足道哉！何足道哉！”[33] 著有《算法统宗》的程大位也是“算学未能深造，故其为术类多舛错，然杂采诸家，往往有宋元以来相传旧法，如仙人换影之等，非所能造也”。[34]

因此，徐光启才会感叹：“算数之学特废于近数百年间尔”。[35] 总之，整数四则、分数原理、应用三角原理的解题、级数、开平方……

31. 宋濂，《凤阳府新铸大钟颂》，《皇明经世文编》（台北，台联国风，1968 年），册三，卷一，页 10。
32. 阮元，《畴人传》（台北，商务，1965 年），册四，卷三一，页 384。
33. 同上，册五，卷三九，页 486。
34. 同上，册四，卷三一，页 385。
35. 徐光启，《刻同文算指序》，载徐宗泽编，《明清间耶稣会士译著提要》（台北，中华，1958 年），页 265。

这一切在历史上原来都有的，明初的学者却全忘了[36]。

朝廷最注重的历法与自然科学基础的数学，都已如此褪色，其他科技的衰落情形，概可想见。

36. 裴化行,《利玛窦和中国的科学》,《利玛窦研究论集》(台北，崇文，1971年)，页185。

为说明明初科技的没落及其延续，特将阮元《畴人传》卷二十九至三十五所载明代人物列表如下：

	明代初年	明代中叶	明代晚期合	合计
人数	6	14	19	39
页数	4	16	53	79
卷数	0.5	1	3.5	5

可见明初的科技人才仅占《畴人传》总数的七分之一强，篇幅只有二十分之一强，卷数仅得十分之一，其没落情形可想而知。再以谢国桢编辑的《明代社会经济史料选编》一书为例，第四章《科技发明》以56页之多，列举36条，属于穆宗隆庆以前仅居其九，其余均集中神宗万历以后，相去异常悬殊。

明季科技的再兴

综上所述，明代中叶以前的科技，似乎已走到“山穷水尽疑无路”的地步；但神宗以后，却有“柳暗花明又一村”的转机，造成晚明科技的重光再兴，使得科学思想、科学方法及科学成就足与同时代的欧洲比肩抗衡。

• 晚明的科学精神

近代文化深受科学技术的影响，但科学技术的产生，背后必有其精神基础，如采取狭义的解释，此精神就是科学精神。换言之，数百年来科学技术之能一日千里，创造发明之能日新月异，科学精神的蕴育激发功不可没。

1. 怀疑精神

从事科学活动应尽量避免轻信、盲从与相信权威，然其先决条件，要有普遍的怀疑精神。

明末极富怀疑精神。徐光启研究的态度相当严肃，自己不能解决的问题，便暂时存疑，“不敢傅会，姑志之以俟再考”。[37] 曾说：“荒浅之识，岂敢求胜前人，但欲求所以然之故。求其故而不得，虽先儒所因仍，名流所论述，援引辨证，如云如雨，必不敢轻信所疑，妄书一字”。[38] 且“时与杨京兆廷筠，李太仆之藻……质疑问难”。[39] 甚至对某些著称的农书，如贾思勰的《齐民要术》所提出的说法，表示怀疑或否定[40]。

方以智则说：“吾与方伎游，即欲通其艺也；欲物，物知其名也。物理无可疑者，吾疑之，而必欲深求其故也”。又说：“副墨洛诵，推至疑始，始作此者，自有其故，不可不知，不可不疑也”。可见他的学问全由“疑”入[41]。因此他更简洁地提出：“天地间一疑海也”。“善疑者，不疑人之所疑，而疑人之所不疑”。其怀疑精神之旺盛概可想见[42]。

刘宗周论学亦重怀疑，他说：“予一生读书，不无种种疑团，至此终不释然，不觉信手拈出，大抵于儒先注疏，无不一一抵牾者，诚自知获戾斯文，亦姑存此疑团，以俟后之君子”。[43] 黄宗羲承其精神并发扬光大，认为：“小疑则小悟，大疑则大悟，不疑则不悟。……彼泛然而轻信之者，非能信也，乃是不能疑也”。[44]

---

37. 梁家勉，《农政全书撰述过程及若干有关问题的探讨》，《徐光启纪念论文集》（1963年），页91。

38. 万国鼎，《徐光启的学术路线和对农业的贡献》，《徐光启纪念论文集》，页16。

39. 方豪，《徐光启、李之藻、杨廷筠》，《方豪六十自定稿补编》（台北，学生，1969年），页2563。

40. 梁家勉，《农政全书撰述过程及若干有关问题的探讨》，页89－90。

41. 梁启超，《中国近三百年学术史》（台北，中华，1958年），页150。

42. 张永堂，《方以智研究初编》（台大历史研究所硕士论文，1973年），页1之53。

43. 黄宗羲，《南雷文定后集》（台北，世界，1964年），卷三，页40。

44. 黄宗羲，《答董吴仲论学书》，《清儒学案》（台北，世界，1966年），卷二，页6。

王船山也是个怀疑论者，一面强烈反对陆象山、王阳明以来的唯心传统，一面排斥中国思想中各种不同形式的迷信。在古代学者中，唯一受他称赞的是极端怀疑论者王充。因此，他怀疑所有不能观察或作有效讨论的宇宙生成之推测[45]。而顾炎武则好学不倦，“有一疑义，反复参考，必归于至当”。[46]

2. 客观精神

明代晚年是理学的反动时期。陆王学派末流，讲得太玄妙了，随声附和的人也太放纵，当然要引起一般人的厌倦和攻击。反动的结果，便由主观的冥想趋向客观的考察[47]。

徐光启强调科学必须“其中有理、有义、有法、有数。理不明不能立法，义不辨不能著数，明理辨义，推究颇难，法立数着，遵循甚易”。[48]“有理、有义、有法、有数”就是具体的客观精神。

宋应星在《天工开物》的序文中说：“天覆地载，物数号万，而事亦因之曲成而不遗，岂人力也哉？”这充分指明自然界是靠自身的运动变化（天工）形成，为不依赖于人的客观存在[49]。

方以智认为“一切物皆气所为也，空皆气所实也。物有则，空亦有则，以费知隐，丝毫不爽，其则也，理之可征也”。此“气”与“则”即客观的存在。王船山誉之曰：“密翁（方以智）与其公子为质测之学，诚学思兼致之实功，盖格物者，即物以穷理，惟质测为得之”。[50]“即物以穷理”就是客观精神的表现[51]。

王船山的天或天道，第一，具有理则性，灵明而有条理，是历史上事物变迁发展的法则；第二，具有道德性，天道是公正的，大公无私，赏善罚恶；第三，具有自然性，不息、不遗、无为、不假人为；第四，具有内在性，即器外无道，事外无理；第五，具有必然性，真

---

45. 李约瑟，《中国之科学与文明》，中译本第三册，页260－261。

46. 潘耒，《日知录原序》，《日知录集释》（台北，商务，1956年），册一，页1。

47. 梁启超，《明清之交中国思想界及其代表人物》，《饮冰室文集》（台北，中华，1960年），册十四，页30。

48. 阮元，《畴人传》，册四，卷三二，页394。

49. 宋应星著，钟广言注释，《天工开物》（1978年），页1。

50. 王夫之，《搔首问》，《船山遗书全集》（台北，自由，1972年），册十七，页9910－9911。

51. 余英时，《清代思想史的一个新解释》，《历史与思想》（台北，联经，1976年），页143。

实无妄，强而有力，不可抵抗，人绝不能与天道争胜[52]。亦为客观的宇宙论[53]。此外，他也认为一切物都是客观存在的实体，其呈现到我们眼中的都是物的现象[54]。可见其思想乃先肯定现实一切存在的真实性，先肯定个体事实的真实性[55]。

黄宗羲《明儒学案》一书，着重各家学术的特性，不像孙奇逢、周海门的《理学宗传》、《圣学宗传》，意在归宗于一统，这是客观的学术史态度[56]。顾炎武的最大特色，在反对向内的主观学问，而提倡向外的客观学问[57]。

3. 批判精神

十六七世纪间的思想家富有别开生面的批判精神[58]。如东林党人对现实社会提出批判，顾炎武、朱舜水等人抨击科举制度。

优良品种无法在不同地区普遍传播种植，往往归诸土地不宜的说法。徐光启即强烈地批判土地不宜的言论说："若谓土地所宜，一定不易，此则必无之理。立论若斯，固后世惰窳之吏，游闲之民，偷不事事者之口实耳。古来蔬果，如颇棱（即菠菜）、安石榴、海棠、蒜之属，自外国来者多矣。今姜、荸荠之属，移栽北方，其种特盛，亦向时所谓土地不宜者也。凡地方所无，皆是昔无此种，或有之而偶绝。果若尽力树艺，殆无不可宜者。就令不宜，或是天时未合，人力未至耳，试为之，无事空言抵捍也"。[59]

方以智的学风是批判的，他对古今东西都积极去审核、评论、批判。通过审核、评论、批判，去综合古今，贯通古今[60]。他在书中一系列地批判诸子百家，以至宋明理学家；而且也不为西来的外国学术所局限，如批判泰西之学"详于质测而拙于通几"或"通几未举"[61]。

《本草纲目》总结了历代本草学的宝贵遗产，但在总结以前本草的

52. 贺自昭，《王船山的历史哲学》，《文化与人生》（台北，地平线，1973年），页120。
53. 唐君毅，《中国哲学原论——原教篇》（香港，新亚研究所，1975年），页531。
54. 谭丕模，《清代思想史纲》（上海，开明，1947年），页33。
55. 唐君毅，《中国哲学原论——原教篇》，页517。
56. 同上，页688。
57. 梁启超，《中国近三百年学术史》，页58。
58. 侯外庐，《中国早期启蒙思想史》（1955年），页3。
59. 万国鼎，《徐光启的学术路线和对农业的贡献》，页40－41。
60. 周文英，《中国逻辑思想史稿》（1979年），页209－210。
61. 侯外庐，《中国思想通史》，卷四下册（1960年），页1151。

过程中，先采取了批判的态度。如卷十《特生礜石篇》中，批判有关的谬论说：“别录言礜石久服令人筋挛，特生礜石久服延年，丹书亦云，礜石化为水能伏水银，炼入长生药。此皆方士谬说”。这些由真知灼见出发的批判议论，书中随处可见[62]。

宋应星对各种科学理论与技术都加以分析和记载，对古代的一些传说与迷信，也多根据事实予以辨正和批判，如《乃粒篇》言野火之非鬼；《陶埏篇》言窑变之无异物；《五金篇》说：“砒为锡苗者，亦妄言也”。[63]

4. 实用精神

儒家的外王思想必须落实到“用”上方有意义，因此几乎所有的儒者都有用世的抱负。这种抱负在缺乏外在条件的情况下，只好隐藏不露，此乃孔子所说的“用之则行，舍之则藏”。然而一旦外在情势改变，特别是在政治社会面临深刻危机的时代，“经世致用”的观念就会活跃起来[64]。晚明即为最佳的例证。典型的代表就是陈第，他曾说：“今儒者之言曰，兢业，心体也，学者保此心体而已，事为之末，不足致意。是歧内外而为二，判心事而为两，故往往骛于虚名，而无当于实用，岂圣人之学乎？”[65]吕坤也说：“天下万事万物，皆要求个实用，实用者，与吾身心关损益者也”。[66]顾炎武治学博雅，“有关于朝政民生者，酌古通今，旁推不为空谈，期于致用”。[67]

王夫之发挥实用精神殊为深刻，他说：“天下之用皆有其体者也，吾从其用而知其体之有，岂待疑哉，用有以为功效，体有以为性情，体用胥有而相需以实……故善言道者，由用以得体；不善言道者，妄立一体而消用以从之”。[68]又认为知识为实用的开始，实用为知识的完成[69]。彻底的实用主义者该推颜元，他说：“必有事焉，学之要也。心有事则存，身有事则修，家之齐，国之治，皆有事也。无事则治与道俱废。

62. 燕羽，《十六世纪的伟大科学家李时珍》，《中国科学技术发明与科学技术人物论集》，页321－322。

63. 赖家度，《天工开物及其著者宋应星》，《中国科学技术发明与科学技术人物论集》，页343。

64. 余英时，《历史与思想》，页136。

65. 容肇祖，《明代思想史》，页275。

66. 吕坤，《呻吟语》，卷五，《治道》。

67. 江藩，《汉学师承记》（台北，商务，1970年），页134。

68. 王夫之，《周易外传》，卷二，“大有”条，载《船山遗书全集》，册二，页838－839。

69. 李约瑟，《中国之科学与文明》，中译本第四册，页312。

故正德利用厚生诸事，不见诸事，非德非用非生也”。简言之，离开现实生活的事物，便非学问[70]。

万历年间的唐顺之，“于学无所不窥，大则天文、乐律、地理、兵法，小至弧矢勾股、壬奇禽乙、刺枪拳棍，莫不惊心扣击，以资其经济有用之学”。[71]笃好奇器的王徵说：“学原不问精粗，总期有济于世；人亦不问中西，总期不违于天。兹所录者，确属技艺末务，而实有益于民生日用，国家兴作甚急也”。[72]持相同看法的徐光启也说：“其生平所学，博究天人，而皆主于实用，至于农事尤所用心，盖以为生民率育之源，国家富强之本”。[73]

准此而言，明季科技皆以实用为目的。如《天工开物》中有关食品的生产技术，包括第一、四、五、六、十二、十七等六篇，约占全书的三分之一；其次，织物包括第二、三两篇，约为全书的七分之一，两者合计，几是全书的一半，可见以直接关系民生实用者为重。其他则包括金属冶铸、舟船大炮、器物制品、生产工具、战事装备、商业运输等，也充分反映社会需求的效用。因此，将《天工开物》视作一本极实用的科技百科全书，最是恰当不过了[74]。

方以智的文字音义考证虽属典章制度与音韵之学，然最终目的在经世致用，其物理研究属于象纬律历、医药物理之学，更具有实用意义，《物理小识》一书分十二卷十五类，数千百条，几乎每条都与日常生活有关，都有实用价值[75]。

朱舜水也反对不切用的技艺，他说：“昔有良工能于棘端沐猴，耳目口鼻宛然，毛发咸具。此天下古今之巧匠也，若使不佞目眩玄黄，忽然得此，则必抵之砂砾矣……何也，工虽巧，无益于世用也”。[76]故主张“为学当有实功，有实用”。[77]

---

70. 谭丕模，《清代思想史纲》，页46。

71. 钱谦益，《列朝诗集小传》（台北，世界，1965），上册，页374。

72. 王徵，《远西奇器图说录最》，《明清间耶稣会士译著提要》，页298。

73. 陈子龙，《农政全书凡例》，《农政全书》（台北，商务，1968年），页4。

74. 蔡仁坚，《科技的百科全书——天工开物》（台北，时报，1981年），页23。

75. 张永堂，《方以智》（台北，商务，1978年），页75。

76. 朱舜水，《舜水遗书》（台北，古亭，1969年），卷九。

77. 同上，卷八。

5.实践精神

明末学风崇尚实践精神。东林学派即重实学与实行[78]。黄道周熏染东林遗风，认为“言如引头，行如走路。圣贤经书，只为吾人开道，著作辎重，不过是跟脚后来。中间躬行，有何言说，切勿为歧谈所引”。[79]朱舜水则说：“为学之道，外修其名者，无益也，必须身体力行，方为有得”。[80]又说：“学问之道，贵在实行，颜子闻一知十，而列德行之首可见矣！”[81]

王夫之的重行之论甚是精到：他说：“且夫知也者，固以行为功者也。行也者，不以知为功者也，行焉可以得知之效也，知焉未可以得行之效也。将为格物穷理之学，抑必勉勉孜孜，而后择之精，语之详，是知必以行为功也。行于君民亲友，喜怒哀乐之间，得而信，失而疑，道乃益明，是行可有知之效也……行可兼知，而知不可兼行……君子之学未离行以为知也，必矣！”[82]孙奇逢则比喻说：“终日钞药方，而不能瘳一疾；终日写路程，而不能行一步，徒知益，空言何补”。[83]

颜元更是极力着重一个“习”字，名其居曰“习斋”，学者因称“习斋先生”。他所谓“习”，就是凡学一件事都要用实地练习工夫，足称“实践主义”[84]他说：“如天文、地志、律历、兵机等类，须日夜讲习之力，多年历验之功，非比理会文字之可坐而获也”。[85]

徐光启一生，可说在实行践履中度过的。当其为诸生时，由于家境贫困，靠农圃维生，躬执耒耜，亲自耕作。赴京任官后，丁父忧回乡，亦加入实际农作之列。此外，先后四次告休，在天津“营田事”，后虽家居养病，年力较衰，但仍以“靡膂力”，不能亲自“栽花莳药”为憾，这种实践精神，令人感佩不已[86]。

薄珏的实践精神殊足惊异，曾造铜炮、水车、水铳、地弩、算筹负

78. 钱穆，《中国近三百年学术史》(台北，商务，1968年)，上册，页17。

79. 容肇祖，《明代思想史》，页318。

80. 安居觉，《朱舜水先生文集后序》，《舜水遗书》，“附录”。

81. 朱舜水，《舜水遗书》，卷十四。

82. 王夫之，《尚书引义》，卷三，载《船山遗书全集》，册三，页1413－1414。

83. 谢国桢，《孙夏峰李二曲学谱》(台北，商务，1965年)，页61。

84. 梁启超，《中国近三百年学术史》，页106。

85. 同上。

86. 梁家勉，《农政全书撰述过程及若干有关问题的探讨》，页88－89。

担等器。凡百工技艺，皆身亲其事，所居室器具毕备，忽煅炼，忽碾刻，忽操觚作文字。或相劳苦，答曰："吾所欲造器以意示工，工无解者，故不得不穷为之耳"。[87]

《天工开物》一书是宋应星亲身经历体验的杰作，故其科学成就明显地证明，实践是自然科学理论发展的源泉。这足以表示离开了改造自然的实践，就谈不上对自然规律的认识与了解[88]。

6. 创造发明精神

陈第于经书不愿存有先入的见解，他说："余少受尚书家庭，读经不读传注，家大人责之曰：'传注通经门户也，不由门户，安入堂室。'余时俯首对曰：'窃闻经者，径也，门户堂室自具。儿不肖，欲思而得之，不敢以先入之见锢灵府耳。'"故解释经书，每多创见[89]。

晚明大儒以顾炎武最有创意，他说："愚自少读书，有所得辄记之。其有不合，时复改定，或古人先有而有者，则削之"。[90]又说："必古人所未及，就后世之所不可无，而后为之"。[91]所以他反对因袭、摹仿、依傍，曾说："君诗之病在于有杜，君文之病在于有韩欧，有此蹊径于胸中，便终身不脱依傍二字，断不能登峰造极"。[92]又说："有明一代之人，其所著书，无非窃盗而已"。[93]"近代文章之弊，全在摹仿，即使逼肖古人，已非极诣，况遗其神理而得其皮毛者乎？"[94]

方以智在科学上的创获，是有目共睹的，同时也是近代最早研究中国文字学的人。他专从发音上研究，把历代话语的变迁和各地方言的变迁，都研究出许多原则；并主张仿欧洲的并音文字，造出一种新字母来替代汉字：刘献廷也和他抱相同的见解，造出新字母，所以两位都是创造新字母的人[95]，就当时而言，实是石破天惊之创举。

徐光启在科学上的发明与发现，相当繁富精彩，刘献廷赞誉他：

---

87. 谢国桢，《明代社会经济史料选编》（1980年），中册，页28。
88. 宋应星著，钟广言注释，《天工开物》，页4。
89. 容肇祖，《明代思想史》，页278。
90. 潘耒，《日知录目次》，《日知录集释》（台北，世界，1981年），页1。
91. 顾炎武，《原抄本日知录》，卷二十一，页548，"著书之难"条。
92. 顾炎武，《与人书十七》，《亭林诗文集》（台北，中华，四部备要本），卷四，页18—19。
93. 顾炎武，《原抄本日知录》，卷二十，页542，"窃书"条。
94. 同上，卷二十一，页554，"文人摹仿之病"条。
95. 梁启超，《明清之交中国思想界及其代表人物》，《饮冰室文集》，册十四，页35。

“玄扈天人，其所著述，皆回绝千古”。“人间或一引先生（按，指《农政全书》）独得之言，则令人拍案叫绝”。[96]《农政全书》尚沿引前代著述，但宋应星的《天工开物》则没有袭用任何书籍，他不愿停留在纸上作业，而肯接触实物，发现许多现象，这样独立的创造精神，真是弥足珍贵[97]。方以智和李时珍等的成就，又何尝不是此种精神的高度表现。

王徵在未遇西学前，即对奇器的创造发明，心得殊多。自言：“余不敏，窃尝仰窥制器尚象之旨，而深有所昧乎璇玑玉衡之作，……间尝不揣固陋，妄制虹吸、鹤饮、轮壶、代耕及自转磨、自行车诸器，见之者亦颇称奇”。[98]而稍后的黄履庄，成就犹有过之，张荫麟赞道：“能诵其书，明其理，精其制者甚寡。能是，而复自创新制，足以上追马、祖者，惟清初黄履庄一人”。[99]

- 晚明的科学方法

“工欲善其事，必先利其器”。要认识与了解宇宙的万事万物，必须选择一条正确而便捷的途径，也就是要讲究方法[100]。换言之，我们的观念与思想活动能否成为科学，与是否运用科学方法有极密切的关系。

明末学术界受到耶稣会士影响之处，不在某种学问，而在治学精神，即以科学方法研究学问[101]。以徐光启为例，他所上的奏疏，拟定屯田、水利、漕运、练兵、制炮、修历各种计划，都使用科学方法。平时处理事务、写作文章，也常有科学头脑[102]。这个科学方法有四个步骤：（一）广泛地搜集基本资料，使其精确；（二）综合分析所收集的材料，合理地定出自然规律；（三）从定出的自然规律，追踪过去的趋

96. 梁家勉，《农政全书撰述过程及若干有关问题的探讨》，页94。

97. 赖家度，《天工开物及其著者宋应星》，页341。

98. 王徵，《远西奇器图说录最》，《明清间耶稣会士译著提要》，页296－297。

99. 蔡仁坚，《古代中国的科学家》（台北，景象，1976年），页171。

100. 洪镰德，《方法论的应用》，《思想及方法》（台北，牧童，1977年），页289。

101. 徐宗泽，《明清间耶稣会士译著提要》“绪言”，卷一，页7。

102. 罗光，《徐光启传》（台北，传记文学，1969年），“自序”，页2。

势，预告将来的变化；(四)从所推得的未来趋势，作为改造或防御的方针[103]。

方以智主张真确的科学方法要合乎四个原则：第一是即事显理，从事实出发；第二是通达其故，此“故”指的是事物的实然或事物的原因；第三是从事物的所以然而求得的所谓“义”，来辨审名物；第四是探究其所自来，寓通几于质测之中。只要根据上述方法，就可认识一切自然与社会的事物[104]。方以智以外，其他宗师大儒的成就，也都归功于方法论的运用。

103. 竺可桢，《徐光启纪念论文集》“序言”，页3。

104. 侯外庐，《中国思想通史》，卷四下册，页1135。

105. 周文英，《中国逻辑思想史稿》，页208。

106. 方以智，《物理小识》(台北，商务，1968年)，上册，卷一，页4。

107. 同上，页115。

108. 燕羽，《十六世纪的伟大科学家李时珍》，页235。

1. 观察法

方以智特别重视实际观察，曾作一首小诗来表白。诗曰：“宇观人间宙观世，山谷狼籍三藏秘；是谁点燧照一际，不攀断贯索凡例”。第一句是说要观察宇宙、自然和人间。第二句是说书籍并不能为人们解决问题。第三句是说各人应当自己点起火把去观照事物。第四句是说不要按照旧传统来订立治学的凡例[105]。《物理小识》的科学理论，很多都是方以智的观察所得。以论光的折射来说：“置钱于碗，远立者视之不见，注水溢碗，钱浮于水面矣！此犹日未出而水光浮，日初出而不热之理也”。[106] 谈到“独脚莲”，他说：“东壁以为鬼白，其根一年一白。愚所见茎端盖叶如荷，四周或五瓣或八叶，边有小刺，一名羞天草，与海芋同名，而实非海芋”。[107]

李时珍经常在其住地蕲州及他处，缜密地观察各种药物的生态，作为取舍的准则。如曾列举各家对“蠮螉”的说法，最后经实地观察，下结论说：“蠮螉之说各异，今通考其说，并视验其卵，及蜂之双双往来，必是雌雄。当以陶氏、寇氏之说为正，李氏、苏氏之说为误”。这个观察研究法的高度科学性，正是其所以能够有所创发的基础[108]。

宋应星对植物的生长过程与生态环境都作精细的观察。《乃粒篇》说：“凡稻，土脉焦枯，则穗实萧索。勤农粪田，多方以助之。人畜秽遗、榨油枯饼、草皮、木叶以佐生机，普天之所同也”。[109] 又说：“江南麦花夜发，江北麦花昼发”。[110] 像这种观察后的结论，所在多有。

治天文历法最须观测。王锡阐“每夜辄登屋，卧鸱尾间，仰观景象，竟夕不寝”。[111] 徐光启则主张采用望远镜观测，月蚀是从镜中直接观测，日蚀则把镜放在一间隙的密室中，通过望远镜用投射法观测[112]。

徐光启对于自然现象，亦作深刻的观察。他说：“北人种菜，大都用干粪壅之，故根大；南人用水粪，十不当一。又新传得芜菁种，不肯加意粪壅，二三年后，又不知选种，其根安得不小”。[113]

观察法固然有助于自然科学的研究，也适用于对社会现况的了解。顾炎武说：“江南之士，轻薄奢淫，梁陈诸帝之遗风也。河北之人，斗狠劫杀，安史诸凶之余化也”。[114] 并以“饱食终日，无所用心，难矣哉”形容当时北方学者；用“群居终日，言不及义，好行小惠，难矣哉”描绘南方学者[115]。真是一针见血。

2. 实验法

实验方法的提倡，耶稣会功不可没，如邓玉函（P. Joannes Terrenz）“尝中国草根，测知叶形花色、茎实香味，将遍尝而露取之，以验成书，未成也”。[116]

与耶稣会来往最密的徐光启在上海、天津、北京等地都设有他个人的实验农场，对于选种、施肥、嫁接以及南种北移，北种南移，都做过科学实验，并加以记录[117]。当他发现书上所述与现实有异时，最好的对策只有试验。例如“苎性畏寒”是事实，但从《诗经》知悉“又北方自古有之”，他就“宜试种为得”。此外，对于一些为人忽略的东西，

109. 宋应星著，钟广言注释，《天工开物》，卷一，页16－17。

110. 同上，页33－34。

111. 谢国桢，《明代社会经济史料选编》，中册，页9。

112. 薄树人，《徐光启的天文工作》，《徐光启纪念论文集》，页135。

113. 万国鼎，《徐光启的学术路线和对农业的贡献》，页43。

114. 顾炎武，《原抄本日知录》，卷十七，页403，“南北风化之失”条。

115. 同上，“南北学者之疾”条。

116. 刘侗、于奕正，《帝京景物略》（台北，广文，1969年），中册，卷五，页33，“利玛窦坟”条。

117. 方豪，《中国天主教史人物传》（香港，公教真理学会，1967年），第一册，页108。

像野菜等，他都亲自试验其性味、形态、生态，以至应用的方法，可以想见他是多么重视实验研究的工夫了[118]。

方以智将自然科学的探讨称之为“质测之学”，此“质测之学”即实验[119]。他为了说明“光肥影瘦”之论，于“屋漏小罅，日影如盘，尝以纸征之，刺一孔，使日穿照一石适如其分也，手渐移而高，光渐大于石矣。刺四五穴，就地照之，四五各为光影也，手渐移而高，光合为一，而四五穴之影，不可复得矣，光常肥而影瘦也”。[120]又曾听说“埋锡，则白蚁食之，《博物志》积草三年后，烧之津液下流成铅锡”。试之验[121]。相似的实验，还有很多。

医药治疗关乎人命，稍一不慎，则有丧命之虞。因此，需要可靠的实验过程。李时珍就亲身尝试药材，以知药性，作为治病的根据。曾因陶弘景说鲮鲤（即穿山甲）能陆能水，白天到岸上，张鳞诱蚁，然后闭而入水，开甲蜉蚁食之。他为了证明这个事实，亲自试验并用刀解剖一只鲮鲤[122]。

宋应星重视实验的程度，无殊前述数人，他说：“狼粪烟昼黑夜红，迎风直上与江豚灰能逆风而炽，皆须试见而后详之”。[123]又说：“凡种绿豆及大豆田地，耒耜欲浅，不宜深入。盖豆直根短而苗直，耕土即深，土壤曲压，则不生者半矣，深耕二字，不可施之菽类，此先农之所未发者”。[124]很明显的，这个创见就是实验后的成果。

实验法的应用尚可推及人文社会层面。颜元在守丧尽哀时，寝苫枕块三个月，日夜不脱衰绖。其间特地试验朱子的家礼，深深感觉宋儒有些地方不近人情[125]。他对教育有一套构想，想以漳南书院来实验其教育理想，可惜因水灾惨重而作罢。故梁任公说：“凡属于虚言的学问，他无一件不反对；属于实验的学问，他无一件不赞成”。[126]

118. 梁家勉，《农政全书撰述过程及若干有关问题的探讨》，页90。
119. 嵇文甫，《王船山的学术渊源》，《王船山学术论丛》（香港，崇文，1973年），页45。
120. 方以智，《物理小识》，上册，卷一，页25。
121. 同上，下册，卷七，页168。
122. 燕羽，《十六世纪的伟大科学家李时珍》，页322。
123. 宋应星著，钟广言注释，《天工开物》，卷十五，页396。
124. 同上，卷一，页48。
125. 胡适，《几个反理学的思想家》，《胡适文存》（台北，远东，1953年），第三集，卷一，页62。
126. 梁启超，《中国近三百年学术史》，页123。

3. 归纳法

陈第于1606年刊行《毛诗古音考》，可以说是采用归纳法建立语音学的开创者。他用两个方法，一是“本证”（内证），二是“旁证”（外证），把许多义例汇集起来，以证明一个字在过去如何发音。显示中国文字学者在17世纪初期，已经系统地应用“归纳法”，而其所使用的术语，也就是现在西方所用的术语[127]。

归纳法到了顾炎武已树立规模，蔚成风尚。例如唐玄宗将《尚书·洪范》：“无偏无颇，遵王之义”的“颇”改“陂”，以与“义”字相协韵。顾炎武说他：“盖不知古人之读‘义’为‘我’，而‘颇’未尝误也”。并比较《易·象传》、《礼记·表记》、《尚书·洪范》等各书，而推得“义之读为我”的结论，这便是归纳方法[128]。他探求历代风俗之转变，即先考究周末、秦、两汉、魏晋、宋代各朝风俗之转变与转变情形，撰成“周末风俗”、“秦纪会稽山刻石”、“两汉风俗”、“正始”、“宋世风俗”各条，各条之末皆作一小结，而于“宋世风俗”条作一总结论：“天下无不可变之风俗也”。[129]

王夫之主张不能由部分的现象而达到本质的认识，而是要从全体的分析中求得归纳[130]。其论史亦常善用归纳法。绝不凭自己主观的意念，而是由同类的史事归纳中得到结论[131]。

徐光启在《农政全书》中论及蝗灾时间与蝗生地点。他应用统计方法，整理历史事实，指出蝗虫多发生在湖水涨落幅度很大的涸泽，蝗灾多在每年农历的三、六、七月，使治蝗工作易于着手。最后总结治蝗经验，指出事前掘取蝗卵的重要：“但见土脉坟起，即便报官，集众扑灭”。处处均合归纳法的原则[132]。

方以智通过不断的怀疑、批判、观察与实验，得到正确的科学知

127. 李约瑟，《中国之科学与文明》，中译本第一册，页275。

128. 胡适，《载东原的哲学》（台北，商务，1968年），页15。

129. 黄秀政，《顾炎武与清初经世学风》（台北，商务，1978年），页119。

130. 谭丕模，《清代思想史纲》，页33。

131. 罗光，《牧庐文集——台北七年——哲学篇》（台北，先知，1972年），页161－162。

132. 燕羽，《徐光启和农政全书》，《明清史论丛》（1957年），页273。

识，再归纳出一些道理，如应月而生之道理、养花道理、草木道理、金石道理、鸟兽道理等，又再根据这些道理归纳出物理总论[133]。兹以金石道理为例，他说："金得伯劳血而昏，铁得鹏鹈而莹，银得雉粪而枯，石得鹊髓而化，古云濯锦以鱼，濯金以盐，大抵剥落金银宜用石盐。石者言块也，云母至不畏火，而盐汤能煮云母为粉，消石能消亦得咸味，可信咸能软坚"。[134]

4. 计量法

十六七世纪的欧洲之能产生"科学革命"，得力于若干方法上的突破，最显著的是强调数量的衡量，作为达到结论的基础。即以量的数值，指出质的意义。开普勒（Kepler）证实哥白尼学说的正确，并修正其错误，如天体运行的方式是椭圆的而非正圆的，就完全根据这种新的方法[135]。

这个方法常为耶稣会士所推广应用。邓玉函说："盖凡器用之微，须先有度有数，因度而生测量，因数而生计算，因测量计算而有比例，因比例而后可以穷物之理，理得而后法可立也。不数测量计算，则必不得比例，则此器图说必不能通晓"。[136]利玛窦在绘制地图时，实地测量经纬度数值，使地图上各处地位与各地相互关系，一目了然，对当时学者而言，是一项重大的贡献[137]。这种方法或许会影响晚明量化的普遍应用。

顾炎武以苏州一府的垦田96,500余顷，居天下849万余顷中，约为88∶1之比；但缴2,809,000千石税粮，于天下2,940余万石岁额中，约为10∶1之比，两相计算比例的结果，证明苏州一府田赋科征之重与民力之竭[138]。

宋应星对事物变化的数量的含义，一向极其重视。他在研究驾驶船舶时就说："凡风篷尺寸，其则一视全舟横身，过则有患，不及则力软"。又指出："凡舵尺寸，与船腹切齐。若长一寸，则遇浅之时，船

133. 张永堂，《方以智研究初编》，页3之26－27。

134. 方以智，《物理小识》，下册，卷七，页169。

135. 余英时，《历史与思想》，页346。

136. 王徵，《远西奇器图说录最》，《明清间耶稣会士译著提要》，页298。

137. 陈观胜，《利玛窦对中国地理学之贡献及其影响》，《利玛窦研究论集》，页138－139。

138. 顾炎武，《原抄本日知录》，卷十四，页300，"苏松二府田赋之重"条。

腹已过，其梢尼舵使胶住；设风狂力劲，则寸木为难不可言；舵短一寸，则运转力怯，回头不捷”。这些都可以证明他是非常重视自然现象变化中的数量关系，含有近代科学要求探索自然现象变化之间函数关系的意味[139]。

徐光启为强调历法皆从“粗入精，先迷后得”。也用严密的科学统计。自汉至隋，史籍记载日食共293次，其中食于晦日者77次，晦前一日者三次，初二日者三次，这说明合朔的推算很差。唐至五代共记食110次，食于晦日的一次，初二的一次，初三的一次，比以前进步多了。宋代共记148次，无晦日日食，这更是密合了。元代共有45次，亦无晦食，总括看来，误差是愈来愈小[140]。

明初创置宗禄，王禄万石，八降为奉国中尉，犹二百石，到万历年间，连年灾荒，边饷无着，宗禄实难维持。徐氏以奉禄的数量，从过去推算到未来，指出其必不可免的降低趋势。此外，居然能用数字统计，得出每三十年宗禄人口增加一倍的“生人之大率”[141]。

至于方以智、李时珍等人的计量观念也是可以肯定的。

5. 考据法

明末考证学是相应于儒学发展内在的要求而起的，因为朱陆的义理之争在明代仍然继续发展。这种思想理论的冲突，最后不免要牵涉到经典文献，需“取证于经书”。换句话说，无论是主张“心即理”的陆王或“性即理”的程朱，都不承认自己是主观的看法，而强调自己才真正合乎孔孟思想与圣贤本意。所以到最后一定要回到儒家经典中找立论根据，考据学便由此发展[142]。

明代考证之学由杨慎开其端，至陈第已卓然有成，他曾说：“于是稍为考据，列本证、旁证两条。本证者，诗自相证也；旁证者，采之他书也”。胡应麟也以考据见长，《四库全书总目提要》说他“独研索

---

139. 何兆武，《论宋应星的思想》，《中国史研究》，第三期（1977年），页157。

140. 薄树人，《徐光启的天文工作》，页136。

141. 嵇文甫，《晚明思想史论》（重庆，商务，民国三十三年），页110。

142. 余英时，《历史与思想》，页133—134。

旧文，参校疑义，以成是编；虽利钝互陈，而可资考证者亦不少”。[143]

王夫之注解《易经》、《诗经》、《书经》和《四书》，很注重考据，开清朝考据学的先声，对考据的原则和方法，见解独多。历史学方面，同样亦重考据，在《读通鉴论》和《宋论》中，凡是不足为据的史事，常加纠正，据理查考[144]。

集考证学之大成者，顾炎武实当之无愧。纪晓岚说：“炎武学有本原，博赡而能贯通，每一事必详其始末，参以证佐，而后笔之于书。故引据浩繁，而抵牾者少”。[145] 潘耒也说：“有一独见，援古证今，必畅其说而后止”。[146] 例如作《诗本音》，于“服”字下举出本证17条，旁证15条。又作《唐韵正》，于“服”字下共举出162个证据。这种方法自古未有，给中国学术史开了一个崭新的纪元[147]。

确定考据学之价值者，应归功于方以智。他说：“考究之门虽卑，非性命可自悟，常理可守经而已。必博学积久，待征乃决”。其所著《通雅》五十二卷，考证名称、象数、训诂音声，极为精博，迥出明代一般考据家之上。他曾自白：“以至于颓墙败壁之上，有一字焉吾未之经见，则必详其音义，考其原本，既悉矣，而后释于吾心”。[148]

6. 调查访问法

徐光启对于农业问题，喜欢调查访问，以探求新知。他曾自述：“少也游学，经行万里，随时谘询，颇有本末”。[149] 陈子龙说他：“躬执耒耜之器，亲尝草木之味，随时采集，兼之访问，缀而成书”。[150] 他的儿子徐骥也说：“广谘博讯，遇一人辄问，至一地辄问，问则随闻随笔”。其友人茅元仪描述他“布衣徒步”，跟人谈论问题，往往“讲究精密，承问冲虚”。可见他是多么重视调查访问的工夫[151]。

李时珍同样注重调查访问，他从北京到湖北蕲州的遥远旅程中，

---

143. 纪昀，《四库全书总目提要》，册八，卷一二三，页2467。

144. 罗光，《牧庐文集——台北七年——哲学篇》，页160－161。

145. 纪昀，《四库全书编目提要》，册八，卷一一九，页2386。

146. 潘耒，《日知录原序》，《日知录集释》，页1。

147. 胡适，《载东原哲学》，页17。

148. 嵇文甫，《王船山学术论丛》，页44。

149. 徐光启，《农政全书》，册七，卷三八，页36。

150. 陈子龙，《农政全书凡例》，《农政全书》，页4。

151. 梁家勉，《农政全书撰述过程及若干有关问题的探讨》，页87。

广泛地与车夫、农人等下层民众交谈，如“见北上车夫每截之，云暮归煎汤饮可补损伤，则益气续筋之说大可征矣”。借此获得许多宝贵的民间用药知识[152]。

著名的旅行家徐霞客，经常深入崇山峻岭，做广泛的实地调查。每穿过一个山岭地区，都细心研究流域系统、岩石、地形、气候、植物，及其与纬度、高度之间的相互关系[153]。如经实地调查，正确地指出金沙江才是长江的上游，纠正了一千多年来以岷江为长江上游的传统说法。在福建考察时发现，两条河流的发源地高度大约相等，但是入海的距离却相差很远，那么这两条河流的河床坡度就有明显的差异，流程短的，流速快。这些见解都是符合科学的[154]。

他在旅行期间也常常访问当地土人，所以从他的游记中可以得知很多小地名村民的姓氏及花卉的土名。同时，对于水道来源和去向，亦随时询问土人，并常跟各处所遇文人谈论[155]。如他曾问一跛者有关水源的问题，跛者说：“潞江在此地西三百余里，为云州西界，南由耿马而去，为渣里江，不东曲而合澜沧也；澜沧江在此地东百五十里，为云州东界，南由威远州而去，为挝龙江，不东曲而合元江也”。于是始知挝龙之名，并知东合之说为妄[156]。

顾炎武虽学究天人，但并非专读古书，徒向书籍中讨生活，他极注意当时的记录，又最重实地调查访问[157]。全祖望说：“先生之游，以二马二骡载书自随，所至厄塞，呼老兵退卒，询其曲折，或与平日所闻不合，则即坊肆中发书而对勘之”。[158]

• 晚明的科技成就

综前所述，明季的科学思想与科学方法很合乎近代科学发展的趋

152. 蔡仁坚，《古代中国的科学家》，页29。

153. 谢觉民，《中国近代地理学开山泰斗徐霞客》，《中国科学史论丛》（台北，中华文化出版事业委员会，1958年），册二，页348－349。

154. 郑锡煌，《中国古代的旅行考察》，《中国古代科技成就》，页278。

155. 方豪，《中国伟大旅行家徐霞客》，《方豪六十自定稿补编》，页2896。

156. 徐霞客，《徐霞客游记》（台北，鼎文，1974年），卷十九，页772。

157. 梁启超，《中国近三百年学术史》，页60。

158. 全祖望，《亭林先生神道表》，《鲒埼亭集》（台北，商务，1968年），册二，卷十二，页146。

势。根据这种思想与方法，乃有杰出的科技成就。

1. 历法

《明史·历志》曰："明之大统历实即元之授时历，承用二百七十余年，未曾改宪。成化以后，交食往往不验，议改历法者纷纷，如俞正已、冷守中，不知妄作者无已，而华湘、周廉、李之藻、邢云路之伦，颇有所见。郑世子载堉撰《律历通融》，进圣寿万年历，其说本之南京都御史何塘，深得授时之意，而能匡所不逮"。[159]可见明大统历疏误之处很多。

这种现象予教士大显身手的机会，当着皇帝与朝臣前，观测证验日月食及其他天象。先是徐光启曾请国内知名的天算家到北京聚会，并令他们预期即将发生的日食、月食和天象，均告失败[160]。反之，用汤若望进呈的望远镜观测，结果与传教士的预估相符合[161]。

于是改历之议复起，徐光启受命督修历法。这个改历工作以西法为基础，因为：（一）西法在当时确实比旧法推算准确；（二）西法的球面天文学公式和一些测量推算的方法、公式具有较严正的数学基础；（三）阐述大统历原理的书籍极少，鲜有人能透彻了解旧法的全部优劣根源[162]。

经过徐光启、李天经等人与传教士的通力合作，崇祯年间，编了一套影响深巨的历书。内容包括欧洲天文学的理论、计算和测量方法、测量仪器、数学基础知识以及天文表、辅助用表等的介绍、编算。实即编纂一部巨大的欧洲天文学丛书[163]。名为《崇祯历书》，又名《西洋新法全书》，入清后，改称《新法算书》[164]。

这部历书超胜旧法之处有：（一）采用第谷（Tycho）所创立的天体运动体系和几何学的计算系统。这个体系比起中国古代的浑天说等宇宙模型，是一大进步，而比最初利玛窦介绍的理论，在计算结果上

159.《明史》，卷三十一，《历志一》。

160. 杨丙辰译，《汤若望传》，册一，页152。

161. 同上，页156。

162. 薄树人，《徐光启的天文工作》，页116。

163. 同上，页117。

164. 方豪，《中西交通史》（台北，华冈，1966年），册四，页4，11—12。

也要精密;(二)引入球面三角法，消除数学计算本身的误差，并区别冬至点和日行最速点，更精确地计算太阳的运动;(三)引入蒙气差校正，提出晨昏蒙影的新观念，以提高观测精密度;(四)采用以黄道圈为基本大圆的黄道坐标系统，且接纳黄极和黄经圈的观念，完全消除对月和五星观测的误差，(五)采用欧洲通行的度量单位，即周天分为三百六十度，一日分为九十六刻(二十四小时)，并用六十进位制[165]。

2.数学

晚明因江南经济的繁荣，使商用数学获得长足的进展。此时算书大都配合珠算盘的演算方法而写作。程大位的《算法统宗》广为流传，使得珠算能够普及全国，且远播日本[166]。

《算法统宗》的形式与题材，虽无新创的内涵，总算是以《九章算术》作为范本之较高程度的数学书籍[167]。对数学知识的普及和提升，都有不可磨灭的贡献。

晚明数学的另一项成就，就是徐光启、李之藻与耶稣会士合译的《几何原本》、《同文算指》、《测量法义》等书，开16世纪以后，西方历算传入之先河。其中以《几何原本》成就最大，因一次翻译即成定本，文字通俗无大错误，而且名词术语今仍沿用，如点、线、直线、面、平面、曲线、曲面、直线角、直角、垂线、钝角、锐角、界、形、直径、直线形、三边形、四边形、多边形、平行线、对角线、相似、外切等[168]。

此一史实固然象征传统数学的没落，但另一方面却也不无裨益，因为“中国算书以九章分目，皆因事立名，各为一法，学者泥其迹而求之，往往毕生习算，知其然而不知其所以然，遂有苦其繁而视为绝学者，无它，徒眩其法而不知求其理也”。[169]所以，西算的引进正可逐渐矫治此弊，国人在20世纪初能将中算纳入世界数学潮流，与此应有

165. 薄树人,《徐光启的天文工作》，页123－126。

166. 薮内清著，林桂英、简茂祥译,《中国算学史》(台北，联鸣，1981年)，页95－105。

167. 同上。

168. 梅荣照,《徐光启的数学工作》,《徐光启纪念论文集》，页146－148。

169. 王萍,《西方历算学之输入》(中央研究院近代史研究所专刊第十七号，1966年)，页183－184。

相当关系。

徐光启在译毕算书之后，独力完成《测量异同》和《勾股义》两部数学著作。前者将中西的测量方法进行比较，"推求同异，以俟讨论"，对于古代测量方法与西法相异的，则用《几何原本》的定理予以解释。至于《勾股义》不仅是用《几何原本》的定理将我国古代已有的证明方法严密化，而且根据《几何原本》的思想和仿照《几何原本》的方法，创造出一套与我国古代系统完全不同的证明，这在我国数学史上还是第一次[170]。

3.物理

汤若望撰《远镜说》一书，是为西方光学传入中国之始，凡光在水中之屈折，光经过望远镜之屈折，凹镜散光，凸镜聚光，以及凹凸镜相合以放大物像诸现象及其解释，都详细说明[171]。

镜学巨匠薄珏和孙云秋在苏州研究光学，于1630年发明了望远镜。从城内的楼顶或高地上，拿这个望远镜望出城外，十里以外的景物，山、水、塔、树木，宛在眼前。荷兰、德国、英国研究和发明望远镜，约在1620年，然而可以肯定的，薄珏不会知道欧洲的情形，其望远镜不是受西方或耶稣会士的影响，而是独立创造发明的[172]。

王徵与邓玉函合译的《远西奇器图说录最》三卷，讨论许多物理现象。卷一首先阐述"力艺"的内性外德，继以"重解、器解、力解、动解"四端，讨论重、重心、重容、比例及其他问题。卷二述物理基本原理，如天平、等子、杠杆、滑车、轮、螺丝及斜面[173]。

《天工开物》中关于一些事物的物理作用，多经细心分析与描述，如《舟车篇》的"漕舫"条记述舵的运用，及风、帆、船三者的运动规律及其相互关系，可以看出对物理学上的力矩作用和重心转动，以及面积大小和压力的关系等问题，均有明确的理解[174]。

---

170. 梅荣照，《徐光启的数学工作》，页154－157。
171. 张荫麟，《明清之际西学输入中国考略》，《中西文化交流》（台北，正中，1972年），页14。
172. 胡菊人，《李约瑟与中国科学》（台北，时报，1979年），页42－43。
173. 方豪，《中西交通史》，册四，页65－66。
174. 赖家度，《天工开物及其著者宋应星》，页342－343。

在声学理论上，宋应星提出当时最富有创造性的学说。他认为声音是由于空气的存在，“冲气、界气而成声”，“气而后有声，声复返于气”。特别值得注意的是，他以声波和水波进行比较研究，提出“物之冲气也，如其激水然。气与水，同一易动之物。以石投水，水面迎石之地一拳而止，而其文浪以次而开，至纵横寻丈而犹未歇。其荡气也亦犹是焉，特微渺而不得闻耳”。这是我国科学思想史上有关波动方面非常精辟的理论[175]。

朱载堉发明了世界上最早的十二平均律，这是另一个声学成就。他于1584年以公比 $12\sqrt{2}$ 的等比级数的方式，完成了十二平均律，从而彻底地取消三分损益法得出的差数，为今天键盘乐器的制造奠定了理论基础。他的发明比欧洲早五十多年，19世纪末，得到德国物理学家赫尔姆霍茨（Hermann von Helmholtz, 1821 - 1894）等人的高度评价[176]。

4. 火药

火药的发明原始于我国，随着蒙古西征传到欧洲，经其改良，后来居上，明代的火器就是舶来品，万历以后为数甚多。此因晚明时期，内有盗贼流寇的骚扰破坏，外遭满洲的侵犯。长年征战，引起士大夫热望富国强兵，自然对教士带来的神威火炮感到浓厚的兴趣与迫切的需要[177]。

焦勖译著我国第一部西洋火器专书——《火攻挈要》[178]。许多耶稣会士均擅长制造火器。如汤若望在皇宫旁设的铸造炮厂，制成战炮二十门，口径大者，足容重四十磅炮弹。又制长炮，每一门可使士卒二人或骆驼一头负之以行[179]。

影响所及，国人的成就亦甚杰出。万历时，“浙江有戴某有巧思，好与西洋人争胜，尝造一鸟铳，形若琵琶，凡火药铅丸皆贮于铳脊，以机轮开闭。其机有二相衔，如牝牡，扳一机则火药铅丸自落筒中，

175. 何兆武，《论宋应星的思想》，页153。

176. 戴念祖，《中国古代的声学知识》，《中国古代科技成就》，页166。

177. 侯外庐，《中国思想通史》，卷四下册，页1190。

178. 方豪，《中西交通史》，册四，页105－106。

179. 冯承钧译，《入华耶稣会士列传》（台北，中华，1958年），页195。

第二机随之并动，石激火出而铳发矣。计二十八发，火药铅丸乃尽”。[180]

薄珏制造铜炮，发明望远镜，“炮药发三十里，铁丸所过之军糜烂，而发后无声。每置一炮，即设有千里镜，以侦贼之远近，镜筒两端嵌玻璃，望四五十里外如咫尺也”。真是巧夺天工[181]。

180. 谢国桢，《明代社会经济史料选编》，中册，页36。
181. 同上，页28。
182. 吉田光邦，《明代之兵器》，页224。
183. 张子高，《中国古代化学史》，页232－233。
184. 萧一山，《清代通史》（台北，商务，1962年），册一，页676。

《天工开物》述及直击火器者硝石九硫黄一，爆击者硝石七硫黄三，自硝石的含量，可推定前者为发射药，后者为爆炸药。若将直击释为发射而爆击释为爆破，则《天工开物》的记载，更有明显的意义[182]。

茅元仪在《武备志》中附有单枝火箭图，其结构具体表示了以火力发箭的情况。它和以前所用的火箭同名而质异。以前的火箭是把燃着的火球附在箭上射到敌方，其发射动力在弓弩；茅元仪的火箭是把具有镞翎的箭射到敌方，其发射动力在附于箭杆上的火药筒。此外，尚有32枝火箭同时齐发的“一窝蜂”、具有雏形飞弹的“神火飞鸦”和“飞空击贼震天雷炮”、具有雏形两级火箭的“大龙出水”等精巧武器[183]。

至于徐光启，“得西学守御之道，精造火器，捍卫不虞，且更条陈保安制胜之策，屡疏于朝。上欲大用之，小人忌其功，沮抑不用。集有《庖言》等书，存于监局中。后章皇帝得之，读不释手。曰：‘使明朝能尽用其言，则朕何以至此耶？’”[184]

5. 器械

王徵在未见耶稣会士前，即曾冥思苦索，有所创获，“尝仰窥利器尚象之旨，而深有所味乎璇玑玉衡之作”。故“不揣固陋，妄制虹吸、鹤饮、轮壶、代耕及自转磨、自行车等器，见之者亦颇称奇，然于余心殊未甚快也”。逮偶读艾儒略的《职方外记》后，“爽然若失，而私窃向往”。后与龙华民、邓玉函、汤若望三人“朝夕请益，收获良多”。

融会贯通之余，译著有《奇器图说》三卷、《诸器图说》一卷与《额辣济亚牖造诸器图说》手稿。所制造的器物种类更多，品质更加精进。曾自谓："余所制机器，一人可起七千多斤，盖依《奇器图说》中诸制，增减裁酌而为之"。[185]

黄履庄自幼聪颖，尤喜出新意，作诸技巧。"七八岁时，尝背塾师，暗窃匠氏刀锥，凿木人，长寸许，置案上能自行走，手足皆自动，观者异以为神……作双轮小车一辆，长三尺余，约可坐一人，不烦推挽能自行，行住以手挽轴旁曲拐，则复行如初，日足行八十里。作木狗，置门侧，卷卧如常，惟人入户，触机则立吠不止，吠之声与真无二……作水器，以水置器中，水从下上射如线，高五六尺，移时不断。所作之奇俱如此，不能悉载"。据《奇器目略》所记，共发明验器、诸镜、诸画、玩器、水法、造器等奇器六类三十三件[186]。

朱舜水亦精器物制造，"作古升古尺，揣其称胜，作簠簋笾豆登铏之属……。先生依图考古，核其法度，巧思默契，指画精到，授之工师，工师谘受频烦，未能洞达。乃为之指轻重，定尺寸，机关运动，教之弥年，卒得成之"。[187]

徐光启介绍西方取水法，有中国未曾见的螺旋运水机，即龙尾车。此种运水器与我国龙骨车相较，实有特优之点：（一）所需运转之力较少，可以节省人力；（二）不易破败，凡可以安置龙骨车之处，亦可安置龙尾车。此时北方用水灌溉，惟井水之汲取，非龙骨翻车所能为功，于是乃有合辘轳筒车龙骨为一的车制，用驴马运转，名之曰"龙骨木斗"，这是晚明有关农业机械的一项创制[188]。

由于《天工开物》特重技术知识，保存不少机械工程史料。如《乃粒篇》里的播种器等农业机械，《乃服篇》里的缫车、花机等纺织机械，《作咸篇》里的凿井、汲卤等机械，《甘嗜篇》的造糖机械，《佳兵篇》的各种火器等，都深受研究中国机械工程史者的重视[189]。

---

185. 方豪，《中西交通史》，册四，页66－67。

186. 张山来，《虞初新志》（台北，广文，1970年），上册，卷六，页8－10。

187. 郭恒，《朱舜水》（台北，正中，1964年），页48。

188. 李剑农，《宋元明经济史稿》，页33－35。

189. 燕羽，《宋应星和天工开物》，《明清史论丛》，页287。

190. 同上，页286。

191. 张子高，《中国古代化学史》，页188。

192. 同上，页195。

193. 同上，页323。

194. 燕羽，《宋应星和天工开物》，页285。

6. 冶金

《天工开物》的《五金篇》对于铁由铁矿炼成生铁，由生铁炼成熟铁，再从生铁和熟铁合炼成钢的生产程序和操作方法，记述得极为严密、科学。从冶金技术观点来看，具有四个特色：（一）鼓风炉和炒铁炉的联合使用，使铁水直接流入炒成熟铁，减少了再熔化的过程；（二）鼓风炉操作的半连续性，一炉出后，即又鼓风再熔，创造了早期冶铁普遍使用的技术基础；（三）独创特有的一套钢铁生产系统，和今日推行的相同；（四）使用熔剂，在生铁上撒泥灰以作熔剂用，而木棍的疾搅，则可促进氧化的作用[190]。

宋应星记载造针的方法，十分详尽，可以看出当时造针过程，冷拉之外，还包括两种热处理步骤：一是用松木、火矢、豆豉作渗碳剂的表面增碳热处理；一是淬火，反映了明代末年在金属热处理方面的独到成就[191]。

宋应星首先提出黄铜的冶炼是用铜和倭铅（即锌）两种金属直接熔融而取得。并且认为黄铜锻锤性能的高低和它的成分有直接关系。按照冶金原理，作为机器零件用的黄铜，其成分不得低于六成，如含锌量超过40%，则性脆而不便加工，不宜使用[192]。

十六七世纪，欧洲还不知镍铜合金的白铜和炼锌技术，中国已能冶炼白铜及提炼纯度高达98%的金属锌[193]。宋应星已知悉锌于熔冶时不可与空气接触，而须用泥罐，并知其似铅而有挥发性。这种正确认识，实在难能可贵[194]。

至于炼金也是冶炼技术的另一辉煌成绩。“凡足色金参和伪售者，唯银可入，余物无望焉。欲去银存金，则将其金打成薄片，剪碎，每块以土泥裹涂入坩锅中，硼砂熔化，其银即吸入土内，让金流出，以成足色，然后入铅少许，另入坩锅内，勾出土内银，亦毫厘具在也”。这种熔炼掺有银的黄金使成纯净足赤的方法，以及利用银与金的活泼性质不同，加入硼砂和铅于坩锅中，把金银分开，是至今依然有效的冶炼技术[195]。

7. 地理

中国地图学始盛于宋元两代，晚明继其成而臻于极致，名家辈出，实为中国地图学的高峰。同时，明季西洋地图术传入，深深影响此后中国地图的绘制，所以晚明在中国地图学史上，称得上是个承先启后的关键时期[196]。

嘉靖三十三年（1554年），罗念庵经三年采访而有《广舆图》之作，明定分割各省的区域，并将西域、朔漠等订为书册，地名均改成明代行政区划的名称；同时，增补其他塞外地名，图记印度、中亚、安南、朝鲜、新疆、蒙古、东北等地。此图曾多次增订翻刻，后世地图多本于万历年间所制成者。崇祯九年，陈组绶撰《皇明职方地图》，即多取材《广舆图》；并注意到日本情势，加载有关地图多幅，粗具亚洲地图的雏形。

利玛窦的《万国全图》、艾儒略的《职方外记》、南怀仁的《坤舆全图》引进中国后，国人不仅扩展视野，增加地理知识，而且对本国的地域概况和中国在世界地理上的地位与邻邦的关系，有了更深一层的认识[197]。这几幅地图都用新科学方法和仪器实地测量经纬线，徐光启受其影响，在《崇祯历书》中接纳"地球"和地理经纬度的概念，从而引起对周日视差的校正，在日、月食计算和其他计算中，也较旧历法大为进步[198]。

最值得赞扬的是徐霞客。他对流水的侵蚀作用有独到的见解，所说"江流击山，山削成壁"，"两旁石崖，水啮成矶"，"山受啮，半剖为削崖"等，都是流水侵蚀地表的真确写照。他又用三年的时间，对石灰岩地貌、岩石性质和地质构造，加以广泛而详细的考察，对峰林、圆洼地、溶水洞、地下暗流的特征和成因，都作了生动而确实的描述。在探查一百多个岩洞后，详尽记载岩洞的分布情形及其高度、深度和

195. 同上，页285－286。

196. 青山定雄著，林丝译，《明代地图之研究》，《丛书刊刻源流考》（台北，台联国风，1974年），第四辑，页101。

197. 同上，页199－200。

198. 薄树人，《徐光启的天文工作》，页123。

宽度；并以科学态度解释石笋、石钟乳的形成是由于滴水蒸发后的碳酸钙凝聚而成。在时间上，比欧洲对石灰岩地形的研究早了一百多年，比将石灰岩进行分类早了二百年。从广度与深度来说，其成绩在世界地学史上也是空前的[199]。

8. 医药学

晚明医学有了更进一步的发展。崇祯年间，李士材说："尝考古之著医书者，汉有七家，唐九倍之，得六十四，宋益以一百九十有七，兼之近代，无虑充栋"。[200]

宋元以降，天花传染日渐猖狂，明代几乎人人无得幸免，16世纪中叶，国人已发明人痘，借以保全生命。张琰说："种痘者八九千人，其莫救者，二三十耳"。其接种方法有痘浆法、旱苗法、痘衣法和水苗法四种。在英人金纳（Edward Jenner，1749－1823）发明牛痘（1798年）前，人痘接种法可说是具有科学价值的最早免疫法[201]。

崇祯十五年的大疫，造就了一位杰出的传染病学家——吴有性，他的《温疫论》，提出对传染病因的新观念，使中国古代的传染病学大放光芒。他说："夫温疫之为病，非风非寒，非暑非湿，乃天地间别有一种异气所感。其传有九，此治疫紧要关节，奈何自古迄今，从未有发明者"。综观全书，所谓"异气所感"，大致可归结为四义：（一）传染病的发生，是由于感染异气所致；（二）异气是物质，为肉眼看不见，感触不到的传染病病原；（三）异气的种类很多，各自表现不同症状并造成特定的传染病；（四）某种异气只能使某类动物得病，他类动物则否。这四点异气论，与近代微生物学有某种程度的接近。在那时困厄的情境下，能有如此优异的成就，真是难能可贵[202]。

《本草纲目》是集中国本草学大成的药学宝典，具总结性与创造性的伟大著作。全书五十二卷，共十六部六十类，记载药物1,892种，附方11,096条。分无机性的药物为水、火、土、金四部，动物性的药物

199. 郑锡煌，《中国古代的旅行考察》，页277－278。

200. 刘伯骥，《中国医学史》，下册，页457。

201. 陈胜崑，《中国疾病史》（台北，自然科学，1981年），页59。

202. 蔡仁坚，《科学与古老的中国》（台北，时报，1979年），页177－178。

为虫、鳞、介、禽、兽、人六部，植物性的药物为草、谷、菜、果、木、服器六部。部下分类，类下为种，系统明确，极便检阅。并知把服器附于植物，把人附于动物，因古人早知琥珀为松脂入地变成，故将其列为植物的木部，凡此均符合现代科学的分类法则[203]。

李时珍对每一种药物，都以“集解”说明药物的古今产地、演变、药材的外观形态和采取方法；以“释名”叙述古今各地对各品种的各种名字，然后正名确定之；以“正误”纠正古人和一般人所犯的错误；以“修治”描述调理药物的技术；以“气味”记录药物的味道和形质；以“主治”说明药效用途；以“发明”阐发他自己观察和实验的心得；最后以“附方”集合古今医药家的药方[204]。体例详细而完整，且富创意。不过，由于此书结构复杂（李时珍自称书采八百余家，附方8,160条），内容亦极丰富，因此著述时不免“割裂旧文，颇多窜改，对于所引古代本草部分，失去文献学价值，而每药只限一图，亦大减其生药学价值”。[205]为其小疵。

此时，西洋医学也开始传入。利玛窦的《西国记法》为传入我国的第一部心理学书籍，亦为西洋神经学传入的嚆矢。邓玉函《人身说概》的翻译开中文人体解剖学之始作，他曾解剖日本某神父的尸体，为西士在华剖验人体的首次记录。熊三拔的《药露说》是中国最早有关西药制造的书，《泰西水法》亦言及排泄、消化、溺汗的生理。国人受其影响，如毕拱辰、金声、方以智、徐光启、王宏翰、陈薰等多人均纷纷学习[206]。

203. 燕羽，《十六世纪的伟大科学家李时珍》，页318。

204. 蔡仁坚，《科学与古老的中国》，页27－28。

205. 那琦，《本草学》（台北，作者自刊，1974年），页64。

206. 方豪，《中西交通史》，册四，页122－132。

结 语

明朝的科技虽有峰回路转的意义，但就中国科技史的发展来说，并未促使近代中国全面开创新局，走向科学的坦途。

14世纪前，中国的科学技术远迈欧西，独步全球。如果明初能承继宋元科技成就，并加提倡鼓励，赓续发扬光大，则世所艳羡的船坚炮利，或许尽属中国所有，百年来的丧权辱国或可泯除。然而不幸得很，欧洲接受中国的伟大发明后，研究改良，愈求进步，终于后来居上，反而用以侵略中国，抚今思昔，能不怆然喟叹吗？

晚明科技的再兴，重燃科技成长的火花，融合中西科技的精华于一炉，融合的过程中，温和而渐进，诚恳而接纳，遭受的阻力并不大，遇到的冲突也很少，故在科学精神、科学方法与科学成就上，皆极优秀卓越，与同时的欧西比较，相去无多。遗憾的是，随着清世宗的禁令，罗马教皇的制止，以及科学传承的不连续和当时社会经济各方面的影响，这个火花旋又淡灭。其后虽有零星成就，也只是寒夜微光，难以跟先进国家相提并论。

钦天监与太医院

历代的科学研究机构

黄克武

从近代的历史经验来看，制度化和组织化的发展是科学研究中十分重要的一环，然而中国从公元前3世纪建立了君主政治体系以来，官僚组织之中就出现了最早的科学研究机构，在天文学、数学、医学以及工艺技术各方面，都以国家之力网罗专门人才推动科技发展；这种情形，在近代以前的欧洲不曾出现，就是从世界史的角度而言，也是一个很特殊的历史现象。在西方，希腊、中世纪的欧洲，以及重视科学的回教诸国，有时也有当权者聚集学者从事科学研究，但是一旦当权者失势或死亡，研究机构也随之废止。至于英国的皇家学会和格林威治天文台，则是近代的产物。而中国由于政治传统一脉相承，科学研究机构从秦汉以至于清末一直延续不断。

在各种科学研究机构之中，最具有代表性的是钦天监与太医院，这两个机构组织最完整，资料也最完备。本文从钦天监和太医院的历史发展，探讨官方研究天文学和医学的特质、成就和限制，并希望进一步了解官僚制度的政治传统和科学发展的关系。

钦天监——历代天文学研究机构

- 制度设立的背景

仰望星光灿烂的天空总令人产生无数绮丽的联想，而联想之中也充满了疑惑，为了解答这些疑惑，人类产生了宗教、占卜、巫术、科学等文明。在中国古代也发展出一种极为特殊的天文研究机构，这个研究机构的设立有其思想背景与现实要求，在思想方面，早期的天道观与阴阳五行的观念，对这个制度影响很大，现实方面则由于对历法制定的迫切需要。

1. 早期的天道观

早期人类观察自然现象发现，人和自然有极为密切的关系，他们觉得某些现象有轨迹可循，可是某些突然的变化却不知道是怎么造成的，于是推己及物，认为天和人一样具有自由的意志与敏锐的感情，而且常常有意地运用其巨大的力量，产生各种奇异的现象，来反映人间一切重大的行动，因而示人以吉凶，施人以奖惩，所以对自然现象进行精细研究就可以知天道。

这种人格化的天道观是历代天文研究的中心思想，在正史《天文志》的概述部分都会提到这一点，以《宋史·天文志》为例，一开始就这样记载："夫不言而信者天之道也，天于人君有告诫之道焉，示之以象而已，故自上古以来，天文有世掌之官，居是官者专察天象之变而述天心告诫之意，以致交修之儆焉，易曰：天垂象见吉凶，圣人责之。又曰：观乎天文以查时变"。甚至到今天，大多数中国人仍存有这种观念。

2.阴阳五行

对于自然现象的解答，在人格化的天道观之下，一切归之于天意，但是逐渐的有人不满意这样的解释，转而企图以自然的本身来说明自然的现象，遂以阴阳五行的观念来解释万物的本质，认为万物负阴而抱阳，具有木、火、土、金、水五种质素或属性，五行彼此相生相克，万物因此演变发展。初期，这些思想都带有自然哲学的色彩，到汉代董仲舒、刘向以后，却转变为形上的哲学系统，以五行和五德配合，用来解释历史与世事的兴衰；在天文历法方面，从一个记日系统，换到另一个系统，不是为了农业或灌溉的需要，而是依阴阳五行的理论，象征的数字、颜色、乐器的长度以及年号都会改变。改历的目的，是想尽办法发展出一个除了能够记年月日之外，更能包容所有象征数字的历法[1]。总之，中国天文学者把人事、历史和宇宙的自然现象并列于同样法则之下，他们为自然现象的发生找寻人事的解释。

由于人格性的天道观和阴阳五行的影响，在正史《天文志》中常可以看到这一类的句子："辰星，杀伐之气，战斗之象也。与太白俱出东方，皆赤而角，夷狄败，中国胜；与太白俱出西方，皆赤而角，中国败，夷狄胜"。[2]"岁星为东方，为春，为木。于人五常

1. 艾伯华（Wolfram Eberhard），《汉代天文学与天文学家的政治功能》，《中国思想与制度论集》（台北，联经，1976年），页96。

2.《汉书》，卷二六，《天文志》。

仁也；五事貌也。……色黑为丧；黄则岁丰；白为兵；青多狱；君暴则色赤”。[3]这都显示了中国官方的天文研究带有浓厚占星术的色彩。

3.《宋史》，卷五二，《天文志》。

4. 李约瑟（Joseph Needham），《中国之科学与文明》，中译本第五册（台北，商务，1975年），页33。

3. 历法的特殊性质

天文研究另一个实际的目的是历法的设计，历法的主旨是将日子集合为周期，以配合民间生活和文化、仪式上的需要，日历的现代功能只是指示年月日而已，但在古代历法却是人民行为的指南，尤其是农业上的插秧、耕种、收成等活动，都和历法有密切的关系。传统历法的二十四节气和七十二候都配合了相当的农业活动。

中国历代帝王颁布历法与西方统治者发行刻有肖像的硬币有同样的意义[4]。因为这种特殊的观念，中国产生了“正统”的思想。三代的时候历法修明，政令广被天下，天子颁布的历法诸侯都切实奉行，但是后来天下纷争，诸侯擅立历法，不遵守天子的正统，所以秦汉大一统之后改正朔、颁定历法，要求全国奉行，其中就含有获得合法统治地位的意义，此后历代君主都继承了这个传统，得天下之后都要改正朔，以显示政权的合法性；同时颁发历书给周围的藩属，使用中国历法便意味着成为中国的属国。所以中国人一直都相信，发展一个新历是革命的行动，制历人企图推翻当时的朝代，刘歆就是一个著名的例子，他的《三统历》是为王莽篡汉而设计的。

人格性的天道观为官方天文研究形上的哲学基础，阴阳五行为中层的运作基础，历法则为形下的实用基础，三者密切配合，展现出中国天文研究的特殊面貌。

- 天文官署之演变

中国官方天文研究机构的名称历代不同，但基本上一脉相承，两千多年来并无改变，下表是这个机构历代的演变情形：

最早的官方天文研究者我们可以追溯到尧时的羲和，《尚书·尧典》:“乃命羲和，钦若昊天，历象日月星辰，敬授人时”。在夏商二代有所谓“太史”，他们一方面观察天象，同时也掌管皇家的图书和档案，到了周朝，制度更周密，设大史、小史而隶于春官宗伯，这些史官的责任包括：祭神时向神祷告，主管卜筮、天文星历，解说灾异，锡命或策命，以及掌管氏族谱系[5]。他们的任务是一个混合了宗教祭祀、卜筮、天文观测与资料记录的综合体，设立的目的是通过对过去的事件与自然征兆的了解，以达到对未来之掌握，因此当时的观念认为，天文星历和卜筮祷告是属于同一性质的事情，天文学的知识领域内弥漫了迷信、仪式、宗教和巫术的气氛。马林诺夫斯基(Marlinowski)以为巫术藏身于神秘主义之中，是玄妙而隐伏的，父子相承不得外泄[6]，早期的天文研究的确具有这样的特色。

5. 徐复观,《原史——由宗教通向人文的史学的成立》,《两汉思想史》，卷三(台北，学生，1979年)，页225—248。

6. 马林诺夫斯基(Marlinowski)著，朱岑楼译,《巫术、科学与宗教》(台北，协志，1978年)，页3。

朝代＼项目		机构名称	主管官员	隶属
周			大史 小史	春官宗伯
汉	西		太史公	太常
汉	东		太史令	太常
晋			太史令丞	太常
南朝	宋		太史令	太常
南朝	齐		太史令	太常
南朝	梁		太史令	太常
南朝	陈		太史令	太常
北朝	北魏		太史令	太常
北朝	北齐		太史令	太常
北朝	北周		春官太史中大夫	太常
隋		太史曹	太史令	秘书省
唐		太史局 司天台	司天台监	秘书省

宋	太史局 司天台	太史令 司天监	秘书省
辽	司天监	太史令	
金	司天台	司天台提点	
元	回回司天监 太史院	司天监提点 太史令	
明	钦天监	钦天监正	
清	钦天监 西洋钦天监	钦天监正	

上古时代宗教和政治关系密切，因此史官地位非常崇高。但是随着大一统帝国的建立，政教分离，王权发展，史官的地位也产生了很大的变化，司马迁的父亲司马谈身为太史，晚年因为不得参与祭天大典气愤而死，司马迁自己也感叹地位低落“居于卜祝之间”，汉宣帝时太史令行太史文书而已。从这个事实来看，史官的功能在汉朝初年逐渐分化，不同的职务分别由不同的官员负责，史官的意义也逐渐缩小为专司记载的官员，司马氏父子的遭遇正是这剧烈转变的标志。在这功能分化的同时，中国历史上正式出现了专业的天文官员，他的职务是“掌天时星历、凡岁将终奏新历，凡国祭祀丧娶之事掌奏良日及时节禁忌，凡国有瑞应灾异掌记之”[7]，可见这时的太史令仍和宗教祭祀密切相关。从汉至六朝，太史令都属于“太常寺”，钱穆解释太常的来源说：太常在秦代叫奉常，常本作尝，专管祭祀，依四时奉献时物，让祖先鬼神可以时时尝到新的东西，所以叫奉尝[8]，它的属官还包括了太祝、太卜、太乐等，因此在隋唐以前，负责天文星历的太史令一直是祭祀官员的一分子。

魏晋南北朝虽然是一个动乱的时代，但天文研究的传统并未断绝，甚至连胡人建立的国家也设天官。清高宗敕撰的《历代职官表》就指出：“虽十六国瓜分云扰之时，而为日官者，尚多能工其术，史传所载如汉有太史令宣于修之、康相、弁广明、台产，赵有太史令赵揽，前

7.《续汉书·百官志》。

8. 钱穆，《中国历代政治得失》（台北，三民，1976年），页9。

秦有太史令康权，前燕有太史令成公绥，北燕有太史令闵盛……皆以占候著名”。[9]

隋唐时代，天文官员由太常属官转隶秘书省，这是一个很有意义的转变，因为秘书省专掌艺文图书之事，是皇帝手下资料管理和学术研究的机构，这个转变表示天文研究已逐步脱离宗教祭祀，成为较单纯的学术研究。造成的原因，从内在而言，是秦汉至六朝天文学高度发展，显示了本身独特的意义；就外在而言，六朝时期太常寺属于世族集团的势力，而皇帝本身也是集团中的一分子，因此无法独断独行地加以控制，隋唐以后君权日益强化，皇帝为了直接管辖历法制定和天象解释，乃将天文官员改隶于秘书省。

这时天文研究的规模也逐渐扩大，汉代太史令下有属官四十几人，隋唐则演变为一千多人，而且此后官署的名称或为“监”，或称“台”、“局”，这些字眼都具有“机构”的含义，唐以后也多以“司天”或“钦天”代替六朝时“太史”的名称，称呼上也和史官截然不同。

隋唐时代制度的转变，使天文研究机构突破了古代的形态而较具近代的精神，成为一个专司天文历法的科学研究机构。

元以后，天文官署进一步又脱离了掌管图籍的秘书省，成为一个完全独立的机关，直属于皇帝，至此制度发展已完全成熟。

• 历代官方的天文学者

记载历代天文学者生平事迹最详尽的是清代阮元所编的《畴人传》，后经续编、三编、四编，共收录了七百多人，如果将这些学者的出身背景作一分析，可发现在历代杰出的历算家中，服务于天文官署者只是总人数的一小部分，从秦到清最多占27.2%，最低占4%[10]，平均只有10%左右。如果我们认定《畴人传》所收的学者具有相当的水准，则对天文研究有贡献的人大多不是司天职的官员，这显示了学术与制度不相配合，历代天文机构无法吸收一流人才共同研究。

9.《历代职官表》，卷三十五，“钦天监”条。

10. 王萍，《历代历算家的出身与职业之探讨》，《中华文化复兴月刊》，九卷三期（1976年），页16—21。

类别　朝代	先秦		秦汉		魏晋南北朝		隋唐五代		宋辽金		元		明		清		总计	
司天职者	9	27%	10	22%	11	11%	11	15%	12	12%	2	6%	10	13%	12	4%	77	10.6%
一般官吏	7	21%	23	51%	47	47%	25	35%	40	40%	11	36%	25	34%	114	44%	293	40.4%
未任官及不详	17	52%	12	27%	42	42%	36	50%	48	48%	18	58%	41	53%	141	52%	355	49.0%
总人数	34		45		100		72		100		31		77		267		725	

资料来源：王萍，《历代历算家的出身与职业之探讨》，《中华文化复兴月刊》，九卷三期（1976 年）。

从表中可见一般官吏和未任官职（包括不详）者远多于司天职者，造成这种情形的主要原因，从制度方面来看，我国在唐时就把一般行政官和技术官区分为两个不同的系统，不同系的官不能互相迁转。《全唐文》卷九四记载："今本色出身解天文者，进转官不得过太史令，音乐者不得过太乐鼓吹署令，医术者不得过尚药奉御"。明代更明文限定："凡本监人员不许迁转，子孙只学习天文历算不准习他业，其不习学者发南海充军"。[11] 限制畴人子弟学习父业主要是要求保密，不过同时也显示：一旦身为技术官则向上的社会流动受到限制，甚至子孙也受影响。在观念方面，中国学术传统一向重视通才而轻视专才，而且认为上层的决策人员应该由通才来担任。由于以上因素的影响，中国读书人不愿以科技研究作为终生的职志，但这并不表示他们对科学缺乏兴趣，他们所拥有的只是一种"业余兴趣"，为数不少的官吏学者对天文历算或医学都略有涉猎，甚至有些人极为精到，但是由于他们对政治名位的追求，不愿仅以技术官终老，这种畸形的业余兴趣是整个政治传统形成的一元价值所造成的，对科学发展实有负面的影响。

11.《古今图书集成》，卷四一二，"钦天监"部。

第一流的知识分子不愿从事科技研究，因此天文官署中颇多平庸之辈，例如隋太史令袁充，专门迎合帝意，假托天文星象取媚邀宠，皇上欲废太子，袁充立刻上疏："比观天象皇太子当废"；又有一次，荧惑居于太微数旬，当时正大兴土木，人民苦不堪言，袁充却上表说：“陛下修德，荧惑退舍，百寮毕贺”，结果“上大喜，前后赏赐将万计”[12]。元朝末年司天官员在夜间发现景星，认为这是吉祥的象征，“可即往奏闻，我辈当有厚赐”[13]，其心态昭然若揭。清初西方天文学输入，历法有所谓新旧之争，当时钦天监正为了个人权位，故步自封死不认错；一直到嘉庆年间，钦天监于例行的节候占风时，不论吹的是东南西北风，一律选择吉祥语句歌功颂德，皇帝对此感到十分不满[14]。从这些例子可以看出部分的官方天文学者对天文研究并无兴趣，他们对金钱名位的爱好甚于真理，真正关心的只是个人前途，因此表现出来的行为不是故步自封就是取媚邀宠。

12. 同上。

13. 李约瑟，《中国之科学与文明》，中译本第五册，页390。

14.《大清会典事例》（台北，启文，1963年版），卷一一〇三，页18103。

15. 洪万生，《重视证明的时代——魏晋南北朝的科技》，载本书页72－107。

16. 胡菊人，《李约瑟与中国科学》（台北，时报，1979年），页212。

虽然社会上一般人不愿以科技研究作为一生追求的目标，但历史上却出现了少数特立独行的天文学者，他们抛弃了名利，毕生献身真理的追求，他们的出现使天文学不断地迈进，为官方的天文研究机构注入了新生命，如汉代太史令张衡，发明了浑天仪；南北朝的祖冲之实测岁差，制“大明历”，开创天文史的新纪元[15]；宋朝的苏颂制作机械计时的天文钟；元代太史令郭守敬尤其是一位划时代的天文学者，他所发明的“简仪”使他成为现代赤道架筒法的开创者[16]。他所制定的“授时历”是过去最精确的历法之一，所修建的天文台现位于南京紫金山，里面所存的铜制浑天仪则为中国现存最精美的仪器，这些杰出的官方天文学者对传统天文学的进步有莫大的贡献。

- 天文研究机构的职务与功能

依据《唐六典》的记载，唐代的太史局组织如下：

太史令二人，丞二人
- 令史二人，书令史二人
- 亭长四人，掌固四人

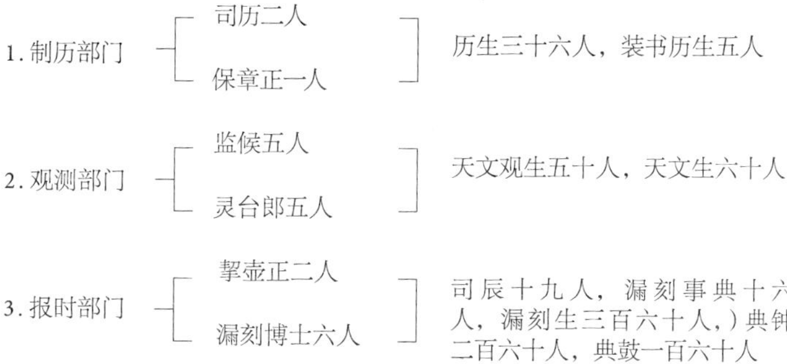

从这庞大的组织中可见历代天文官署负有非常复杂的职务和功能，分述如下：

1. 天文观测　天文学研究的基础是天文观测，最初都是用肉眼观察，《尚书·尧典》鸟、火、虚、昴四中星和《礼记·月令》每月昏旦中星都是肉眼观察所得。《舜典》中记载（约公元前3000年）当时有所谓“璇玑玉衡”的测天仪器，汉以后的注家多解为玉制能旋转的仪器，但缺乏正面证据。到公元前一千年左右发明了“圭表”的测影方法，表是直立的竿，圭则为地平上的刻划，依照日照在竿上的投影而分时辰、定年度长短，测黄赤道距离，工具虽然简单用途却很广泛（图一）。

圭表之制逐渐演进，周初又在表的四周画一圆周，周上分画度数，而且在周边加上一个可以移动的小表，这种形制和现代地平经纬仪原则相通。到了西汉才有“浑天仪”的出现，但古书中“浑天仪”这个名词实际上包含两种不同的类型，一种是“浑仪”，是从“圭表”变化出来的观测工具，将直立的表改为指向北极的轴，将地平上的圆周改为铜铸的环，环上有刻度，再以能依铜环旋转的窥管代替游表，这样就可以量取星辰的赤经、赤纬，后汉时又加一个黄道环，可以量取黄经度，这一类型的仪器以现存南京紫金山天文台的“浑仪”为代表（图二）；第二类型是“浑象”，为一铜制的球仪，上面刻有黄赤道及诸圈，并详列星宿，而且能利用水力随天运转（图三）。这样形式的仪器似乎只能作为一种图像或教育之用，与实际观测无关，但事实上在古代却有重要意义，因为球面三角术建立以前黄赤经纬和地平经纬的变换很

图一 古时义叔在夏至时以一表竿和一土圭测量日景，采自《钦定书经图说》。《钦定书经图说》是光绪二十六年（1900 年）二月孙家鼐等奉慈禧太后之命编纂，为儒家经典著作《尚书》全文所配绘的插图，为初学者编的图解读本。《钦定书经图说》卷一《尧典》中有夏至致日圆，表示传说人物义叔利用表竿和土圭测量夏至正午太阳影子的长度，验证了日圭确有久远的历史。

图二 赤道装置的浑天仪，郭守敬，元代。浑仪是我国古代测量天体位置的一种仪器，随着天文学的发展，浑仪的结构也就越来越复杂。到了元代，又经过郭守敬的大胆革新和发展，终于富有创造性地制造了简仪。简仪从复杂的环圈交错中解放了出来，而且分解为彼此独立的赤道装置和地平装置两部分，既简化了仪器的结构，又使得观测的时候各环圈之间不再互相遮挡视线。简仪的赤道装置是后来望远镜赤道装置的鼻祖。

需要这样一个仪器[17]。

历代天文仪器不外这几种形式的变化与修改，这些测天仪器没有望远镜的装置，也没有精细的刻度，在今天看来非常幼稚，但从这个演变中却可以体认到先人努力不懈的求知精神。

天文观测的结果必须立刻呈报朝廷，并按时送交史官记载，正史中“天文志”、“五行志”与“律历志”就是历代天文学者对天象观测的详细记录，其中包括了日月蚀、游星的运动、流星、陨石、彗星、太阳黑子等天文现象。利用这些宝贵的资料，近代天文学者解决了很多天文难题，如哈雷彗星是所有彗星中对天文学影响最大的一颗，其周期之建立比任何彗星都早，而且出现的历史能准确地追踪到两千年以上的时间，能够做到这样精确的研究，主要凭借中国的记录。据朱文鑫的研究，哈雷彗星每76年的周期出现都可以在中国典籍中找到详细的资料。此外有关太阳黑子，西方的记载非常残缺，而中国则保存长久而完备的记录，正史之中至少有120次的完整记录[18]。利用这些资料可以研究太阳黑子的周期性，以及太阳黑子和其他天文现象的关联。另外，中国典籍中有关新星、超新星、变星、客星的资料对未来天文研究都有非常重要的价值。

2.制历　以天文观测的资料为基础可以进一步制定历法，早期天文学者依据日影的长短发现太阳的运行有一定的周期，从每年的冬至到下一年的冬至平均为365.25日，而观察月亮的圆缺发现月的周期为29.5日左右；所以如果以太阳周期为依据而制定历法，这种历法不能显示朔望；而以月亮的周期为依据而制定历法，又不能显示四季的变化。因此，先人们乃致力于这两个周期的配合，终于发现19年等于235个月，所以发明了一种以月的周期为准，加上闰法的修正配合太阳周期而成的记日系统，19年中有7个闰月，这样的历法可以同时显示朔望与四季。最晚在夏朝时这种历法的基本形式已经确定，一直沿用到今天，就是大家所熟

17. 高平子，《天文学进展的里程》，《平子著述余稿》（台北，台北市江苏省金山镇同乡会，1967年），页115。

18. 朱文鑫，《天文考古录》（台北，商务，1966年），页59－91。

悉的夏历或农历，也有人称为阴历。不过严格地说，阴历的称法是不正确的，中国传统历法与巴比伦的阴历和埃及的阳历都不一样，而是兼顾了日月周期的特殊历法，应称为“阴阳合历”。

历法制定后还必须配合自然的秩序和日子的吉凶在历法上加上“历注”，注明什么日子适合做什么事情，历注的项目包括祭祀、宴会、出师、畋猎、结婚等大事，也有剃头、沐浴、整手足甲、种树、看病、修房子等琐事，皇家天文学者必须排定一个详细的行事计划表，由皇帝颁发天下，供官方和民间使用。历书的颁布使整个帝国的生活纳入一个秩序性的安排，构成传统社会控制的一部分（图四）。

3. 报时　天文官署内漏刻科的主要职务是时间的测定与报时，汉朝初年将一昼夜按照地支分为12时辰，每一时辰为2小时，然后再细分为100刻，每一刻为14分24秒，这是传统的记时系统。

最早的测时仪器为“日晷”，利用日影测时，但由于地球在空中运行轨道的倾斜，因此真太阳时（solar time）和平太阳时（mean solar time）不相符合[19]，所以后来就不采日晷而以水钟或漏壶来度量时间。从周代挈壶正的官名就可以了解水钟历史的悠远。水钟形式有两种，一种是外流式，使一个容器从装满水到全部流光来测时；一种是内注式，观察容器由空到满来测时。

到了唐宋时代又将水钟加以改良，发明了以机械的运行来计算时间，取代传统的水钟，李约瑟以为这个发展对世界文化史有莫大的贡献，今天手上戴的表，墙上挂的钟，都是利用这种机械计时的原理而产生的，所以钟表的发明中国人功不可没[20]。

从水钟过渡到机械钟，唐代梁令瓒的水运浑天仪是重要转捩点，利用水力运转轮子带动机械，上面立有二木人，每刻击鼓，每辰敲钟，都是按时自动，设计精巧[21]。到了宋代苏颂加以改良成为一座尽善尽

---

19. 太阳从子午线到第二次再经子午线之时间（即一昼夜）称太阳日，以此为标准之计时法称真太阳时；但太阳日之长短逐日不同，将一年之太阳日平均则为平太阳日，以此为标准之计时法谓之平太阳时。

20. 胡菊人，《李约瑟与中国科学》，页90。

21. 朱文鑫，《天文学小史》（台北，商务，1970年），页45。

3

图三 公元1673 年南怀仁为北京观象台所制的天体仪。天体仪，古称“浑象”，是我国古代一种用于演示天象的仪器。我国古人很早就会制造这种仪器，它可以用来直观、形象地了解日、月、星辰的相互位置和运动规律，可以说天体仪是现代天球仪的直接祖先。北京古观象台上安置的天体仪，是我国现存最早的天体仪，制于清康熙年间，由来华的比利时传教士南怀仁监制。

图四 敦煌出土的唐历。历书的颁布使整个帝国的生活纳入一个秩序性的安排构成传统社会控制的一部分。

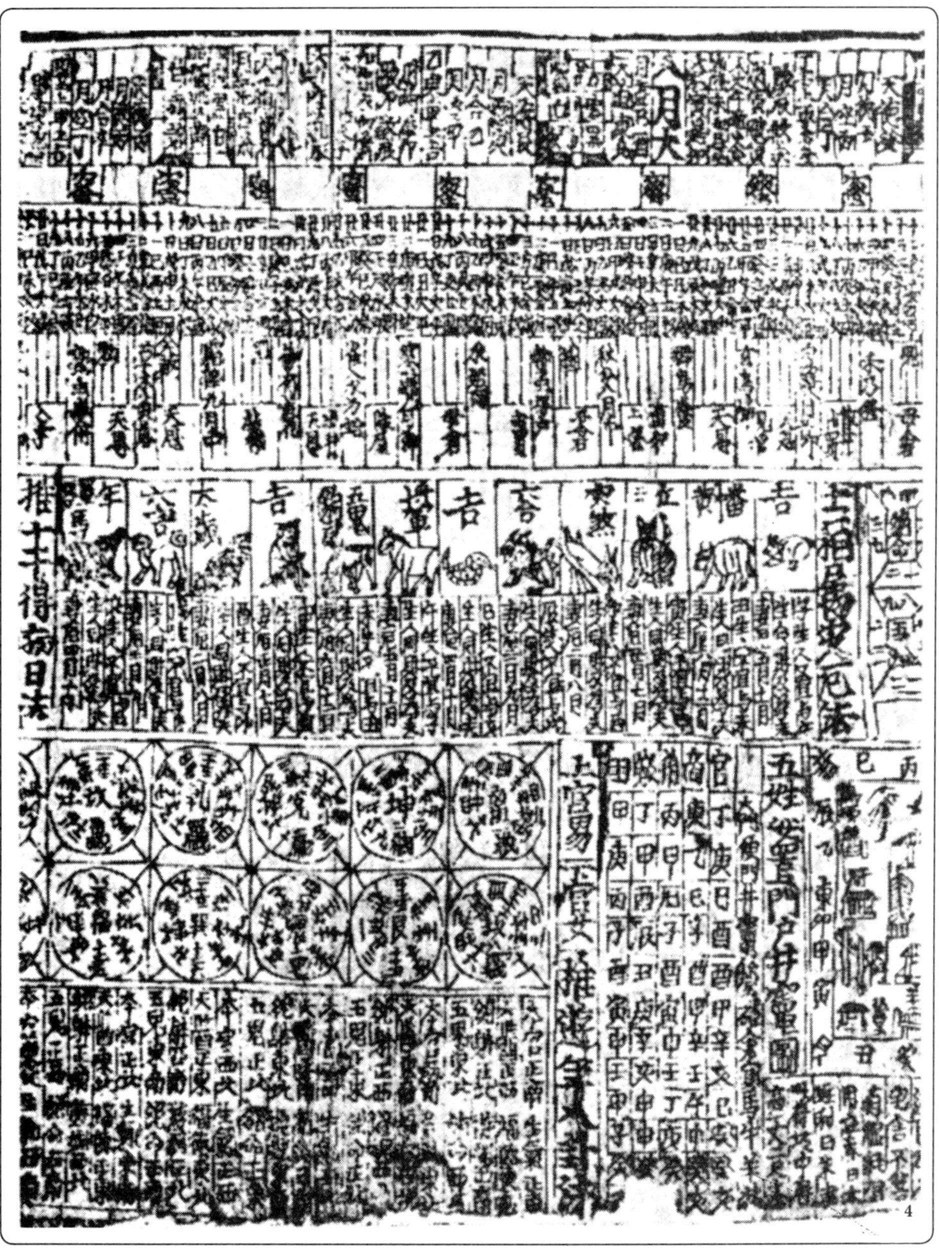
推十干得病日法

美的天文钟，共分为三部分，第一部分为浑仪，置有望筒可以观察星象；第二部分是浑象，能自行运转使仪面星度与天象相合；第三部分就是机械钟，共有五层，定时有木人出来打铃敲钟报告时间；整个天文钟的动力系统是利用水力使轮子转动，而且后面的轮子还能把水送上蓄水池循环使用，报时部分以连准确而快速的秤力将时间分解出来，主力轮子又转动一个动轴，所有的木偶，天球仪及浑仪都由它发动[22]。多年以前一位英国的工程师依照宋代的设计仿制了一座天文钟（图五），证实了这古代的仪器在计时上十分有效。总之，人类历史上由水钟进步到机械计时，其中最重要的转捩点发生于中国而影响到全世界。

4.教育功能　天文官署不但是天文研究机关，也是负责知识传递的教育机构。早期天文知识的传递多通过家学，历代称司天者为畴人，“畴”这个字就有世代相传的意思，例如司马迁的祖先一直都是周朝的太史，历代天文官署中父子相承的情形也很多。家学的兴盛和天文学本身的性质有关，天文星象呈现于每一个人眼前，而且早期的观测工具构造简单，可以自行制造，因此只要是有兴趣的人都可以研究天文学。但家学的传承基本上有许多弱点，如经验过于分散，无法集中各家优点作深入研究，知识传统也易于断绝。由家学传承的缺点可以反映出制度化教育的重要性。

唐以后天文官署的教育系统已完整地建立，教学与研究成为同时并重的两大目标。在天文观测方面，“监候”主持实际观测，“灵台郎”则负责教育，下设天文生若干；在制历方面，“司历”执行实务，“保章正”负责教育，下设历生；在测时方面，“挈壶正”主持实务，“漏刻博士”负责教育，其下有漏刻生[23]。教育功能确立了经验传递与官吏供给，有助于传统天文学的延续。

5.政治功能　天人相应的理论将自然现象与政治行为联系在一起，因此负责天象观测与解释的天文学者也担负起复杂的政治功能，例如

---

22. 胡菊人，《李约瑟与中国科学》，页91－112。

23. 薮内清，《中世纪科学技术史の展望》，《中国中世科学技术史の研究》（日本，角川，昭和三十八年），页12。

天文学者往往利用特殊的天文现象批评皇帝作为和朝廷施政，以为人为的不当措施导致上天的愤怒，要求为政者采取补救的手段，这时皇帝只得发表一篇罪己的诏书，并撤换某些官吏，来平息上天的愤怒。这种情形表面上看来或许会觉得很幼稚，但实际上背后却蕴涵了极为高远的政治理想，也就是企图以“天”来限制“天子”，防止专制王权的过分发展。但是天文现象可以用来批评皇帝，也可以用来歌功颂德、献媚取宠或作为党派斗争的武器，尤其在改朝换代的前后，嘉兆、祥瑞层出不穷，都是一些御用天文学者的杰作。

艾伯华（Wolfram Eberhard）研究汉代天文学者就特别强调他们的政治功能，他认为这些制作历法的天文学家一定拥有相当程度的科学知识，但是却没有将这种知识交流发展成一致的科学系统，主要的理由是他们并不是为纯粹科学而研究科学，他们最大的兴趣还是在政治，天文学是“应用的政治科学”，利用天文现象影响皇帝的决策，也给予政敌一个致命的打击。总之，天象观测是政治斗争的工具，官方天文学者无暇考虑到哲学的推理与科学的抽象，由于对政治强烈的兴趣，阻碍了真正科学的发展[24]。

薮内清更进一步指出政治功能对科学研究的严重影响，他说：成为近代科学源流的希腊人，认为自然法则是可以由人的努力而究明的，这种信念成为科学发展的大动力，中国却认为体现自然理法的上天具有自己的意志，这个意志可自由引起自然现象，特异的自然现象是上天对政治的警告，是属于人不可预测的事情，唐代要是由于计算错误而发现预报的日蚀没有发生，臣下立刻上书祝贺皇帝，说这是善政导致的结果[25]，11世纪时出现的致和客星，宋人以为这是代表“国有大贤”，而辽人则用来诅咒已死的皇帝，而且还“至是果验”，这些事实都表明自然法则究竟是不可知的立场。

特殊的观念与政治系统相结合，使国人缺乏追求自然法则的坚定信念，这种心态使天文研究无法跃升到客观的理论层次，只能在主观

---

24. 艾伯华（Wolfram Eberhard），《汉代天文学与天文学家的政治功能》，页75。

25. 薮内清著，李淳译，《中国科学文明》（高雄，文皇社，1976年），页87。

的经验层面打转。

由于天文学和政治的密切关系，历代对历算研究都严加控制。唐时“凡元象器物天文图书，苟非其任不得与焉”，“观生不得读占书，所见征祥灾异，密封闻奏，漏泄有刑”[26]，而且严禁百姓私家藏有天文图书。宋时“召天下伎术有能明天文者试隶司天台，匿不以闻者罪论死”[27]，考不上的还要“黥配海岛”。明朝也明令禁止人民私习天文。这些措施都是防止野心分子利用天象或历法威胁到当时的政权[28]。其所造成保守而封闭的学术环境也影响到天文学的进步。

26.《唐六典》，卷十，“太史令”条。

27.《古今图书集成》，卷四一二，“钦天监”部。

28. 禁止民间私习天文的规定历代都有颁布，但实际执行的情形并不彻底，私习天文的人还是很多。

29. 高平子，《中国古代天文学鸟瞰》，《中国科技文明论集》（台北，牧童，1978年），页107。

• 天文研究机构的限制与成就

为何中国科学在近代以前有如此辉煌的成就，以后进步却非常缓慢，而西方的科学反而跃居世界首位？本文拟由制度的观点对天文学作一初步探讨。

世界天文学的进展大致可分为以下几个阶段：

1. 原始天文学：人类靠肉眼观察认识日月星辰的转动，并把它们组织起来，顺着自然的形象给予种种名称。

2. 球面天文学：认识太阳的行动与节气、农作的关系和各星地位移动的周期性，能测定日月和各星在天球上的位置，并预测日月蚀等天象的来临。

3. 理论天文学：从观察天象到推求星球系统的因果关系，出现了以数学为基础的高度抽象理论。

4. 天体力学：牛顿发现万有引力，对宇宙、日月、星辰的运行有一理论的解释。

5. 高倍率望远镜与天文照相发明后天文视野扩大。

6. 天文物理学：以物理学理论应用到宇宙本质的解释，而天文现象也可以修正物理定律[29]。

从这个发展过程来看，我们发现中国天文学只走到了第二阶段，在迈向理论天文学时，官方天文学者受阴阳五行的影响，走上一条走不通的道路——玄学的路子，他们致力于天文现象的人文解释，而放弃了客观真理的追求，天文研究机构带有高度占星术的色彩，是迈向现代天文学最大的障碍。

从官方天文机构设立的动机来看，中国天文研究都是基于实用的目的，天文观察和预测是为了政治上的实用，历法和报时则为了生活和仪式上的实用，政治上的实用使中国人缺乏追求定理的信念，历法的实用则使天文学史变成计算技术的发展史。反观西方，伟大科学理论的建构往往基于一种超实用的好奇心，几何学就是一个很好的例子，创写《几何原本》的欧几里德（Euclid）非常痛恨实用性，有一个学生曾问他学几何有什么用？欧几里德立刻叫奴隶给他一个金币，然后叫他走，欧氏献身追求的是透过几何图形探讨世界本质[30]。这个最不实用的论理几何学在文艺复兴以后与代数整合成一崭新的数理模型，西方科技的数学基础便跨入了解析几何和微积分的伟大时代，牛顿也因此在天文学方面有突破性的进展。

在实用的心态下中国代数学发达，几何学却相当的贫弱，因此无法提出几何模型来了解天文现象。当然，任何科学的发展都带有某种程度的实用性，在科学发展的初期实用性也具有相当的推动力，但如果专注于实用，最后反而会局限本身的发展，历代官方天文学者无法超越政治上的纷争，不愿埋首于单纯的学术研究，也缺乏超实用的好奇心，天文学的发展便停滞了下来。

30. H. Meschkowski, *Ways of Thought of Great Mathematicians* (San Francisco, Holden-Day, Inc, 1964), p. 14.

太医院——历代医疗研究机构

- 医学起源与古代医疗机构的建立

在上古社会中，人的一生都在痛苦与死亡的阴影之下度过，痛苦时渴望快乐，面临死亡时对生命则感到依依不舍，因此抗拒痛苦和死亡成为人类最关切的主题；疾病是痛苦和死亡的主要来源，所以对疾病的抗拒起源非常的早。人类学的研究显示古代的治病工作由巫师担任，中国的医字最早写成“毉”，可见巫与医之间关系的密切。所谓巫术是指通过一套技术和方法来控制外在的宇宙，一般分为黑巫术和白巫术两种，黑巫术是害人的巫术，白巫术则包括呼风唤雨，召集野兽和为人治病等等[31]，传说中巫彭、巫咸为古之良医，就是巫者为医的两个例子。

31. 宋光宇编，《人类学导论》（台北，桂冠，1979 年），页388－392。

巫医时代的治疗方式不用药物，而是以舞蹈、祷告和咒语等驱除病魔，所以在甲骨文中我们发现有许多疾病的名称却没有药物的名称，这至少显示了殷商时期药物的使用并不普遍。但是随着理智和经验的发展，人们逐渐发现生病时服用药物比祷告更为有效，神农尝百草一日中毒七十余次而发明医药，这故事与其说是神农氏个人的经历，还不如说是先人花费了无数的心血所凝聚成的一则感人的神话。药物学的发展造成巫医的划分，《左传》记载：晋景公要解梦时请巫师为他服务，但他发现自己生病时却立刻请医生来治疗（成公十年），不同的领域要由不同的技术处理，两者的划分非常明显。《史记·扁鹊仓公列传》也说：生病时如果只信任巫师而不信任医生的话，就是得了不治之症。其中洋溢高度的理性精神，在两千多年后仍然发人深省。

春秋时代传统医学已经由迷信的雏形医学进步到理性的经验医学。

春秋战国时代名医辈出，像长桑君、文挚、扁鹊、医和、医缓等人医术都很精到，但当时医者多为民间医生，要追溯医疗机构的起源，必须从两个线索加以考察。第一个线索是战国时的秦国，秦在七国之中最为强盛，医学也特别发达，甚至晋侯生病也要到秦国请医生，当时王室有太医丞主持医药，并有侍医随侍王侧，名医扁鹊在秦行医，由于技术高超，太医李醯自以为技不如扁鹊而派人刺杀他。荆轲刺秦王时，侍医夏无且提着药箱在一旁侍候[32]。太医和侍医可说是最早的医官。

第二个线索是《周礼》，它代表春秋战国以来学者的政治理想，书中所述周代政府组织虽然没有具体实施，却是当时思想和观念上最真实的反映。《周礼》的政府组织分为天、地、春、夏、秋、冬六个部门，其中负责医疗的官员属于天官，而巫师则属于春官，两者分隶不同的系统。在医疗方面由医师负责，下设食医、疾医、疡医、兽医四科，医师是众医之长，执掌医务政令、采集药材并考核各科医师的医疗成绩。

32. 见《史记·扁鹊仓公列传》与《刺客列传》。

食医：掌管皇室的饮食，使饭像春天一样的温，羹像夏天一样的热，酱像秋天一样的凉，饮料像冬天一样的冷；春天多加一分酸味，夏天多加一分苦味，秋天要吃辣一点，冬天要吃咸一点；吃牛肉要配粳米，羊肉要配黍米，猪肉要配高粱，狗肉要配小米。将食医置于诸科之前显示了中国特殊的医学思想，也就是“寓医于食，以食代医”的观念，医疗的目的除了治病之外还有养生，在食物上适当的调配是养生的最好方式。

疾医：相当于内科，首先听患者说话声并查看他脸部的颜色，其次观察耳目鼻口的开合，研究心肝肺脾的活动，最后诊断病情、给予治疗。

疡医：相当于外科，治疗红肿、溃烂以及跌打损伤，先涂药于患部消蚀腐肉刮去脓血，再以多种药物合成的药剂敷治，并以五谷调养体力。

兽医：医疗兽类的疾病，也分为内科和外科。

《周礼》之组织为后代医疗机构立下初步的规模。

政治的理想配合战国时代各国实际的行政经验，秦统一六国后开始实施大一统的官僚制度，从此中国历史进入一个新的阶段，以官僚协助皇帝治理全国的政治传统一直沿续到清朝末年，医疗机构也正式出现于这政治体系之中。

前汉的医疗机构分为两个系统，一个为皇室服务隶于少府，一个为国家服务统于太常，两者都设太医令丞为最高长官。

到了后汉制度更为详密，设太医令一人总管业务，药丞、方丞各一人，前者掌管药物，后者主配药方；还有员医293人，员吏19人（办理一般行政），组织相当庞大[33]。后汉制度最大的特色为专业化的发展，医和药分由不同人员负责，医师处方而不调剂，药师调剂而不处方，这是医学进展的一个里程碑。

秦汉时代中国医学有长足的进步，始皇焚书时医药书籍保存了下来，医学的文化传统幸而未绝，民间传统医学研究仍然蓬勃地发展，如《神农本草经》一般认为是汉代的作品，此外张仲景的《伤寒论》、《金匮要略》都是医学经典之作，当时著名的医生也非常多，《汉书》及《后汉书》所载名医共35人，其中民间医生有24人，曾为太医令丞的3人，诸王太医4人，一般官吏4人。民间医生占绝大多数，显示民间医学较官方医学更为兴盛[34]。同时曾为太医令丞的医官早年都曾受业于民间医生，可见早期的医疗机构只是吸收民间人才为皇室和官僚服务，本身不具备制度化的研究倾向，也缺乏教育和考试制度。而三国时代名医华佗遭曹操杀害的故事，正足以显示统治者对医学缺乏应有的认识和尊重[35]。

总之，从秦汉到魏晋南北朝是官方医疗机构的萌芽期，设立的主旨是为皇室和官僚服务，没有教育和研究部门，医师的培养仍然来自民间。为政者也缺乏对医者的专业尊重，官僚制度内组织化和理性化的医学研究要到隋唐时代才显出具体的成效。

- 隋唐的医疗制度与医学教育

隋唐是中国医学史上集大成的时代，在医疗制度方面，上承秦汉下开宋元明清，医学内容出现了较以往更细密的分科，有正式的医学教育培育人才，也有公平的考试制度登用人才；更以全国之力编纂了世界第一部药典；后来历代官僚组织内的医学研究都沿着这几条基本路线继续发展。

33.《续汉书·百官志》。

34. 这个统计数字可能并不完全，但可以看出其中的趋势。本文所谓小传统指民间的科学研究，大传统则指官方的科学研究。

35. 见《后汉书》与《三国志·华佗传》。

秦汉的医官在唐代分隶皇帝御用的“尚药局”，东宫皇太子的“药藏局”，和中央的医疗官署“太医署”等机构，分述如下：

尚药局与药藏局　尚药局负责皇帝的医疗事务，设有奉御二名、直长四名、侍御医六名，还有主药、药童、司医、医佐、按摩师、咒禁师、合口脂匠各若干名。

奉御是尚药局的最高长官，直长是他的助手，实际的诊疗是在奉御的指示下由侍御医执行。主药和药童负责药物的调配，为了防止政治阴谋的发生，配药时由门下中书长官、大将军、奉御共同监视，配好之后封印，写明年月日，奉药之日奉御必须先尝，然后殿中监尝，接着皇太子尝，证明安全可靠之后才呈上御用[36]。

36.《唐六典》，卷一一，“尚药局”条。

按摩师和咒禁师职责与太医署医官相同，合口脂匠是皇家的美容师，口脂类似今日的口红。

药藏局负责太子的医疗事务，设药藏郎二名、丞二名、侍医四名，太子生病时由侍医诊断，命药童捣筛，奉进之日药藏郎也要先尝。

尚药、药藏二局医官属于御医，专门为皇室服务，由于较接近权力中心，医官品位较高，这些御医除了为皇室治病外，还奉皇帝之命证验民间药方和编辑医书。

太医署　太医署属于太常寺，设太医令二人、丞二人，其下分为医药和教育研究两部门，医药部门之组织如下表：

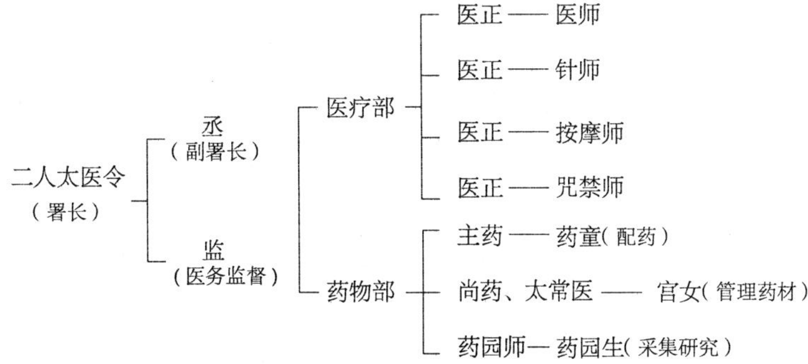

署长设二人主要是为了防止一人独断，署长掌握政策，副署长则处理实际行政，医监负责监督，以下八位医正和现在国家医务署的分科总医生相同，在他们所主管的分科之下设有医师、针师、按摩师、咒禁师，这些分科医生要通过博士考试才能任用，医务署对医正、医师一年内治病的成绩都有详细的记录，以此作为年终考核的凭证[37]。

37. 胡菊人，《李约瑟与中国科学》，页156。

药物部门由主药和药童负责药物的调配，药物储藏在皇室的陵墓和庙宇之中，由尚药和太常医管理，并有宫女负责处理药材，太医署内也设有药库，取药时有专人亲自检交；同时在出产药物各州设药园师一人采集药物，并选16岁以上的平民充当药园生，充分的训练后可升任药园师。在京师还有实验种药园，试验药效，改良品种，发掘新药。

太医署内教育研究部门组织如下：

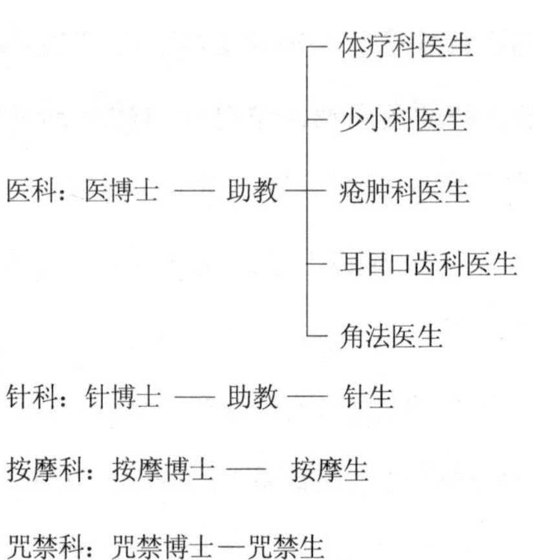

各科博士由医师、针师、按摩师、咒禁师之中选择特优者担任，负责教学工作，学生的选择，家系是首要条件，主要选择世习医药的子弟，其次才选13至16岁的平民，唐代医官中蒋姓和许姓的特别多，可能就是这样造成的。这个制度看起来不甚公平，实际上却有特殊的意义，太医署吸收世习医药子弟正代表官僚制度的大传统吸收民间传统的广泛经验，将来自不同家庭的子弟共同融入制度化的医学研究，

隋唐医学的突飞猛进这是一个相当重要的因素。

以下分述各科的情形：

1. 医科：由医博士教授诸生医术，医生先读《本草》了解药物学，认识药物的形状并熟悉药性；再读王叔和的《脉经》，脉学是中医诊断法的中心，由把脉得知病因与病况。此外，还要读《甲乙》(这是晋皇甫谧的著作，叙述全身的经穴及针灸方法)，以及张仲景的《伤寒论》和诸杂经方，基础的科目修完之后再专攻五个不同的分科。

体疗：相当于内科，定员11名，需修业7年。隋唐时代对疾病的观察极为精细，已经知道狂犬病、恙虫病，能区别蛔虫、蛲虫和绦虫，并知道甲状腺肿、夜盲症、糖尿病的形成原因，当时处方的数目增加了很多，其中还包括不少印度和西域的药方。在药物调配方面除了传统的煎药之外还有散药、丸药和膏药，由于配药的简便和服药的普及，体疗科大受重视，宋代由体疗分出大方脉与风科，两科的学生占太医局总人数的一半以上。

疮肿：为初步的外科，定员3名，修业5年。隋太医巢元方所著《巢氏病源》曾讨论痈疽、瘿瘤、丹毒、疮伤、兽毒等病，卷三十六还记载一个缝断肠的手术。但中国传统外科由于消毒法的阙如而成为致命的缺陷。

少小：即小儿科，以19岁以下的小孩为医疗对象，定员3名，修业五年。

耳目口齿：定员2名，修业2年。唐代眼科的发达受印度医学的影响，《巢氏病源》中眼病有38种，已能诊断结膜炎、内障、夜盲等病，《龙树论》[38]是眼科必读之书，口齿科方面当时已盛行拔除病齿，并注重口腔卫生。

角法：定员1名，修业2年。其法取青竹筒一段约半寸，治疗时以火置于竹筒之内，再将竹筒复于患部，当筒内空气烧完后患部压力减轻，引起郁血，它的原理是应用凡内脏在逐渐治愈的

38.《龙树论》为我国现存最早之眼科专书，其中证治之法，针镰之术均甚精微，且采录多数波斯治法。龙树本为3世纪之名医，据说精于眼科，后世假托其名而成书，据李涛的看法此书成于6世纪。

时候必然发生局部的充血，所以先造成局部充血之后则营养组织的功能与抵抗霉菌的能力也愈强盛，这种方法在西医中称为“郁血疗法”[39]。

2. 针科：置针博士一名，助教一名，教授针灸之术，学生先读《明堂》，了解全身经穴分布，再读《脉诀》、《素问》、《黄帝内经》等书，并以两人为一组互相实习。

针灸的起源很早，战国时扁鹊就曾用以为人治病，至隋唐时已大为完备。针和灸是两种不同的方式，针法是用各种形式的针刺入皮肉，灸法则是在皮肤上衬以姜片或盐末，而以艾绒小团灼于其上，或针入肌肤而以艾绒灼针之外端。

针灸是以传统生理学为基础而发展出的独特治疗法，到目前为止，现代医学理论仍然无法对针灸的神秘功效加以解释，一般西方人以为针灸只对坐骨神经或腰痛之类的病症才有效，但实际上经现代医学确定遭细菌引起的一些疾病如伤寒、霍乱、盲肠炎等也可用针灸来治疗，现在对针灸的医疗效果仍然众说纷纭，不过李约瑟的看法仍不失为持平之论：“像这样一种疗法为千百万人所施用，通行近二千年，竟说只有心理上的效用，而无生理学和病理学的依据，这是难以令人相信的”。[40]

3. 按摩科：由按摩博士教诸生消息（深呼吸）和导引（医疗体操）（图六）的方法，以及脱臼、骨折等外伤治疗法，人体四肢脏腑气血积滞则生疾病，依靠这些方法可以宣导气血消除疾病，并积极地防止外在邪气的入侵，凡“风、寒、湿、饥、饱、劳、逸”都可由按摩治疗。三国时华佗曾发明“五禽之戏”，模仿五种动物的姿态来舒活筋骨锻炼身体，可说是最早的导引，唐时又从印度传来许多新方法，称为“天竺国按摩”。

4. 咒禁科：咒禁是指通过一套仪式行为以咒语命令恶鬼离开患者，带有浓厚的巫术色彩，治疗时患者要在特定的场所实行斋戒，再以存思（集中精神）、禹步（步履不相过而行）、营目（瞑目沉思）、掌诀

---

39. 沈乾一，《中医浅说》（上海，商务，民国二十年），页54。

40. 胡菊人，《李约瑟与中国科学》，页71。

（五指遵从一定的捻法，如图七）、手印（诵咒时以手指结印）五法帮助治疗。

以咒禁法列于诸科之末可说是寓意极深，这一方面表示在医学领域中，仍有一些疾病，人类无法了解也无法治愈，只有运用巫术加以控制；但是从精神医学的角度来看，咒禁似乎也有独特的意义：当时把精神不宁认为是“鬼迷心窍”，这“鬼”在心理学上应该是指一切意识及潜意识上的烦恼，在这种情形下，咒禁科先以吃斋持戒并与外界隔绝造成平静的气氛，再以手足的操作达到精神的集中，最后则以明显的仪式行为和咒语将“鬼”制伏，通过这三个步骤，病人在精神上才得到真正的安宁，这样看来，咒禁科所从事的似乎颇为接近精神医学的工作。

太医署内国家医校的建立是一项创举，它比欧洲最早的意大利撒勒诺（Salerno）医校要早二百余年，分科也较为精细[41]；唐代另一项创举是考试制度，尤其是当教育制度与考试制度密切结合之后它对学术的影响更为深远。太医署内定期举行考试，每个学生在一年内要考十七次[42]，修业年限结束后还要参加任官考试，科举制度中设有医药学一科，《唐会典》记载：肃宗时明文规定以医学入仕必须通过考试，医药学本属于明经科，后由明经改为明法，这不仅显示医学由文辞科改为实用科，同时也确定医学所探讨的对象和法律同样是一种固定的体系，也就是“自然的规则”；《会典》中也规定考试的科目：经方术策十道，《本草》二道，《脉经》二道，《素问》十道，《伤寒论》十道，诸杂经方二道，共二十八张卷子，考取可以任官。李约瑟发现欧洲最早的医学教育和医师考试制度的实行是在12世纪，1140年西西里有国家考试医生的明文规定，1210年巴黎也有同样的制度，欧洲这些制度都是从阿拉伯仿效而来，而阿拉伯又仿自中国[43]。

41. 宫下三郎，《隋唐时代の医疗》，《中国中世科学技术史の研究》，页286。

42.《唐六典》，卷十四，“太医署令”条。

43. Joseph Needham, “China and the Origin of Qualifying Examinations in Medicine”, *Clerks and Craftsman in China and West* (The University of Cambridge Press, 1970), p. 394.

由上面的叙述可以了解，这千年前的国家医务总署，里面包含医药部门与教育研究部门，再经由考试制度将这二部门结合在一起，成为一完整的体系。

药方的整理与药典的公布　唐代的皇帝都很重视医学，武则天时曾下令医生为万民撰方，玄宗时在御医的协助下完成《开元广济方》，书成之后分发各州的医药学校，而且“选其切要者，录于大版上，就村坊要路榜示”。[44]半个世纪以后（796年），德宗又御撰《贞元集要广利方》五八六首颁发各地，这个方子也曾揭示于路旁，不过由于木板易于损坏改刻于石碑上，9世纪时一个阿拉伯旅行家在他的《中国见闻记》上生动地描绘这件事说：在中国公共场所的角落都立有一个长、高大约五米的四方石柱，柱面刻着易患的各种疾病、治疗药物及价格，什么病用什么药，记得都很清楚[45]。

在药书编辑方面，唐人最伟大的成就是《新修本草》一书。高宗显庆二年（657年）诏命以陶弘景集注为底本，集苏敬、李绩等二十三人，经两年的时间，朝廷动员全国之力，下令各产药地将药材标本选送京师，绘成药图，完成图文并茂的《新修本草》。

以国家之力敕撰《本草》具有极深刻的意义，主政者明白药物对人民健康的重要性，用得当是良药，用不当是毒药，因此明文订定药物取材和使用的准绳，使方家民众有所遵循，这和现代国家的药典有同样的意义。事实上《新修本草》已被医学界公认为世界史上第一部药典，它比西方《巴塞隆纳药典》和《纽伦堡药典》要早了将近九百年[46]。

药方的整理与药典的公布有下列重要性：（一）这是官僚制度的理性运作，政府集合全国人力以分工合作的方式，从事经验的累积与整理。（二）这也是官方研究机构吸收民间传统的智慧并将之融入大传统之中。（三）显示政府对医学的重视，把维护人民健康当成为政者无可让渡的责任。

44.《唐会要》（上海，商务，民国二十四年），卷八一，页1524。

45. 宫下三郎，《隋唐时代の医疗》，页284。

46. 蔡仁坚，《科学与古老的中国》（台北，时报，1979年），页15。

• 宋代的医疗机构

宋代结束唐末五代纷乱的局面，重新建立统一的政府，在国势上虽然衰弱不振，文化上却有杰出的表现，医学研究也不例外。在经济方面，由于指南针的发明促成海外贸易兴起，载重大又有罗盘的船掌握了中国与南洋、阿拉伯之间的航海权，外贸刺激国内的市场，沿海崛起许多新兴的商业都市，它们和大运河畅通后的城市进行密切的商业贸易。在这整体的经济复苏之中产生了新的医药问题，由于频繁的商业往来使疾病迅速传播，本来是地区性的疾病由商人带到全国各地。由于都市的兴起造成人口的集中，11世纪时人口在二十万户以上的都市有7个，十万户以上的有49个[47]，繁荣的都市是病原体繁殖的绝好机会，密集的人口也增加了感染疾病的危险。

在军事方面，由于火药的发明改变了战争的形态，每次战役死伤人数增加，经过战火洗劫的城市也易于引发恶性传染病。战败之后，人民纷纷向南迁徙，中国南北人口的比例，汉代，北方是南方的五倍；唐时，北方仍略多于南方；宋代则变成4：6，南方人口超过了北方[48]。南方的气候、雨量与北方截然不同，又有几种特殊的风土病，如脚气、疟疾、丝虫、恙虫等病，这种种的疾病困扰着新来的移民。

宋代疫疾的流行可以从一个粗浅的统计数字中看出来，《新唐书·五行志》记载，唐朝一代289年中共有10次疫疾，大约每18年发生一次；而南宋一代152年间却发生了27次，平均五年多就发生一次[49]。广泛流行的疾病使政府对医学更为重视，注意力也转向广大的民众，宋代医疗机构都表现出普遍化和大众化的倾向。下面分别介绍宋代翰林医官院、太医局和官药局。

1.翰林医官院　“翰林”二字始于唐代，当时以文学或技艺供奉宫廷的人称为翰林待诏，宋代沿用这个名称设翰林技术院直属皇帝，掌管技术人才，设天文、书艺、图书、医官四局，其中翰林医官院是国

---

47. 宫下三郎，《宋元の医疗》，《宋元の科学技术史》（日本，京都大学人文科学研究所，昭和四十二年），页128。

48. 同上，页127。

49. 同上，页124。

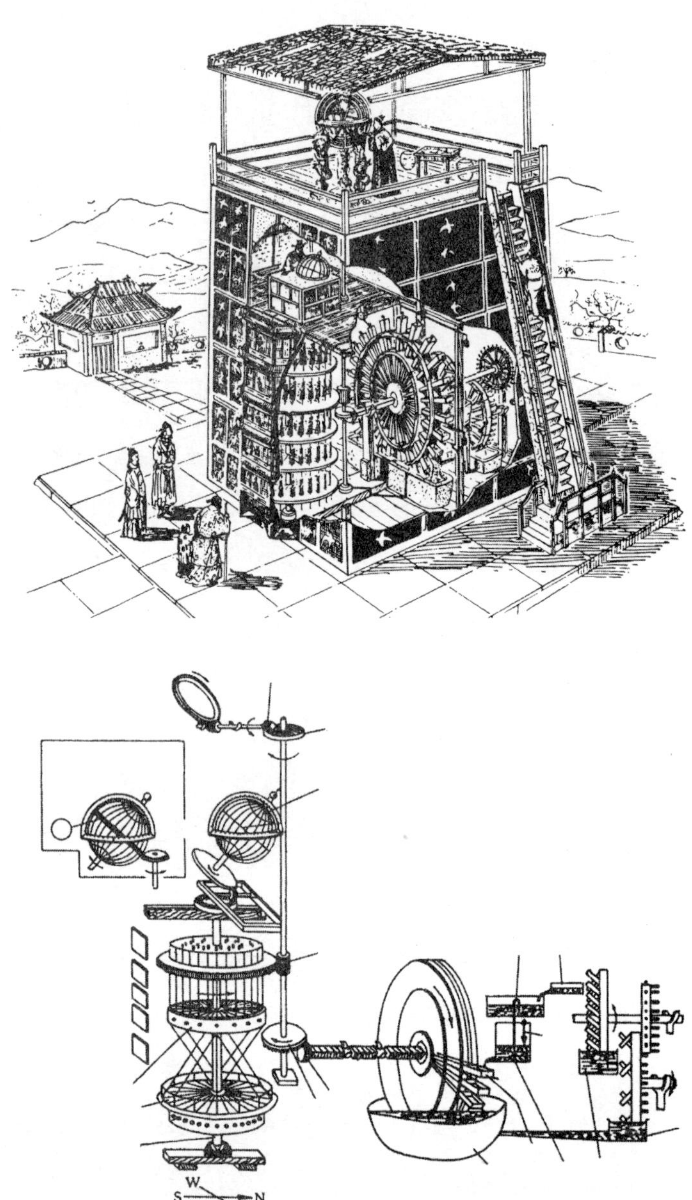

5

图五 仿宋形制的天文钟机械剖示图。天文钟是一种特别设计的、能用多种形式来表达天体时空运行的仪器。北宋时，刑部尚书苏颂与韩公廉制成水运仪象台由稳定的水流提供在基座的枢轮最原始的动力，推动报时系统、浑象（用于演示夜空状况）与浑仪（用于天体测量）的运转，由于具完善的自动化动力与演示系统。苏颂并著有《新仪象法要》一书，较详细讲述制造过程。水运仪象台被英国科学史学者李约瑟称为“中国的天文钟”。

图六 导引图，1974年湖南长沙马王堆三号汉墓出土，是现存最早的一卷保健运动的工笔彩色帛画，为西汉早期作品。导引图不仅年代早，而且内容非常丰富，它使古代文献中散失不全的多种导引与健身运动找到了最早的图形资料，对医疗体操的发展、变化研究提供了可贵的线索。

图七 掌诀图。五指遵从一定的捻法，使恶鬼离开患者的带有浓厚的巫术色彩的治疗方法。

6

金尅木 木尅土 水尅火 火尅金 土尅水

○五行發用

金生在巳 木生在亥 水土長生在申

火生在寅

掌訣

長生 沐浴 冠帶

臨官 帝旺 衰

病 死 墓

絕 胎 養

右法陽順轉陰逆行大凡遇陽生者陰則死遇

陰生者陽則死假如庚金生在巳辛金死在巳

7

家最高的医疗机构，主要工作为“供奉医药”及“承诏视疗众疾”，医官定员最早为32人，后来增至百余人，12世纪初年多达千余人，医师的品位共分22阶，南宋时人数又缩减为43人。宋代翰林医官的重要成就有下列3项：

《本草》的增订：659年公布的《新修本草》到宋朝已经有三百多年，此时坊间通行的本子新旧杂乱、错误百出，三百多年来人们对药物治疗的经验也有不少的改变和进步，因此在宋开国后的14年，由朝廷召集九位医官以《新修本草》为蓝本，编成《开宝重订本草》，收集药物984种，比以前多出一百多种，成为第二本官撰药典。

《开宝本草》完全以文献为根据，整理工作并不完整，因此嘉祐年间再次增订，命掌禹锡、林亿等人参考经史百家之书，并仿《新修本草》的先例下令各产药地采集药材标本送至京师，凭标本完成《图经》一册与《本草》并行，是为《嘉祐补注神农本草》，收录药材1,084种，《嘉祐本草》显示了宋代医官高度的学术水准以及宋代医学的成熟与渊博。

徽宗时又诏翰林医官多人编成《政和本草》，收录药品多达一千七百多种。宋室南迁之后仍然不忘重视医药的一贯传统，高宗时命王继先等编成《绍兴校订经史类证备急本草》。

从“开宝”到“绍兴”，在短短一百多年之间先后出现了四部国家药典[50]，不但使方家民众有所遵循，而且每一次的集结都促进了中国药物学的长足进步。

医书的编纂：宋太宗曾将亲自检验的药方千余首交翰林医官院，命王怀隐等人加上校验后的祖传秘方万首合编为《太平圣惠方》，该书以1,729个病症为中心将16,834个处方分门排列，前后共花费15年才编辑完成。仁宗时又选出其中重要处方编成《简要济众方》五卷，普遍流传。后又编《神医普救方》、《集验方》、《庆历善救方》等书，规模最大的则推《圣济总录》，共二百卷，收集处方两万余首[51]。

50. 蔡仁坚，《科学与古老中国》，页21—24。

51. 宫下三郎，《宋元の医疗》，页137。

这些刊行的医书都是采民间家传的药方加以精细的检验，选择效果良好的处方编辑而成，再以国家之力经严密校订后出版。从名称上来看，这些书都冠以“普救”、“济众”等字眼，也显示了政府对大众健康的关怀。

另外，宋朝还有一个极为特殊的机构，那就是“校正医书局”[52]，宋以前医书的流传主要靠抄写，不但数量少而且常有错误，印刷术发明后为书籍校刊创造了有利的条件，古代的医书如《内经》、《难经》、《伤寒论》、《金匮要略》都经过他们的校订，他们的工作对当时医学的发展与后代医学文献的保存有很大的贡献。

《明堂图》的校订与人体模型的铸造：近人讨论中医问题常常认为解剖学的缺乏是中医无法现代化的主要原因，而解剖学的不发达或有可能由于“身体发肤受之父母，不敢毁伤”的伦理观念，但是从医学本身的发展，我们也可以找到另外的解释：传统的病因学以为疾病是由于经络之内气体运行的障碍所造成的，所谓经络是指内脏与体表之间的连络管道，这种管子借着气与内脏相连，人身的经络就像地上的河流，河流泛滥时有赖疏导，经络淤塞时也要加以疏通[53]，中国针灸术就是在这样的理论下产生的，针刺可以泄邪气、浊气，通荣气、精气，灸法则借热使气畅通。因此古人相信经由外在的针与灸就可以治病，所以主要的兴趣集中于经络的研究而不是人体解剖[54]。

《明堂图》就是标准的经络图（图八），唐代《明堂图》经孙思邈校订，分为仰人、侧人、伏人三图，各经脉以不同的颜色表示，宋时发现此图错误很多，敕命翰林医官王惟一加以校订，同时为了更具体地了解经穴的分布，又铸造了两座铜制的人体模型，作为教学之用，据说考试时在铜人外侧涂以黄蜡，里面灌水银，如果学生将针正确地刺入经穴之内水银立刻从中泻出，设计十分精巧[55]。

2. 太医局　太医局主持医学教育。设提举一名，判局两名（正、

52. 同上，页146。

53. 李涛，《医学史纲》（上海，中华医学会，民国二十九年），页106－108。

54. 解剖学的缺乏是中医致命的缺憾，这和以阴阳五行为基础的经络说有密切的关系，本文只是介绍经络说的含义，至于该说的评价尚有待未来的医学研究加以澄清。

55. 宫下三郎，《宋元の医疗》，页138。

副校长），下分九科，每科置教授一人，选翰林医官担任，各科名称和学生人数如下表：

科别	太方脉	风科	小方脉	疮肿兼折伤	眼科	产科	口齿咽喉科	针灸科	金镞兼书禁科	合计
人数	120	80	20	20	20	10	10	10	10	300

从分科的精细可以看出医学的进步，学生修习的课程包括《素问》、《难经》、《伤寒论》、《巢氏病源》、《太平圣惠方》等书，每月都有考试，测验学生对医书的了解，并以实际病例作纸上诊断和治方[56]。除了学习书本的知识外，还要参加医疗实习，太学、武学诸生和各营将士生病时可轮流前往太医局，由实习医生医治，治疗的经过都详细地记录下来，治愈率过低的医生要受处罚，学生的成绩由平时考试和医疗实习两者综合评定。

神宗时王安石改革教育，医学教育也实行太学三舍法，分为外舍、内舍、上舍三级，学生通过考试可逐步由外舍升到上舍，上舍生卒业测验合格可任职翰林医官院或补各地医学教授。

高宗绍兴十年（1140年）以后，医学考试制度又有新的发展。医学生除了要考专业科目外还要加考儒家经典，孝宗淳熙十五年（1188年）敕令医师考试包括儒家经典、脉学和其他医疗技术[57]。这个改变十分重要，由于加考儒家经典使儒学与医学受到相同的重视，主持国家医务的医官除了具有高超的医疗技术外还有相当的人文素养，这种医生在传统上称为“儒医”，儒医的基本精神是以仁为本，明辨利义，所谓“人命至重，贵于千金，一方济之，德逾于此”，就是以悲天悯人的情怀发而为救世济民的责任感，国人一直以儒医为医者最高的理想，这种精神在今日仍应发扬光大。

56. 陈邦贤，《中国医学史》（台北，商务，1965年），页133。

57. Joseph Needham, “China and the Origin of Qualifying Examinations in Medicine”, p. 391.

从太医局精细的分科、严密的考试以及医学实习和加考经典，可以了解宋代医学教育的进步与完整。

南宋时虽然国力衰微，但医学教育仍然完备，吴自牧在《梦粱录》中曾生动地描绘13世纪杭州地医学院[58]。

58. 胡菊人，《李约瑟与中国科学》，页150。

太医局位于通江桥北，学校正殿供奉医师神应王，配祀古代善于医药的岐伯善济公，庄严而堂皇，校长由御医担任，另有四位医官任分科教授，学生共250人，每人都穿戴特别的衣帽，学校的伙食非常丰盛，管理教学也很严格，每月每季都有考试，另外建有8间学生宿舍，宿舍的匾额都题上医道上修身养志的格言。

在这完善的环境里为宋代孕育出无数优良的医师。

3. 官药局　北宋初年药商垄断药材，市面上药品缺乏，成药的规格也不统一，医家和病人都很不方便，因此在神宗熙宁九年（1076年）由太医局创立“卖药所”，后交太府寺掌管，并扩大为制造药剂的“医药和剂局”和贩卖药品的“医药惠民局”。

药局的营业资本由太府寺供应，每年户部还有补助，出售的药品按方炮炙质量较好，贩卖的价格大约是市价的三分之二，在疾病流行期间还有免费施药的措施，并规定经常检查，无效的药物要及时毁掉，晚上也有人轮流留守，供应夜间急发的病患。

唐代太医署也有药库，但只供应军人和官吏，宋代的药局则为广大的民众服务，官药局的设立对医疗大众化有不可磨灭的贡献。

• 金元明清的太医院

中国官方医学研究到了宋代达到最高峰，元代以迄明清整个发展停滞了下来，这段时间西方的医学却突飞猛进，一直到今天西医的兴盛与中医的没落形成一强烈的对比，在这历史转变的关键时期，中国医学的进展值得加以特别的重视。

金时女真统治北方，医事制度基本上沿袭北宋，当时把专为皇室贵族服务的医药机构改称“太医院”；在医学教育方面共分十科，由各府州选择学生入院学习，每月考试以优劣定奖惩，三年再参加太医院举办的考试，民间自修的医生也可以参加，考取后可以补官。

元代以“御药院”掌皇室医事，太医院则负责一般医疗事务，另外各省还设医学提举司，统辖各路医学提举并负责医学考试[59]，后来各地普遍设立医学教育机构，上州中州设医学教授，下州设学正，县设教谕掌管医学教育；当时医学分为13种，考试科目有《素问》、《难经》、《本草》、《千金方》、《圣济总录》等科。

59. 见《金史》与《元史·百官志》。
60. 宫下三郎，《宋元の医疗》，页137。
61. 李涛，《医学史纲》，页132。
62. 陈存仁，《中国医学史》（台北，新医药出版社，1977年），页74。

金元时代中国医学的主流由官方转入民间，金元四大医家刘完素、张子和、李东垣和朱丹溪，除了张子和曾为太医院医官外，其他都是民间医生[60]，这时医者的共同信念是“疑古”，大家都认为古方不能治今病，想另外配出药方给病人服用，如张子和平素治病不用古方，李东垣在济源时当地疫疠流行，古方不能治，乃“废寝食，循流讨源，察标求本，制一方与服之乃效”[61]。

疑古的心态使医者纷纷实验研究寻求新的解答，对当时盛行地《和剂局方》也积极地加以批判，朱丹溪著《局方发挥》，指出《局方》好用矿物药如硫黄、水银、金银来治中风，用辛香燥热的刺激药品治神经精神病，都是害多益少[62]。

金元时代怀疑和实验的精神是传统医学中最缺乏也最需要的，但是却无法形成对传统医学全面性的检讨，主要的原因有两点：（一）门户之见。《四库全书总目提要》云：“儒之门户分于宋，医之门户分于金元”。传统医学在宋以前并无派别可言，至12世纪，疑古精神使各家自求解答，于是是己非人而生门户，这一点暴露了医学主流脱离大传统之后而出现的弊病，各派意见分歧，无法调解融合进而开创医学的新境界。（二）阴阳五行。由于理学的影响，“运气”之说盛行，疑古的实验精神掉入阴阳五行的泥淖中，当时以为在天之气有六（风寒暑湿燥火），在地之质有五（木火土金水），再以十天干，十二地支与之对应，由年岁的干支可以推知“岁气”，由岁气推定今年会得什么病，应该用什么方法治疗，后来甚至演变为生病时不顾病症，完全依生病之日的干支而下药。在药物学方面也受到影响，中国古代药方多而立论少，在讨论药性时只说某药主某病，某症用某药，到了金元时期，医家企图掌握用药的原则，于是分析药物的形色气味，生长地的湿燥，地域的南北，苗秀花实根茎叶各部分，以及采取的时节配合阴阳五行之说作为用药的准绳，原则的追求是科学发展必经的阶段，但当时医者却从玄学的角度而不是从实证的角度来追求原则，只有走进死胡同之中。

门户之见分散了医学研究的力量，阴阳五行将医学导入歧途，此后中国医学逐渐停滞不进，金元医家难辞其咎。

明清时代基本上继承了金元的传统，明代太医院分为十三科，医官和医生都是专攻其业，分为大方脉、小方脉、妇人、疮疡、针灸、眼、口齿、接骨、伤寒、咽喉、金镞、按摩、祝由等。15世纪以后在南京和北京都设有太医院[63]。

清初太医除分为十一科，其后屡有变动，下表可以帮助我们了解分科的演变[64]：

63.《明会典》（台北，商务，1968年），卷二二四，页4413－4426。

64. 鲁仁辑，《太医院志》，《中和月刊》，三卷6期（民国三十一年），页24－35。

时间	分科											合计
顺治（1644－1661年）	大方脉	伤寒	妇人	小方脉	痘疹	疮疡	眼科	口齿	咽喉	针灸	正骨	11
嘉庆二年（1797年）	大方脉	伤寒	妇人	小方脉		疮疡	眼科	口齿咽喉		针灸	正骨	9
嘉庆六年（1801年）	大方脉	伤寒	妇人	小方脉		疮疡	眼科	口齿咽喉		针灸	并入上驷院	8
道光二年（1822年）	大方脉	伤寒	妇人	小方脉		疮疡	眼科	口齿咽喉			并	7

同治五年（1866 年）	大方脉	小方脉	外科	眼科	口齿咽喉		并	5

由表中可知分科有逐渐减少的趋势，大方脉、伤寒、妇人合为一科，痘疹并入小方脉，咽喉口齿也并为一科，道光二年（1822 年）以后针灸科取消，科学的进展无不走向专业化与精细分工，但清朝在医学分科方面却反其道而行，官僚制度完全丧失了指导科学发展的功能，而针灸的废止更显示当时对传统医学已经失去了信心，针灸废止的原因据“太医院志”：“道光二年奉旨：针灸一法由来已久，然以针刺火灸究非奉君之所宜，太医院针灸一科著永远停止”。针灸治疗方式的不当，应该积极地研究改进，而不是消极地废止。

中国医学到了明清时代已经成了强弩之末，在思想方面，明末兴起一派尊古的医者，他们强调非《内经》、《伤寒论》不读，非《本草》所载之药不用，到了清初由于统治者的钳制，考据校勘之学大盛，医学也受到影响，医者花费毕生精力考证《本草经》、《伤寒论》的一字一句，自以为这样就得到医学的真谛，实验研究的精神荡然无存。尊古的传统也导致盲目的保守主义，医者将《黄帝内经》与《神农本草》奉为经典，遇到不治之症，以为是自己尚未精通古典医书，而不知深入观察研究，同时这些人对新学说和新发明也采排拒的态度，康熙时巴多明（Dominique Parrenin, 1669 - 1741）用满文译《人体解剖学》六卷，并附化学毒物与药学于其后，费8 年的时间才完成，进呈康熙帝时却因为御医的阻挠未能刊行[65]。李约瑟指出中西医学的交流期大约始于19 世纪，但融合期却尚未开始[66]。

在本草学方面，明代曾由官方修撰《本草品汇精要》，由刘元素、施钦等41 人编纂，清康熙年间又命太医院编了一部续集，这本书依《证类本草》的体例，记载非常简洁，并附上彩色的插图[67]。

65. 李涛，《医学史纲》，页282。
66. 胡菊人，《李约瑟与中国科学》，页65。
67. 陈胜崑，《中国传统医学史》（台北，时报，1979 年），页165。68. 余英时，《历史与思想》（台北，联经，1976 年），页1。

但是中国本草学集大成之作不是官修的，而是由明代李时珍以个人之力花费26年才完成的《本草纲目》，这本书共五十二卷，记载药物多达1,892种。

在医书方面，明末王肯堂曾编《六科准绳》，清高宗诏太医院诸人合各省医家共同编纂《医宗金鉴》，详细地记叙各种症候和治疗的方法，成为习医者必读之书，今天中医师检定考试也要考这本书；另有《古今图书集成医部全录》，收集历代医书，是一套医学的百科全书。

官僚制度与科学研究

韦伯（Max Weber）从“理性化”的观点探讨中国的官僚制度，认为：中国官僚制度的特色是技术性、服务性以及专业性，带有高度理性的精神，这一点正是促进科学发展的主要因素；但从另一方面来看，强烈政治传统造成的一元价值也对科学发展构成牵制的力量。余英时也指出，中国政治传统有“反智”的倾向[68]。我们发现官僚制度的政治传统，对科学发展的影响极为复杂，有促进的作用也有限制的作用，试析如下：

1. 学术发展要有历史传承，科学研究也需要历史传承。官僚制度最重要的贡献，就是科学经验的保存与延续，中国官方科学研究一脉相承未曾断绝，天文机构的例子显示：就是在最混乱的五胡十六国时期仍然持续不断，因此带来了极为丰硕的科技成就，例如历代史籍记载的天文资料、唐以来公布的医书和药典，都是通过历代官方组织整体的合作才得以完成；在器物方面，宋代水运浑天仪是延续汉代张衡的传统，经唐梁令瓒到宋苏颂才完成。教育制度的设立对经验传递更为重要，钦天监和太医院都以研究和教育作为并重的两大目标。因此在近代以前中国科学的兴盛是有其背景的。

2. 官方科学研究机构显示出细密的专业与分工。天文学方面，制

68. 余英时，《历史与思想》（台北，联经，1976年），页1。

器、观察、报时、历法的设计以及资料的记录都有专人层层负责；医学方面，精细的医疗分科、药物调配与管理、教学研究等工作也是各有专精；专业与分工是官僚制度下科学研究的另一特色，也是推动科学进步的重要力量。

3. 传统社会中，科学研究者虽然受到人们相当的尊重，但在观念上却不是一个令人羡慕的职业，科举制度成立之后，状元及第、金榜题名成为大多数知识分子的梦想，中国读书人常说："不为良相，当为良医"，这表示只有在当不成良相的时候才愿意去当良医，传统知识分子对科学只愿意培养一种"业余兴趣"；从另一个角度来看，科学研究和现实政治始终纠缠不清，这似乎也是出于同一心态，天文人员涉足政治纠纷的例子不胜枚举，由于过度强烈的政治传统造成价值的一元化，任何事情只有通过这一价值才能得到本身的意义，因此，科学研究在外表组织上虽然是专业与分工，但就内涵而言却缺乏专业的精神。

4. 隋唐时代开始建立的科举制度，本质上是一种以公平考试来登用人才的方法，一般人总认为，科举制度阻碍了科学发展，但实际上在初期并不是这样，科学是指"分类的知识"，科举二字则为"分科以考试来举荐人才"，两者意义有相合之处。唐代开科取士，所考的科目包括了"数学"、"天文历算"、"医药学"，因此考试制度多少也会促进科学的进步，李约瑟指出唐代医师考试制度传入阿拉伯，阿拉伯再将之传入欧洲，造成深远的影响，但是宋以后重行政官而轻技术官，为政者也借此制度笼络读书人，科举才逐渐沦为顾炎武所谓"八股之害，甚于焚书"的坏制度，这时，科技家要是无法通过科举，就不可能有飞黄腾达的一天，严复就是一个很好的例子[69]。

以上只是一个初步的分析，希望通过这个分析，对中国科技传统的演进能有进一步的了解，我们相信愈了解这复杂的传统，就愈能向现代化的路子迈进。

---

69. 薮内清著，《中国科学文明》，页178。

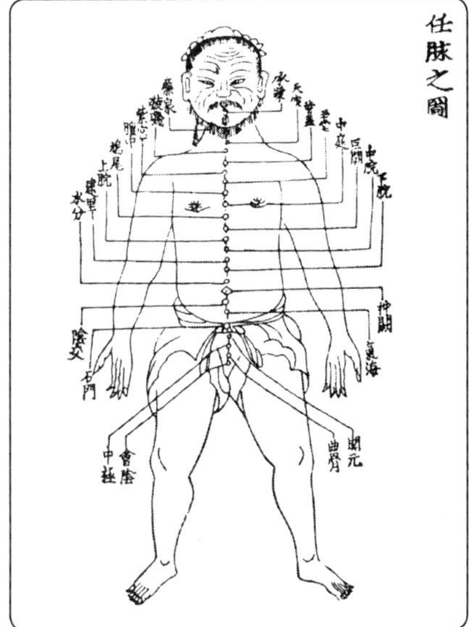

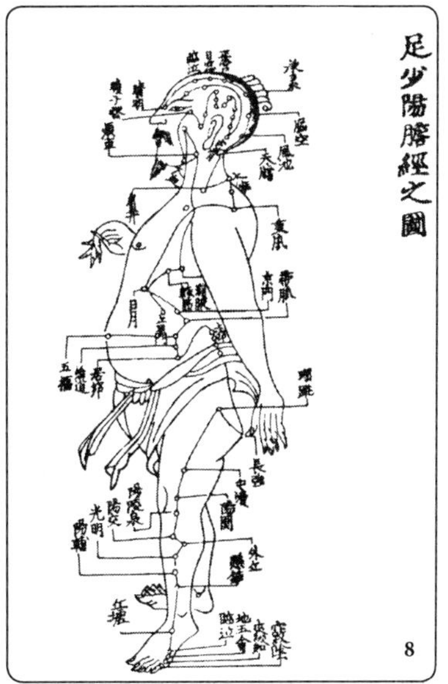

图八 明堂图，古代绘有人体经脉经穴的图像或挂图。明堂图是标准的经络图，各经脉以不同的颜色表示。

自然知识的宝库

历代科技著作的分析

鲁经邦

人类要想了解过去的文明，最主要的媒介就是祖先遗留下来的器物与典籍；而知识的传承，最重要的凭借就是书籍。因此，通过对科技文献的分析，可以为整个科技传统的发展提供一个很明显的脉络，有助于对这个问题的认识。本文将介绍一些代表性的科技典籍，并作浅显的分析，冀为有心探讨中国科技发展的读者提供一个例证，建立更深的信心。

中国传统科技发展的范畴相当广泛，文献也非常多。本文仅就数学、物理学、医学、本草药学、炼丹术以及农学等方面，选取代表性著作，简介其作者、时代背景与内容，并且着重分析各书在科技上的成就与发展的限制，以及在同一范畴内的知识传承脉络。最后附举集大成的《天工开物》略作评析。

数学

追溯中国古代数学的起源，就像追问谁是第一个使用火的人一样，很难确定谁是第一个懂得计数的人。中国古代数学发展的早期，数的起源以及结绳、规矩等几何观念的产生，有着许多的传说[1]，却一直缺乏系统的文献记载。直到秦汉全国统一后，各种科技不断进步，也促进了数学的发展。现存最早的数学专著《九章算术》，就是在这个时代产生的。本节拟就《九章算术》、《缉古算经》、《数书九章》、《测圆海镜》、《杨辉算法》、《四元玉鉴》以及《算法统宗》等具有代表性的数学名著加以讨论。

1. 参阅李俨，《中国算学史》（台北，商务，1978年第五版），页1—10。

•《九章算术》

《九章算术》的作者与成书年代不可考，现传的版本系刘徽的注本，年代大约在263年前后。依刘徽《九章算术注》的序文看来，原书大抵是在周秦以来中国古代数学的基础上逐渐发展，累积多人的智慧而成的。又经西汉张苍、耿寿昌等人删补，是现存中国传统数学最早的经典[2]。

《九章算术》计分方田、粟米、衰分、少广、商功、均输、盈不足、方程、勾股等九章，以问题集的方式编写，全书共计246个问题，充分反映了当时算学发展的实用背景。

从数学的成就来看，《九章算术》包括：系统的分数四则运算、各类型的比例问题；代数里的开平、立方法、联立一次方程式的解法、正负数的概念及加减法则；几何上各种面积、体积的计算等。在那个时代而言，都可算是世界性的成就[3]。

当然，《九章算术》之所以在传统数学发展上占这么重要的地位，主要还是通过了刘徽和李淳风的校注。刘徽，魏晋时人，他的身世无考，但成就却非常可观，他做了许多原创性的工作，为中国数学史写下了辉煌的一页。他最主要的成就，如割圆术为圆周率的计算开创了新的纪元；他也是第一个应用极限概念来解决曲线形面积、体积问题的数学家。这些重要的成就[4]，都是世界性的，而且是通过《九章算术注》表现出来。他注释《九章算术》，为它的各种算法提出简要的证明，弥补了原书的缺陷，使其成为完整的数学著作。《九章算术》的内容和体例对中国古代数学有很大的影响。16世纪以前的传统数学书籍大都是应用问题集解的方式，原则上都遵守《九章算术》的体例。后世数学家即使有创新的概念和方法，或突破性的成就，也都是秉承着《九章算术》的基础而来的。唐代李淳风受高宗诏主持注释《周髀算经》、《九章算术》、《海岛算经》、《孙子算经》、《五曹算经》、《夏侯阳算经》、《张邱建算经》、《五经算术》、《缉古算经》、《缀术》（已亡佚，宋代刊刻以《数术记遗》取代之）等十部算经（今称《算经十书》），令颁国学行用，成为我国历史上第一部官方颁行的数学教本，奠定了后世算学普及的基础。影响所及，远至朝鲜、日本[5]。由于刘、李二氏的校注

2. 另一部成于西汉末东汉初的《周髀算经》，虽然有许多相当进步的数学知识，但它还只能算是天文学的专门著作。

3. 见洪万生，《重视证明的时代——魏晋南北朝的科技》，载本书页72－107。

4. 见洪万生，《中国 π 的一页沧桑》（台北，自然科学，1981年），页34。

5. 见李俨，《中国古代数学简史》（台北，九章，1981年），页124－125。

工作，使得《九章算术》成为不朽的名著，也成为研究中国数学史最重要的原始文献之一。

• 《缉古算经》

《缉古算经》为唐初王孝通所撰，成书年代约在7世纪初期[6]；王孝通曾任太史丞，系国家天文台的官员，是数学家兼天文学家，分别在武德六年与九年两次校勘傅仁均所编《戊寅元历》，提出批评，驳正错误三十余条。他的数学成就主要表现在《缉古算经》中，从《缉古算经》自序看来，他的自负在中国数学家中是很少见的[7]。

《缉古算经》包括20个问题，第一题为天文历法计算月亮方位的问题。第二至五题为有关台、堤与河道修筑的计算问题。第六至十四题为各种有关粮仓粮窖修筑的问题。第十五至二十题则为勾股问题，唯除十五、十六两题外，其余四题均已残缺不全[8]。

全书最重要也最令人注意的，是关于修筑两端宽狭不一且高低不同的堤坝问题。在这一类问题中，王孝通从他对几何图形的认识列出了正系数一元三次方程式，并发展了它的解法，即所谓的“带从开立方法”[9]。据现有的资料显示，中国古代最早记载这个方法的文献就是《缉古算经》。全书20题中列出的三次方程式多达28个，唯系数与解出的根都仅限于正数。到11至13世纪，中国的数学已进步到可以求解任意高次方程，系数亦不限于正数，更有完整而系统的列式方法[10]。在这方面，王孝通在《缉古算经》里的开创性工作功不可没。

• 《数书九章》

我国数学历经汉唐千余年的发展，形成一个以《算经十书》为根本的完整体系，到了10至14世纪宋元两代，又步入新的境界，最具代表性的数学家有秦九韶、李治、杨辉与朱世杰。

6. 同上，页119。
7. 见钱宝琮，《中国算学史》（台北，九章，1979年），页62。
8. 李俨，《中国古代数学简史》，页119。
9. 同上，页122。
10. 同上。

秦九韶，字道古，自称鲁郡人，实际生于四川。当时人对他即有“性极机巧，星象、音律、算术以至营造等事无不精究”[11]的评价。他曾在四川做过县尉一类的小官，当时正值蒙古人攻打四川，他的代表作《数书九章》就是在这种兵荒马乱，长期艰困的情形下完成的。

《数书九章》成于1287年，内分九大类，每一类有九个题目：（一）大衍类，叙述联立一次同余方程式的解法——“大衍求一术”[12]。（二）天时类，为有关历法、降雨量及降雪量的计算。（三）田域类，为土地面积的计算。（四）测望类，为勾股重差的问题[13]。（五）赋役类，为均输与其他税收的计算问题。（六）钱谷类，为粮秣转运及仓窖容积的计算问题。（七）营建类，为工程施工的计算问题。（八）军旅类，为营盘布置与军需供应的计算问题。（九）市易类，为交易问题与利息的计算问题。

全书有许多复杂的问题，例如遥度圆城一题中，方程式的幂数高达十次，显示了当时数学已发展到相当高的水准。不过秦氏在《数书九章》里的表现并非十全十美，例如他的“大衍求一术”系将一次同余理论和《易经·系辞传》里的大衍之数附会发展出来，就表现了数学思想上的矛盾[14]。此外，对高次方程的列式法也还缺乏系统的方法。

不可否认的，《数书九章》在中国数学史上仍有可敬的成就。它最主要的贡献可以从下面两点看出。（一）该书把“韩信点兵”的解法系统化，亦即“大衍求一术”。虽然这个方法在思想基础上有前述的缺失，但却是“中国剩余定理”的源头。（二）数字系数高次方程式的解法，经11世纪中叶的贾宪、刘益等人的研究，逐渐发展而成增乘开方法[15]，到秦九韶已将其推广成一般任意高次方程式的普遍数值解法。而这种增乘开方法在西方直到19世纪才被提出[16]。

---

11. 同上，页133。

12. 关于“大衍求一术”之解析，参阅李俨，《中国古代数学简史》，页188－193。

13.“勾股重差”之介绍，参阅钱宝琮，《中国算学史》，页44。

14. 李俨，《中国古代数学简史》，页133。

15. 同上，页137－140。

16. 同上，页141－142。

• 《测圆海镜》

与秦九韶同时代，在北方出现了另一位杰出的数学家李治。他的成就极为辉煌，《测圆海镜》就是他的代表作。

李治（1192－1279年），号敬斋，真定栾城人，曾在金朝做过知事的官。元朝入主中原后即隐居，对元世祖忽必略多次召见封官均辞而不受。他的著作有《益古演段》与《测圆海镜》，前者是根据前人著作《益古集》改编而成。他最主要的数学成就则表现在《测圆海镜》一书，而且在序文里就表现了他对数学相当中肯的看法[17]。

《测圆海镜》共十二卷，170个题目。所有的问题都是已知直角三角形中各线段进而求其内切圆、旁切圆的直径一类的问题。而这一系列的题目推演了《测圆海镜》最重要的成就——"天元术"的发展[18]。这是一种可以根据已知条件列出方程式的方法。所谓"天元"即是问题里的未知数；"立天元一为某某"就是"设X为某某"，其列式的方法已和现在数学课本列方程式的方法大致相同。从"天元术"的演算中，可以了解当时中国的数学家已能十分熟练地掌握多项式的四则运算。即使遇到无理式，他们也能以乘方消去根号而使之成为有理式；遇到分式亦能通分化成整式求解。"天元术"的起源，据研究大约是在13世纪初期，到了李治的《测圆海镜》时已发展得相当完备。

• 《杨辉算法》

杨辉，字谦光，钱塘人。主要的作品有完成于1261年的《详解九章算法》与1262年的《日用算法》，这两种均已残缺不全；另外他在1274年完成《乘除通变本末》三卷，1275年完成《田亩比类乘除捷法》二卷以及《续古摘奇算法》二卷。这三种合计七卷，合称为《杨辉算法》。

杨辉的著作浅近易读，他主要的功绩并不在原创性的工作。但他

17. 同上，页134－135。

18. 李俨，《中国算学史》，页63－95。

搜罗资料非常广泛，并在著作中收录了现在早已失传的数学著作中的一些问题与算法，通过他的作品，我们才能稍微了解唐宋以来一些失传著作的原委。例如贾宪所创的“增乘开方法”就是通过杨辉的著作才保存下来的[19]。

《杨辉算法》的重要成就可以就下面几点来看：(一)在《乘除通变本末》里，杨辉提出了一个“习算纲目”，这在当时是很流行的数学课程进度表，是了解当时民间数学教育的珍贵史料。(二)在高次方程式的解法方面，刘益所著的《议古根源》有很高的成就[20]，但他的著作早已失传，也是通过杨辉的《田亩比类乘除捷法》而保存了下来。(三)在宋元数学里有一个很特殊的主题——“纵横图”，即现代所谓的“魔方阵”。这是中国由来已久的数学游戏，就是将连续的自然数放在 n^2 个格子中，形成一个方阵，而要求各行、列与对角线的和相等，颇饶趣味，在《续古摘奇算法》中有不少关于这方面的记载[21]。

当然杨辉所保存的珍贵史料还有很多。他虽然没有原创性的成就，却能跻身宋元四大数学家之一，足见其搜集资料的努力与处理材料所表现的才华，不是寻常人所能望其项背的。

19. 李俨，《中国古代数学简史》，页135；洪万生，《中国 π 的一页沧桑》，页14。
20. 李俨，《中国古代数学简史》，页150。
21. 同上，页193－195。

• 《四元玉鉴》

除了前面所介绍的三位宋元时代伟大的数学家外，同时期另外一位被后世誉为学贯古今最杰出的数学家是朱世杰，从现存的史料来看，他也是中国古代第一位周游四方的职业数学家与数学教育家。

朱世杰，字汉卿，号松廷。他主要的著作是1299年完成的《算学启蒙》三卷与1303年完成的《四元玉鉴》。这两本书都完整地流传至今。其中《算学启蒙》一书体系完整，由浅入深，由最简单的四则运算到开方、天元术，几乎包罗了当时全部的数学内容，是一本非常好的启蒙书籍。而朱世杰在数学上最杰出的成就则表现于《四元玉鉴》一书之中。

《四元玉鉴》全书共三卷，分28门，共计288个题目。二次及二次以上的多元联立方程式为其主要内容，另一主题是有限级数求和问题。《四元玉鉴》的主要成就如下：（一）创“四元术”[22]，它把“天元术”由只包含一个未知数的方程式，扩展到二元至四元的方程式组；并提出四元消去的方法，以求高次方程式组的解。而西方高次方程式组的消去求解方法，要到18世纪末才首次出现系统的叙述[23]，较诸《四元玉鉴》慢了五个世纪。（二）垛积招差术的发展[24]，这是有关高阶等差级数的问题。这方面的研究创始于北宋的沈括，而朱氏对这个问题作了系统而详尽的探讨，并得到一般性的解法，不论在理论或计算技巧上都表现了很高的水准。在世界数学史上，《四元玉鉴》被誉为中世纪最杰出的著作之一[25]。

22. 同上，页162－170。
23. 同上，页171。
24. 李俨，《中国算学史》，页130－137。
25. 李俨，《中国古代数学简史》，页137。
26. 有关珠算的起源，请参阅李俨，《中国算学史》，第八章。
27. 李俨，《中国古代数学简史》，页219。

• 《算法统宗》

在中国传统数学史上，明代程大位的《算法统宗》是一部非常重要的著作。从流传的长久、广泛与深入而言，任何一部数学书籍都无法和它相比。程大位是明代安徽休宁人，精于算学，他曾搜集许多的书籍，穷数十年的努力，在60岁那年（1592年）完成了《算法统宗》。

《算法统宗》是一部应用数学的书籍，它以珠算为主要的计算工具，而编排则依照传统问题集的方式，共分十七卷，合计595题。它在数学史上的主要成就：（一）是珠算的推广。珠算的创始者与其产生的年代，至今未有定论，据研究，珠算是由筹算演变而来的[26]。大约在15世纪时，珠算的使用已经很普遍了。有关珠算的记载文献最早为元末陶宗仪的《辍耕录》，明朝也有许多有关珠算的书籍，而以《算法统宗》传播最广，影响也最大。主要是由于书中引用的珠算四则运算歌诀[27]已相当完整，直到现在这些歌诀还普遍通行。总之，《算法统宗》的成书及其广为流传，象征着筹算演变到珠算的完成。从此珠算普及并成为主要的计算工具。（二）内容丰富，尤其在它的书末列出了宋元以来各种数学著作的书名，多达51种[28]，对了解宋元以至明代的数学发展是极有帮助的。

不过，《算法统宗》也象征着中国传统数学的没落。自从1607年徐光启与利玛窦合译《几何原本》以后，中国数学即走向一个会通交融的途径。明清两代其他数学家在这个基础上虽有若干原创性的成就，但是摆到世界史上已无多大意义[29]，最值得注意的却是他们能逐步地把中国数学发展纳入世界数学的潮流之中，从而为20世纪20年代以后中国数学家迈向国际数学界，奠定了良好的基础。

以上的分析，虽非传统数学发展的全貌，但已能很清晰地展现整个演进历程的轮廓，这正显示了数学的发展在中国科技史上是成就较为明显的一支。

从传承的角度来看，中国数学在知识的传承上有着很明显的脉络；从著作的编排来看，自《九章算术》以至《算法统宗》，都采问题集的方式编排，而且中国古代数学家的研究工作多半是从《九章算术》入门，并承继其他先期数学家的成就或是基于当时的需要，在这个基础下获致高度的成就。

中国古代数学著作所接触的题目都与实际生活题材发生密切关联，说明中国数学的发展最早是起源于实用的动机。但不可否认的，中国古代的数学家在这些数学著作里所表现的高度成就，也有不少远超过实际需求的[30]。这显示古代的数学家曾在已有的实用数学知识基础上向前迈进了不少，只是未能更进一步地把数学知识放进一个形式的理论框架中去研究，这可能是中国数学到了明代以后未能再进步的一个原因。

古代的数学文献也显示，中国传统数学记载是在筹算的制度上建

28. 同上，页220；李俨，《中国算学史》，页155－158。

29. 明清两代数学家的成就参阅李俨，《中国古代数学简史》，第七、八、九章。

30. 洪万生，《中国π的一页沧桑》，页16－17。

立起来的，筹算的发明使中国数学的发展在中世纪就达到了高度的水准。但是中国的数学也可能因此未能走向符号化的途径，使其发展受到限制。例如以高次多元方程式组的发展而言，由于筹算法只能表示四元方程式，故而四元术成为我国方程式论发展的极限，就是一个很明显的例证。

物理学

中国传统科技中“物理”一词与现代所谓“物理”有很大的差异。在传统科技上“物理”所指的是所有的自然现象，因此现代物理学里力学、电磁学、光学等各方面的知识，在传统科学里并不是一个特定的范畴，故而我们无法像数学一样找到一本有关物理学知识的专门著作。本文仅就在工艺上应用较多的力学、光学、磁学以及热学、声学等几种较具体的物理学知识，选择《墨经》、《考工记》、《论衡》、《梦溪笔谈》等有关的代表著作，加以讨论分析。

•《墨经》

在中国古代典籍里，有关近代力学、光学等物理学知识的记载，《墨经》可算最早，这是先秦墨家思想的代表作。

墨子，名翟，生卒年代不能确知，在考据上也有争论，依梁启超的研究，大约在孔子卒后十年至孟子出生前十年之间。墨子出身贱民阶层，却能与其门徒刻苦自励，形成一个强有力的学派，在文化传统上取得很重要的地位。他有着特立独行的人格和广泛的思想领域[31]，不但有崇高的理想，并能将这些理想付诸实践，甚至能发明优异的技术克服阻力与困难以达成理想。这在传统的知识分子中并不多见。因此，在墨子思想的典籍里找到一些相当进步的科技知识的记载，是不足为奇的。

31. 关于墨子的思想与人格，参阅韦政通，《先秦七大哲学家》(台北，牧童，1976年再版)，第五章。

墨子的思想表现在《墨子》一书[32],《墨经》为其中的一部分，在先秦学术中独树一格，它并不是一个人的著作，而可视为墨子和他的弟子共同的学术成就。《墨经》共有四篇，分为《经上》、《经下》;《经说上》、《经说下》，共184条经，每条经又各有一条经说。每一条经文代表一种看法，而对应的经说则对这条经文作进一步的阐释，且经文、经说及其相互间的关系，都有相当严谨的推理过程。《墨经》涉及的领域很广[33]，其中就有相当进步的力学与光学的知识。

从传统科技的演进来看，传统力学知识是随着水利、建筑、手工艺等工艺技术的经验发展出来的。《墨经》对“力”的意义的说明是从对重力的认识而来[34]；另从桔槔、秤杆的经验中，《墨经》里已有相当完整的杠杆定律[35]；从《墨经》对轮轴、斜面的叙述，可了解在当时已有反作用力的观念[36]；对于物体在水中浮沉的原理，《墨经》也有很精辟的叙述[37]；对于自然界的运动现象，《墨经》也已提出了相对性的概念[38]（这是指古典力学里的相对运动而言，而非爱因斯坦的“相对论”）；甚至，《墨经》中已将时间和运动的概念作相当正确的联系[39]。《墨经》对力学的看法虽不及现代人那么精确和严谨，但以那个时代的学术水准来看已经是相当前进了，许多观念的提出都不比西方迟。

在几何光学方面，《墨经》亦有相当高度的成就。它对“投影”和“成像”的原理都有很详尽的论述。在投影的论述中，正确地分析了投影

32.《墨子》一书的简介，参阅李渔叔，《墨子今注今译》（台北，商务，1980年8月四版），《墨学导论》，页17－23。

33.参阅王谦，《中国古代物理学》（香港，商务，1977年），页1。

34.《墨子·经上》：“力，刑之所以奋也”。经说：“力，重之谓。与重，奋也”。

35.《墨子·经下》：“负而不挠，说在胜”。《经说》：“负：横木，加重焉而不挠，极胜重也。右校交绳，无加焉而挠，极不胜重”。又《经下》：“衡而必正，说在得”。经说：“衡，加重于一旁，必捶权重不相若也。相衡则本短标长。两加焉，则标必下，标得权也”。

36.《墨子·经下》：“倚者不可正，说在梯”。《经说》：“挈，两轮高。两轮为輲车，梯也。重在前，弦其前。再弦其前，再弦其軎，而悬重于其前，是梯挈且契，则行。凡重，上弗挈，下弗收，旁弗劫，则下直；杝，域碍之也。溜梯者不得溜直也。今天废石于平地，重不下，无踦也。若夫绳之引轱也，是犹自舟引横也”。这条经和经说实际上是说明小车被轮轴往上牵引，小车也必反过来牵引轮轴而沿斜面向上运动；这就犹如岸边的人用绳牵引船头横木，此横木也必反过来牵引岸边的人，结果是船被人牵引而靠岸。由此可见，这是作用力与反作用力的初步研究。

37.《墨子·经下》：“刑之大，其沈浅也，说在具”。《经说》：“刑之具也，其沈浅，非”。按：非，排也；刑，形也。

38.《墨子·经上》：“动，域徙也”。《经说》：“动，偏祭徙，若户枢免瑟”。又，《经上》：“止，以久也”。《经说》：“止，无久之不止，当牛非马，若矢过楹。有久之不止，当马非马，若人过梁”。这两组经文与《经说》把自然界的机械运

的生成与消失[40]，而反对当时一般人认为运动物体的投影是随着物体运动而消失的错误看法；另外还对本影与半影的生成以及“月魄”现象的成因加以分析，光源与物体相对位置发生变化时，影子的大小也会随着变化的现象有详尽的解释[41]。此外《墨经》对针孔成像和平面镜的成像也有非常正确的说明[42]。春秋战国时代，人们已会用铜锡合金制成凹面镜以会聚阳光取火，《墨经》对凹面镜也作了很深入的探讨，已能说明当物体在球心之外，会形成缩小的倒立实像，以及物体在凹镜焦点内形成正立放大的虚像等成像的性质[43]。《墨经》对凸镜成像亦有记载，但不十分正确。

从《墨经》对力学与光学知识的记载中，可以了解《墨经》对这些自然现象已有很深刻的认识，并且还可能经过实验求证的过程获得这些成果。虽然这些理论中还缺乏量化关系和理论系统的建立，但已可体认墨家在求知的过程中已有相当进步的科学活动，所蕴涵的智慧，在那个时代而言，是值得称道的。

• 《考工记》

大约和《墨经》同一时期或稍晚，我国产生了另一部科技著作——《考工记》。

《考工记》成篇的年代也不可考，不过从其序文可知，它大约是春秋战国之交问世的。它的作者也不可知，大抵不是出自一人的手笔，而是累积了多人技术经验的记载，为一集体智慧结晶[44]。

动归纳为相对运动和相对静止两种状态，提出运动相对性的观念，这种观念来自日常生活的观察，是正确的。

39.《墨子·经下》经：“宇进先近，说在敷”。《经说》：“宇，不可偏举宇也。进，行者先敷近后敷远”。又，《经下》：“行修已久，说在先后”。《经说》：“行，行者必先近而后远。远近，修也。先后，久远也。民行修必以久远”。第一条经是说：“物体在空间前进，总是先抵达近的地方”。《经说》的意思则为：“一个物体不可能同时在空间的一切地点运动。所以一个人在行进中，总是先到达近处，才到达远处”。第二条经是说：“一个物体行经一定的距离，要用一定的时间，原因在于他行经各处有先有后”。《经说》的意思是：“因为所有行人都必须先到达近处才到达远处，而远近就是指距离，先后就是指时间。所以人们行过一段距离必定要用一定的时间”。以上关于《墨经》各注的详细解析，请参阅王谦，《中国古代物理学》，页9－19；高亨，《墨经校诠》（台北，乐天，1973年）。

40.《墨子·经下》：“景不徙，说在改为”。《经说》：“景，光至，景亡；若在，尽古息”。这条经的意思是“投影不随物体一起运动，是因为它是沿途不断地改变投影的位置”。《经说》则是说“光照到的地方，影子就消失。若影子不存在，则光将永远止息于远处”。

41. 有关本影与半影生成的经文，《经下》：“景二，说在重”。《经说》：“景，二光夹一光，一光者，景也”。有关月魄现象解释的经文，《经下》：“景迎日，说在转”。《经说》：“景，日之光反烛人，则景在日与人之间”。有关物体与光源相对位置发生变化时，影子大小亦改变的经文，《经下》：“景之大小，说在杝正，

»

《考工记》的内容很广，主要包括车、耒等生产工具、兵器，以及建筑工程等各种工艺的设计和制作规范。其内容之丰富，某些部分记述之完整，在当时的世界上也是少有的，为我国工程技术史上极为珍贵的史料。它不只记载了技术资料，也更进一步地阐明一些从生产活动的经验里所体认到的自然科学知识。某些物理学上的知识在《考工记》里是相当正确而深刻的。

在力学方面，《考工记》有关车轮的记载显示当时已具备滚动物体运动的难易与其接触面积有关的观念[45]。《考工记》对物体受力后运动效果随受力方向不同而改变的事实，显然也已了解[46]。此外，《考工记》还根据车辆行驶地形的不同，规定车轮形状的要求。它也记载了利用物体在水中浮沉的状况来判断材料的均匀性，作为选取材料的规范。箭的制作就是一个很好的例子，当时已了解箭在空气中的稳定性与箭身各部分重量的比例有密切的关系，并且已能利用物体在水中浮沉来鉴定箭身各部分的比例[47]。当时的人也能对不同用途的弓，正确地选取不同的材料来制作[48]。由这些记载可以了解中国古代的工匠从工作的经验里获得丰富的力学知识，并且能够结合这些经验和知识制造符合需要的成品。

在声学方面，透过乐器的制造经验，《考工记》对声音的响度、音品和声源的几何形状间的关系也有相当正确的记载。这也是很杰出的成就[49]。

《考工记》和《墨经》在物理学上都有相当

远近”。《经说》:“景，木杝，景短大；木正，景长小。火小于木，则景大于木；非独小也，远近”。

这三组《经说》与经文的解析详见王谦，《中国古代物理学》；谭介甫，《墨经光学》，《东方杂志》，第三十卷第一三号(民国二十二年七月)；高亨，《墨经校诠》。

42. 有关针孔成像的经文，《经下》:“景到，在午有端与景长，说在端”。《经说》:“景，光之人煦若射。下者之人也高，高者之人也下。足蔽下光，故成景于上。首蔽上光故成景于下。在远近有端与于光，故景库内也”。

有关平面镜成像之经文，《经下》:“临鉴而立，景到：多而若少。说在寡区”。《经说》:“临正鉴，景寡。貌能、白黑、远近，杝正：异于光。鉴景当俱。去亦当俱，俱用北。鉴之者臬，于鉴无所不鉴。景之臬无数，而必过正，故同处，其体俱然。鉴分”。

详见谭介甫，《墨经光学》；王谦，《中国古代物理学》；高亨，《墨经校诠》。

43. 有关凹面镜成像的经文，《经下》:“鉴位，景一小而易，一大而正，说在中之外内”。经说:“鉴：中之内，鉴者近中，则所鉴大，景亦大；远中，则所鉴小，景亦小，而必正，起于中缘正长而其直也。中之外，鉴者近中，则所鉴大，景亦大；远中，则所鉴小，景亦小，而必易，合于中而长其直也”。详见谭介甫，《墨经光学》；王谦，《中国古代物理学》；高亨，《墨经校诠》。

44. 王谦，《中国古代物理学》，页31。

45.《周礼·考工记·轮人》:“凡察车之道，必自载于地者始也；是故察车自轮始。凡察车之道，欲其朴属而微至。不朴属，无以为完久也；不微至，无以为戚速也”。又云:“欲其为至也，无所取高度的成就，但《墨经》是从实际生活中对大自然作深入的观察，并为这些观察的结果加上理论的解释，它的动机已超越了实用的层次，迈入了智性的科学活动。《考工记》则阐述各种工艺的制造规范，它所记载的物理知识主要是为这些规范的设定提供理论基础。

过去曾有不少的学者为《考工记》作注，最具代表性的有汉代的郑玄、唐代的贾公彦以及清代的戴震，他们的工作对后人研究《考工记》都有很大的参考价值[50]。

• 《论衡》

东汉时代出现了一位伟大的思想家——王充，他在科技上的成就也在中国科技史上占了很重要的地位。王充，字仲任，浙江上虞人，生于东汉光武帝建武三年（27年），大约在和帝永元八（96年）至十六（104年）年间逝世。在中国思想史上，王充是一个奇人，后人对他的评价相当悬殊[51]。《论衡》这部书充分地表现了王充那种理性、怀疑与批评的治学态度，在中国思想史上是一本不朽的名著，徐道邻先生曾站在现代学术的立场，给予他一个中肯的评价："中国过去的思想家，在思想方式上，在学术气息上，再也没有人比他和现代人更接近了"。[52]

《论衡》共85篇，是王充以30年的努力获致的辉煌成就。这本书最大的特色就是具有很强烈的语意概念和严密的逻辑推理程序。而它在学术态度上最具启示意义的，则是能在那个迷信盛行的时代，以丰富而合乎科学的知识来斥黜迷信。这本书涵盖的

之，取诸圜也"。这一段论述被认为是阐明滚动物体与其接触面积的关系，它提出了滚动物体之转速与它和地面接触面积之大小有关，这与物理学中摩擦现象的理论是相符的。详细的解析请参阅王谦，《中国古代物理学》，页24。

46.《考工记·轮人》："轮已崇，则人不能登也；轮已庳，则马终古登阤也"。又云："故兵车之轮，六尺有六吋；田车之轮，六尺有三吋；乘车之轮，六尺有六吋"。这两段的论述被认为中国古代的学者已注意到对物体施力之时，由于力的方向之不同，产生的力学效果也是不同的。详细解析见王谦，《中国古代物理学》，页36－37。

47. 有关车轮材料选取的记载，《考工记·轮人》："揉辐必齐，平沈必均"。又云"水之以眡其平沈之均也"。有关箭的材料选取的记载，《考工记·矢人》："参分其长，而杀其一，五分其长而羽其一。以其笴厚，为之羽深。水之以分辨其阴阳，以设其比，夹其比以设其羽。参分其羽，以设其刃。则虽有疾风，亦弗之能惮矣"。详细解析见王谦，《中国古代物理学》，页39－41。

48.《考工记·弓人》："凡折杆，射远者用势，射深者用直"。

49. 王谦，《中国古代物理学》，页45－47。

50. 王谦，《中国古代物理学》，页32－33。

51. 关于王充思想的介绍，参见韦政通，《中国哲学思想批判》（台北，水牛，1974年三版），页137－152。

52. 徐道邻，《王充论》，《东海学报》，三卷第1期（1961年6月）。

领域相当广泛，不论在人文上或科技方面都有丰富的内容和高度的成就，其中就包含了不少物理学知识。

在力学方面，《论衡》和《墨经》一样，对“力”的认识能以重量的大小来量度，《论衡》并有定量的叙述[53]，较诸前人更能清晰地阐述力的性质，认识到外力是改变物体运动状态的原因，以及物体的内力并不能使其本身运动的事实[54]。在《论衡》中对物体重量和物体运动的关系，和牛顿第二定律在性质上已相符合，只是没有数学关系的表达[55]。对于物体的机械运动，《论衡》已意识到速率的概念，并有实际数字计算的说明[56]。《论衡》里也已经有“功”的概念，并能明确指出要考虑力的大小和运动距离的远近[57]。这些力学知识的记载就当时学术的水平而言，已是相当进步。

在光学方面，《论衡》主要是记载有关“阳燧”的知识[58]。“阳燧”是取火用的镜子，相当于现代的凸透镜或凹面镜。阳燧的使用起于很早的年代，早期是用青铜制造的。从《论衡》的记载，阳燧在当时不论材料或形状上都有很大的进步。当时已能使用非金属的材料来制造阳燧了，至于成品是否已发展成凸透镜或仍为凹面镜，则尚待进一步查考[59]。

《论衡》里也有一些对电与磁现象的讨论。有关静电现象的文献记载以《论衡》为最早，至于其记载中所提到能吸引微小物体的物质如顿牟、钩象之石等究竟为何物，则有待进一步的查

53.《论衡·效力篇》：“世多挈一石之任，寡有举十石之力”。“故引弓之力，不能引强弩；弩力五石，引以三石，筋绝骨折，不能举也”。详解见王谦，《中国古代物理学》，页51。

54. 有关“外力是改变运动状态的原因”之记载，《论衡·效力篇》：“长巨之物，强力之人乃能举之。重任之车，强力之牛乃挽能之。是任车上阪，强牛引前，力人推后，乃能升逾。如牛羸人罢，任车退却，还堕坑谷，有破覆之败矣”。“干将之刃，人不推顿，菰瓠不能伤。筱簵之箭，机不动发，鲁缟不能穿”。“凿所以入木者，槌叩之也；锸所以能撅地者，跖蹈之也。诸锋刃之器所以能割削者，手能把持之也，力能推引之也”。《状留篇》：“且圆物投之于地，东西南北无之不可，策杖叩动，才微辄停。方物集地，一投而止，及其移徙，须人举动”。

有关“内力不能使人运动”的记载，《效力篇》：“力重不能自称，须人乃举”。“古之多力者，身能负荷千钧，手能决角伸钩，使之自举，不能离地”。

详细的解析见王谦，《中国古代物理学》，页52－53。

55.《论衡·状留篇》：“是故湍濑之流，沙石转而大石不移，何者，大石重而沙石轻也”。“是故金铁在地，猋风不能动。毛芥在其间，飞扬千里”。“毛芥在铁石间也，一口之气，能吹毛芥，非必猋风”。“是故车行于陆，船行于沟，其满而重者行迟；空而轻者行疾。……任重，其取进疾速，难矣”。详细的解析见王谦，《中国古代物理学》，页54。

56.《论衡·说日篇》：“日昼行千里，夜行千里。麒麟日亦行千里。然则日行舒疾，与麒麟之步相类也。月行十三度，

考[60]。在《论衡》中，王充也曾试图解释磁石何以只能吸铁而不能吸引其他物质的问题，只是限于当时的学术水准，因而没能得到正确的结论。此外，《论衡》也详细地介绍了司南（当时用以指示方向的工具，相当于指南针）的构造和指向性。《论衡》也是我国最早以科学的观点解释雷电现象的文献[61]，这和当时一般人以迷信的观点去看雷电的现象相比，实在是一项重大的突破，虽然限于历史条件与学术水准，未能得到完整而正确的解释，但已十分难能可贵了。

此外，《论衡》对于工艺材料、热现象与声学知识的研究与记载，也和现代的观念甚为接近。虽然受到时代的限制而不是很严谨，也缺乏完整的理论体系，但已显示作者对自然现象的观察所作的努力。

《论衡》充分地表现出王充在科技研究上强调求真求实的精神。他曾说："事莫明于有效，论莫定于有证"。又说："凡事论者违实而不引校验，虽甘义繁说，众不见信"。这两段话说明了未经证实的事物，王充是不轻信的。大凡《论衡》所记载的事都是有所根据的。这是一种非常高度的科学精神以及忠实于学术的态度。从现代学术的角度来看，他这种精神和态度的启发价值又远超过在科技本身的成就。

十度二万里，三度六千里，月一旦夜行二万六千里，与晨凫飞相类似也。天行三百六十五度，积凡七十三万里也。其行甚疾，无以为验，当与陶钧之运，弩矢之流，相类似乎"。详细解析见王谦，《中国古代物理学》，页55。

57.《论衡·调时篇》："且田与宅俱人所治，兴功用力，劳佚钧等。……必铨功之大小，立远近之步数。假令起三尺之功，食一步之内；起十丈之役，食一里之外。功有大小"。

58. 王谦，《中国古代物理学》，页60－62。

59. 王谦，《中国古代物理学》，页62－63。

60.《论衡·乱龙篇》："顿牟掇芥，磁石引针，皆以其真是，不假他类。他类肖似，不能掇者何也？气性异殊，不能相感动也。刘子骏掌雩祭典土龙事，桓君山亦难以顿牟磁石不能真是，何能掇针取芥，子骏穷无以应"。

61.《论衡·雷虚篇》："夫雷之发动，一气一声也"。"气相校轸分裂，则隆隆之声校轸之音也；魄然若敳裂者，气射之声也。气射中人，人则死矣。实说，雷者，太阳之激气也。何以明之？正月阳动，故正月始雷；五月阳盛，故五月雷迅；秋冬阳衰，故秋冬雷潜。盛夏之时，太阳用事，阴气乘之。阴阳分事，则相校轸，校轸则激射。激射为毒，中人辄死，中木木折，中屋屋坏……""雷者火也，以人中雷而死，即徇其身，中头则须发烧焦，中身则皮肤灼焚……当雷之时，电光时见，大若火之耀"。详细解析见王谦，《中国古代物理学》，页66－67。

• 《梦溪笔谈》

北宋时代出现了一位伟大的学者沈括，以其不朽的名著《梦溪笔谈》，在中国科技史上占了一席重要的地位。沈括（1031－1095年），字存中，浙江钱塘人。他出身官宦之家，一生从政，而他的贡献却在科技方面，《宋史》(卷三三一)称沈括“博学善文、于天文、方志、律历、音乐、医药、卜算，无所不通，皆有所论著”。是一个很实在的评价。在从政的生涯中，沈括以其优越的科学技术为大众服务。他最重要的著作《梦溪笔谈》，为其一生研究的记录，一直完整地流传下来，成为一本珍贵的科技史料。

在科学思想方面，沈括有其特殊而进步的看法[62]，促使他不断地去认识自然，也能够比较客观地去分析问题。在态度上，他对科技研究重视实践、调查与实验，在他的著作里有许多成果得自亲身实验或虚心向行家求教。另外，沈括很重视平民在从事生产工作中所得到的经验和发明，对于他们在科技发展中所扮演的角色给予很高的评价，因此一些未在正史中记载的伟大科技成就，也只有通过沈括的著作才得以保留下来，毕昇的活字印刷术，就是一个最好的例子。上面这几个事实，是使沈括成为一个具有多方面成就的科学家，以及《梦溪笔谈》能有丰富的内容和伟大贡献的主要原因。

《梦溪笔谈》共二十六卷，另有重编本《补笔谈》二卷和《续笔谈》一卷。他按各种事物内容区分为辩证、乐律、象数、艺文、技术、器用、药议、谬误等十七门类，采用条文式的编排。这些片断、零散的记载表现了沈括优异的科技素养，当然也包括了许多进步的物理学知识。

《梦溪笔谈》对电学与磁学现象有相当进步的记载。它最早指出磁偏角的现象[63]，比西方科学家早了四百多年。同时提出四种磁针放置的方法，并通过经验对这些方法加以比较说明[64]。对于磁针何以指南的问题，沈氏虽然无法解释，却不妄加臆测。关于雷电的现象，《梦溪笔谈》也有详尽的记载，并且已注意到雷电对导体以及非导体的效果

62. 王谦，《中国古代物理学》，页71—73。

63.《梦溪笔谈》：“方家以磁石磨针锋，则能指南，然常微偏东，不全南也”。

64.《梦溪笔谈》：“水浮多荡摇，指爪及碗唇上皆可为之，尤速，但坚滑易坠，不若缕悬为最善。其法取新纩中独茧缕，以芥子许蜡缀于针腰，无风处悬之，则常指南。其中有磨而指北者也”。

是不同的；也记载了水能够导电的现象[65]。只是局限于当时的科技水准根本无法解释，沈氏也以“知之为知之，不知为不知”的态度提出问题留待后人解决。

在光学方面，《梦溪笔谈》对凹面镜成像的问题有很深入的认识，它对物体及其成像的分析相当正确[66]。对海市蜃楼的现象亦有所记载，惟未能解释它的成因。对于虹的现象及其成因也有正确的看法[67]。另外，《梦溪笔谈》对日月蚀的成因解释得非常正确、详尽[68]，这在中国古代很早就有人研究，而正确的解释则始于沈括。

在声学方面，沈括从带兵作战的经验中，观察而认识了声波透过地面传导速度要比在空气中快；又从乐器的研究中对共鸣的现象也有深入的研究，也发明了很实用的乐器音律调整方法，在《梦溪笔谈》里都有详尽的记载。

从《梦溪笔谈》的记载，可以了解沈括对任何自然现象都不放弃深入观察研究，因而成为一个伟大的科学家。而且这些记载里所反映出的那种实事求是的为学精神，更具有深远的启示价值。

从传承的角度来看，中国古代物理学知识发展的脉络不如数学那么明显。墨学从西汉就受到不应有的漠视达两千余年之久，而《论衡》也因被视为“异端邪说”而加上“秘玩以为玩助”的罪名遭到相同的命运长达一千多年。因此这四本著作之间可能没有直接的传承关系。如此看来，物理学知识的嬗递和演进，似乎主要是寄托在工艺技术的发展之中，而并未形成独立的学术系统。

从《墨经》、《论衡》与《梦溪笔谈》的记载，不难了解墨家、王充和沈括对自然现象的观察活动，有些已经超越了实用的动机。可能因为中国人对自然现象的看法是一个整体的概念，而没有把所谓力学、光学等物理现象单独抽离，建立一个独立的学术系统的动机（即使有也

65. 王谦，《中国古代物理学》，页83。

66.《梦溪笔谈》，卷三，《辨证》；卷十九，《器用》。都有对光学中透镜成像的记载。

67. 有关海市蜃楼与虹的记载，参阅《梦溪笔谈》，卷二十一，《异事》。

68. 有关日月蚀的记载，参阅《梦溪笔谈》，卷七，《象数一》。

不是很强烈）。因此，物理学知识不是附属在工艺技术之下，就是成为片断的记载，无法形成一个完整的理论系统。

医 学

医学的发生，最主要的目的是解除病痛。因此它的起源远在原始时代，当时虽没有高度的文明，但是人在和大自然搏斗时，为了求生存，自然产生了简易的医疗方法。随着文化的演进，人类也能够凭借他们的智慧，集合许多的经验，通过语言、文字的传播而发展成医学。

中国医学的演进，是从原始的医疗经验演变成上古的巫术治病，这也是世界各地文化发展初期的普遍现象。古籍上这类记载很多，殷商的甲骨文里只有“毉”字而没有“醫”字，就是一个很好的佐证。下一阶段是巫医相混，最后医巫分立，形成早期的经验医学，而无特定的医学思想。到周秦时代，这种经验医学已发展得相当成熟。中国人开始为医学建立理论，是在汉代阴阳五行玄学思想盛行之后[69]。阴阳五行的思想最早是先民朴素的自然思想，到汉代发展成为我国思想传统上的一支主流，许多人文和科技的学术都被放到这个理论的框架中，医学也不例外，两千年来主导着我国传统医学的发展。本文以《黄帝内经》、《伤寒论》、《洗冤录》三本代表性的著作，来探讨我国传统医学的发展。

- 《黄帝内经》

《黄帝内经》的全名是《黄帝内经素问灵枢》，它的作者和成书的年代，有很多的说法[70]。它很可能是一本历经增订的集体创作，而托名黄帝以表示它有深远的源流，大抵可视为西汉及其以前医学思想的累积[71]。

《内经》全书分《素问》与《灵枢》两大部分，主要是以问答与对

69. 见陈胜崑，《中国传统医学史》（台北，时报，1979年），页18。
70. 见陈邦贤，《中国医学史》（台北，商务，1981年第六版），页46—53。
71. 陈胜崑，《中国传统医学史》，页21。

话的方式编排。《素问》计分二十四卷，共81篇，以谈论各种治疗法和医学理论为主。《灵枢》分十二卷，共81篇。内容则偏重针灸与象数。两者内容不同，风格亦异。就篇章结构而言，《灵枢》较富条理，《素问》则混乱无序。惟《灵枢》术语繁复，晦涩难读，故古来医家多论《素问》，论《灵枢》者较少。

从思想的观点来剖析《内经》，由于它不是出自一个人或是同一时代的手笔，因此包含了多种不同的思想。有道家老庄的养生思想，也有用以推演医学理论的阴阳思想，以及原始的治疗观念。其思想以玄想为主，但也有一些相当理性的成分：它破除了"信巫不信医"的迷信，这是医学发展上一项突破性的贡献；它又以"死生有道"的论证来驳正"死生有命"的宿命观点，也是主导人们从不断追求并掌握自然现象规律以改善命运的伟大启示[72]。

《内经》以其原始的治疗思想为主干，由先人经验的累积，发现了某些症候可以针刺某一定点的治疗法，逐渐发展为对穴道的省察和应用，继而发展经络气血的生态组织理论，乃至脏腑的组织之作用与相互作用的理论，最后融入中国固有的哲学思想，演变成一个独特的医学传统。这个医学体系在临床上不重视形质与解剖的局部变化，而重视气血整体的生态变化；在疗法上不重视病原的寻找与病原菌的消灭，而着重于症候的观察与整个病原培养基的消除。这个思想主导了传统医学两千多年来的发展[73]。而《黄帝内经》被视为传统医学的基础医书，其地位之重要正如《五经》之于儒家。

72. 陈胜崑，《中国传统医学史》，页21。
73. 同上，页22。

• 《伤寒论》

在传统医学中另一本重要的书籍，在医学家中视为功同儒家《四书》的医疗宝典，是后汉张机所著的《伤寒论》。

中国医学发展到汉魏时代，有一些医学家以实证的精神，认真地观察药物、病症，突破当时玄想的风气，并为中国古代医学开辟了一条康庄大道。张机就是当时实证医学的代表性人物之一。张机（约150－219年），字仲景，河南南阳人。他生当汉室即将崩溃之际，社会动荡不安，灾荒瘟疫横行。建安十年（205年），张机的宗族死亡过半，其中因患伤寒而死者多达三分之二（当时一般发热性疾病谓之“伤寒”，并非现代医学所称的伤寒症），张氏目睹此一惨状，乃决心钻研医学，现存的著作有《伤寒论》与《金匮要略》[74]。

《伤寒论》的理论基础是根据《内经》加以发挥，将病症区分为“三阳”及“三阴”六大类，所谓“三阳”就是太阳、阳明与少阳；而“三阴”则指太阴、少阴与厥阴，总称“六经”。这是观察急性发热病的经过后将其分为六个阶段，而非六种疾病。每经各有若干的症候群，称为病症，每种病症又各有治疗的方法。张机之所用六经来作疾病的分类，主要是源于当时重视经络的医学观，加以联想而建立这个理论[75]。

《伤寒论》里的用药方法是根据张机所创的汗、吐、下三法治病理论发展出来的，书中并明确指出这三种治疗法的适应症与禁忌。它所采用的药物，有时也加以适当的修治，从现代医学的眼光来看，相当合乎科学。如麻黄的修治法用“去节”，是因为麻黄的“节”与“节外”的作用是相反的，为充分发挥其作用，故应“去节”，就是一个很好的例证[76]。此书载有113个药方，它的药效如能通过现代的医学方法予以分析，将是极有价值的贡献。

74. 陈邦贤，《中国医学史》，页64－65。

75. 陈胜崑，《中国传统医学史》，页35－36。

76. 同上，页45。

• 《洗冤录》

中国古代并无“法医”一词，但是自有社会形成以来即有犯罪，因此犯罪事实的鉴定起源很早，而涉及生命伤亡的案件中必有检验死者、伤者的人员，这就是“法医”的滥觞。在古代，法医的工作多由具有医学涵养的人担任。唐代并在各府县都设置经学及医学博士各一人，负责医务行政及验尸的工作。宋代以后渐有“仵作”来执行法医的工作。元、明、清仍沿此一制度，但水准却日渐低落。此外，我国解剖学不发达，也是造成法医学未能发达的原因。然而在传统医学史上，仍有一位杰出的法医宋慈，他的著作《洗冤录》在历史上有着不朽的成就与意义。

宋慈（1186－1249年），字惠父，福建建阳人。幼时曾拜朱熹的弟子吴稚为师。于宋宁宗嘉定十年（1217年）考中进士，曾任知县、行政官及刑事法官等职务。1239年，改任广东刑法官，由于他办案严谨，极富法医知识，以科学方法处理案件，平反了许多冤狱[77]。《洗冤录》就是他结合多年工作经验与前人理论的启示编写而成的。

《洗冤录》共四卷，内容包括验伤、保辜、各种死伤如溺、焚、殴、毒等死亡及各种中毒症状与药物种类的辨别，中毒症状的急救处理与解毒方法等。验伤着重技术的说明，是用过去的经验与成效的累积对伤害加以鉴定。保辜则为过去刑制中的一种特殊规定，其用意在于保全行凶者与受害者的生命，在当时的社会情况来看，确是一种良法美意。在验尸方面，《洗冤录》提示了验尸人员应有的基本修养（如不避恶臭），以及验尸前应做的准备工作；并且对某些死因的表征与骨伤、肉伤或发变尸等伤痕不明显情况下的验尸技术都有描述。另外，它所记载的急救处理与解毒方法亦有些相当合乎现代的科学原理，如缢死者的急救与以鸡蛋解砒毒，明矾的催吐作用等等[78]。

《洗冤录》是中国历史上也是世界史上第一部法医学的专门著作，西方医学界给予这本书的评价很高，19世纪被引入荷兰并译成荷文，目前有七种外文的译本，现在刑警、法医仍用作办案参考。

中国古代的医书很多，但大部分都是以《黄帝内经》、《伤寒论》为根本，这些著作多半抱着“注不破经，疏不破注”的原则编写，很少

---

77. 陈胜崑，《中国传统医学史》，页130－131。

78. 同上，页131－134。

有怀疑的观点或突破性的理论提出。不只是医学，我国的学术传统普遍都有这种保守的倾向，传统医学未能有新的发展，这是一个主要的原因。

解剖学未能发达，也是造成传统医学发展停滞的原因之一，虽然在传统医学上也曾出现过解剖学发达的生机，如宋代的宋慈与他的《洗冤录》，但毕竟只是一个孤例，未能蔚为思潮，故而没有燃起这个火种。至于解剖学何以未能成为传统医学的一条主脉，则是一个值得深思的课题。也许从我国的伦理思想传统去探讨，可以得到一个较为直接的答案。

传统医学虽然受到种种因素的影响而限制了它的发展，但不可否认的，它仍有相当程度的成就。数千年来也拯救了无数的生命，因此传统医学中必然累积了许多正确的医疗经验。如何以现代科学的方法，将新旧术语作正确的沟通，对古代医学加以整理、分析，一则为中国文化史的研究提供传统医学发展的真面貌，再则探寻我国医学未来发展的方向，三则使传统医学能纳入现代医学的系统，应是我们研读传统医书的终极目标。

本草药学

我国的药学源远流长，唯上古药学的源流和发展，并没有记载流传下来。先民在生活的经验中发现某些食物的作用以及某些植物涂敷伤口可以减少病痛，这些个别的经验经过传播累积，成为人们生活的常识，这可以说是原始的药学，也是传统药学的萌芽[79]。

药学的发展和医学相同，由原始的形态，逐渐渗入了巫术，在这个阶段，人类把许多自然现象与生老病死的生命历程都归诸神秘的解释。而药效的认定则是通过巫术的指示，来自经验的知识反而居于次要的地位。人类真正确认“对

79. 见蔡仁坚，《古代中国的科学家》（台北，景象，1978年再版），页199－201。

症下药”的信念，是在文化发展到相当进步以后。到先秦时代，药学的发展渐渐脱离浓厚的迷信色彩。史料显示，大约在汉代，药学的发展渐臻成熟，在这个时代的文献里，出现了“本草”这个名词[80]，它的含义迄今未有定论[81]。不过可以确认“本草”一词本身并非药名，而是代表着“中国传统药学”[82]。

中国传统的本草药学，是一门有系统而且成就相当辉煌的学术。依照专家的研究，中国本草学的传承上自汉魏六朝，中经唐宋盛世，以迄元明清各代。两千年来的递嬗，著作者多达三百三十家，成书两千零八十八卷，形成一贯体系，为东方传统药学的主流[83]。本节介绍的是传统药学中最具代表性的经典：汉代的《神农本草》、唐代的《新修本草》与明代的《本草纲目》。

• 《神农本草》

《神农本草》是我国最早的本草专书。作者已不可考，大约成书于东汉[84]，是上古以至汉代经验的累积，而战国秦汉的方士对这本书的完成有很大的贡献。在《本草经》上记名“神农”，则是将先民累积的经验归美于一位上古文化的象征性人物，以表示它所蕴涵的药学知识由来久远。

《神农本草》的原作早已佚失，内容无法详知。只能从稽康的《养生论》、张华的《博物志》、葛洪的《抱朴子》等著作的引文，以及南朝著名药学家陶弘景的校订本，窥见部分真貌[85]。

《神农本草》将天地间的药物分为上药、中药与下药三种，上药为养命之药，是轻身耐老的神仙药；中药为养性之药，乃养生、食经等补益强壮之药；下药多为毒药，以治病为主[86]。从它将神仙药列为上品，就可了解它与方士有密切的关系。雷公集注《神农本草》四卷[87]

80. 见那琦，《本草学》（台北，作者自刊，1974年），自序，页ii。“本草”一辞首见于《汉书·郊祀志》。
81. 那琦，《本草学》，页4。
82. 同上。
83. 同上，《自序》，页i－ii。
84. 陈胜崑，《中国传统医学史》，页23。
85. 那琦，《本草学》，页27。
86. 陈胜崑，《中国传统医学史》，页23。
87. 那琦，《本草学》，页27－28。

的首卷是叙述药学的全盘问题，如三品之性、上中下药的区别、配合须知、药性气味、调剂法则、毒药用法、疾病与药性、服药与摄食以及主要的疾病名称等等。其余各卷则分论上中下药。并简记各药气味、药效、别名等。这种药物三分法，对国人影响很深，“冬令进补”的观念，主要就是本草药学的基本哲学所主导的[88]。

从《神农本草》的内容看来，它应是一本先民经验累积并带有某种程度神秘色彩的药书，而其对药效的认定以经验为主。经过历代的增修，已成为传统药学的经典之作。

88. 陈胜崑，《中国传统医学史》，页23。

89. 那琦，《本草学》，页45。

90. 蔡仁坚，《古代中国的科学家》，页228。

•《新修本草》

唐代是我国医药史的一个重要时期，依《唐书·艺文志》的记载，这时期本草的专门著作有二十余种之多，而以《新修本草》为代表。

唐初，出现了第一个官方设立的医事学校，也由于对外交通的发达，外来的药物增多，官方修书的风气方兴未艾，又感于陶（弘景）注本《神农本草》已不敷需要，右监府长史苏敬乃于高宗显庆八年（663年）奏请修书。高宗命其遴选专家，以陶注七卷本为基础，修订工作以苏氏为首，参与编撰者多达二十余人，历时两年，完成目录、序例、各论、药图、图经等共五十四卷，命名《新修本草》[89]。

《新修本草》在中国药学史上有三大意义：（一）这是第一部官修的药典，以政府的力量来编撰本草，使药书有了一个标准的典范[90]。（二）这部药典在着手编辑时，上距陶氏校注《本草》已历一百五十年之久，陶氏注本为个人著作，且身在南朝，所见未及全国，必有疏漏之处，增补工作势在必行。而《新修本草》的补注，附在陶氏注文后面，即或有异议，系将意见附说于后而保留原文。这使后人能见及原书风貌，并能掌握药学的历史传承，加上它创新增补的部分，在传统药学史上也扮演了承先启后的角色。（三）药图的绘制，是国史上第一次生药普查的结果，它也是我国第一本附有药图及图经的本草著作[91]。

《新修本草》早已佚失，传入日本的亦仅正文而已。后经小岛宝素等人努力复原，但不久又告散佚不全。日本著名本草学家冈西为人自1939年着手《新修本草》之复原，于1944年完稿，1964年由台北中国医药研究所出版，《新修本草》的正文再度面世[92]。

91. 陈胜崑，《中国传统医学史》，页162；那琦，《本草学》，页45。

92. 陈胜崑，《中国传统医学史》，页162－163；那琦，《本草学》，页46。

93. 蔡仁坚，《古代中国的科学家》，页19－35。

94. 那琦，《本草学》，页100。

• 《本草纲目》

本草药学历经魏晋南北朝、隋唐五代、宋元各代，在明代发展到了高峰。而以李时珍的《本草纲目》为集大成的代表作。

李时珍是16世纪世界上最伟大的科学家之一，他在科学事业上的辉煌成绩和在科学史上的地位，通过他的代表作《本草纲目》已为国际学术界所公认。李时珍（1518－1593年），湖北蕲州人，出身于一个医学气息极为浓厚的家庭，个人又在科场上受挫折，使他走向习医的道路。两次任期很短的官职，使他有机会在官场与宫廷里接触到外界少见的珍本药书与名贵药物。这种特殊的际遇加上长年的旅行寻访，以及令人敬佩的实证精神，为《本草纲目》的编写奠定了深厚的基础[93]。历经了二十六年的努力，李时珍才完成了这部举世瞩目的巨著。

《本草纲目》问世以来一直极受重视。不论从著作动机与内容或从现代科学的角度来看，都被公认是具有多方面成就的科学著作，它的贡献广泛地表现在植物学、动物学、矿物学、化学、生化、医学与药学等方面。本节仅论其药学方面的成就与影响。

《本草纲目》是传统药学上总结性与创造性的巨著。全书五十二卷，记载药物1,892种（附方一万一千余条），分为十六大类。它把所有的药物作了极为科学的分类[94]，每一种药物都标明了“正名”与“异名”，用“集解”博引成说，用“正误”矫正前人之失，并列气味、主治、发明及附方等来说明其性质、效用与用法。这种编排在药学传统上是一种突破性的工作。

《本草纲目》在总结前代本草的过程中采取实证的批判态度[95]，绝非一般汇辑陈篇之作可比。在寻访的活动中，李氏搜集了许多宝贵的民间用药知识，甚至许多失传的古人用药法则，也通过贩夫走卒得到证实，并记载在《本草纲目》上，成为珍贵的医药资料[96]。全书新增药物374种，医方8,160种，数量与质量都超过了以往任何一家。

由于《本草纲目》的内容渊博，不独国内学者奉为圭臬，欧美学界也推崇备至，屡经翻译，欧美学者的著作也有不少以它为蓝本。

另一方面，李时珍特殊的表现，使得《本草纲目》不论在内容或编排上都失去了古本草原有面目而大异于一般的本草书籍，也遭受了不少的排斥。在他之后有不少的明清学者致力于《神农本草》的复古工作，在这个时期，复古辑本多达六种[97]。由这一事实来看，《本草纲目》在传统药学上所造成的冲击之大就可想而知了。

我国传统药学以《神农本草》为首，代有传人，且在每一时期都有新的成就，到明代发展到极致，其成就则以《本草纲目》为代表。本草与现代药学的隔阂，说明了传统药学发展到《本草纲目》的最高成就后就停滞了。明清两代部分学者对李氏《本草纲目》的反应是以复古代替创新突破的历史事实，这种停滞是不难想象的。

研究本草药学当前的重要课题是以现代科学分析本草药物，以肯定其药效，并通过术语的沟通，将其汇入现代药学的系统，延续先民的伟大成就，增进人类福祉。协和医院陈克恢先生研究麻黄成功的事实[98]，就是一个很好的范例。

95. 陈胜崑，《中国传统医学史》，页166。
96. 蔡仁坚，《古代中国的科学家》，页29。
97. 陈胜崑，《中国传统医学史》，页167。
98. 同上，页169；那琦，《本草学》，页83。

炼丹术[99]

99. 炼丹分外丹与内丹，本文仅讨论前者。

100. 炼丹术起源，参阅张子高，《中国古代化学史》(1977年)，第三章第五节；王奎克，《古代炼丹术的化学成就》，《中国古代科技成就》(1978年)，页232—245。

101. 见《史记》，卷六，《秦始皇本纪》。

102. 见王奎克，《古代炼丹术中的化学成就》。

103. 蔡仁坚，《古代中国的科学家》，页71。

炼丹术是古人为了求长生不老而炼制丹药的方术。这种方术在中国起源甚早，《战国策》里就有方士向荆王献不死之药的记载[100]，秦始皇统一六国之后，曾派遣方士徐福发童男女数千人入海访仙人求长生不死之药[101]。《史记·孝武本纪》载有汉武帝广求方士从事炼丹，这是我国最早有关炼丹术的记载。自此在帝王、将相等贵族豪强的极力提倡之下，历代都出现了许多的炼丹家。

炼丹家从事炼丹，大致上包括了下列三方面的工作：(一)使用各种无机物质，包括金属和非金属矿物，经过化学的处理炼制长生药；(二)为了研制药用的人造黄金或白银而作炼金的研究；(三)为了寻求植物性的长生药而进行药用植物的研究[102]。炼丹术的发展有其宗教上、思想上深远而复杂的背景与演进过程。无可否认的，炼丹者亲身操作、实验的活动过程，充分给予他们对自然现象进行观察研究的机会，而使得炼丹术在化学、冶金与药学方面取得若干重要的成就。本节选取了传统炼丹术里最具代表性的《周易参同契》、《抱朴子》与《太清丹经要诀》等三本专门著作来探讨炼丹术的发展。

•《周易参同契》

《周易参同契》是现存最早的炼丹专门著作，成书年代约在140至150年之间；作者是后汉的魏伯阳。

依照朱熹《周易参同契注》的解释："参，杂也；同，通也；契，合也"。书名的意义为"与周易理通而义合"[103]。因此我们大致可以了解到炼丹术根植在《周易》与道家"黄老"的理论基础之上。而从原文"大易情性，各如其度；黄老用究，较而可御；炉火之事，真由所据。三道由一，俱出径路"看来，如果把"参"解释成三，"同契"为串联相契，则可能看出炼丹理论的神秘性[104]。这个理论架构从现代科学的眼光来看，当然是不可思议的，但是从历史的角度来审视，并不是一件荒谬或是错误的事物，而只是文化演进的过程。况且炼丹术在发展的过程中毕竟在科学上还有实质的贡献，这是不容否认的。

在《周易参同契》里有一首丹鼎歌，丹鼎就是炼丹所用的鼎炉，它是升华过程的重要工具。此外，我们还可以从书里了解到当时所用的药剂，如汞、硫黄、铅、胡粉、铜、金、云母、瑙砂、丹砂等[105]。《参同契》从炼丹术里体认到的化学知识有：（一）水银容易蒸发，也易与硫黄化合；（二）几种不同的金属可以形成合金；（三）黄金不易氧化；（四）物质起作用时物质间相互的比例是很重要的因素[106]。虽只寥寥数条，但以1800年前的学术水准来看，已经相当难得了。

1932年，科学史学家吴鲁强及T.L. Davis将《周易参同契》译成英文，在国际上很受重视，是非常重要的炼丹史料。

- 《抱朴子》

在魏晋南北朝三百多年中，炼丹术也有很大的进展。这个时期最具代表性的著作，应属葛洪的《抱朴子》。

葛洪（约281－361年），号雅川，丹阳句容人。他的从祖葛玄是个方士，曾经从事炼丹，人称葛仙公。葛洪一生中对学道之事下了不少功夫，《抱朴子·遐览篇》所列的丹书达一千多卷[107]。从《抱朴子》的内容以及他的另两本著作《神仙传》与《隐逸传》，就可以看出葛洪是个彻头彻尾的道士，带有相当浓厚的迷信色彩[108]，从这里也能了解到炼丹术和神秘思想有很密切的关系。

就炼丹术本身而言，《抱朴子》仍保有颇为丰富可靠的史料。《抱朴子》共分内、外两篇。《内篇》以炼丹为主，其中的《金丹》、《仙药》

104. 同上。
105. 张子高，《中国古代化学史》，页119。
106. 陈胜崑，《中国传统医学史》，页58。
107. 同上。
108. 张子高，《中国古代化学史》，页122。

和《黄白》三卷各有重点。《金丹》卷以用无机物质炼出所谓的“长生不死”仙丹为主，它所谈到的药物多达廿余种，较《参同契》要多得多。不仅品类增多，隐语也大为减少，有时还加以解释[109]。《仙药》卷以讨论植物性的五芝等延年益寿药物为主（五芝是指长在枯树上的肥大蕈类），卷中所提到的茯苓、地黄及麦门冬等，在今日的中药里还是常见。《黄白》卷讲所谓的人造黄金与白银为主[110]，以现代化学知识来分析，当属无稽之谈。

109. 同上，页123。

110. 陈胜崑，《中国传统医学史》，页58－59。

111. 同上，页59。

112. Nathan Sivin 著，李焕燊译，《伏炼试探》（*Chinese: Alchemy Prelimenary Studies*）（台北，正中，1973年），页29。

113. 同上，第三章，《孙思邈传》。

葛洪曾为了交趾的丹砂而请求至广西勾漏做县官以便就近采料炼丹，足见他对炼丹的狂热；而《抱朴子》的文字中也显示葛洪曾做过类似化学实验的工作[111]。从这种狂热和实证精神，就可了解《抱朴子》之所以能成为不朽名著并不是偶然的。

• 《太清丹经要诀》

唐代由于皇室姓李，故附托老子为其始祖；而老子又是道教所崇奉的教主，道教因此成为唐朝的国教。在帝王和宗教双重势力的支持下，炼丹术在唐代得到进一步的发展，成为极盛的局面。这个时代有许多杰出的炼丹专书，而以《太清丹经要诀》为最著名。

《太清丹经要诀》成书于7世纪，关于它的作者，迄今未能定案，传说为孙思邈所作[112]。孙氏（约581－682年），京兆华原人。据《新唐书·隐逸列传》所载，孙氏有圣童之号，通百家说，善言老、庄；于阴阳推步、医药无所不擅。他是医药家兼炼丹家[113]。除《太清丹经要诀》不能确定是否为其作品外，他的其他著作以医药为主，现存的《备急千金要方》、《千金翼方》各三十卷，为传统医书中的瑰宝。

《太清丹经要诀》和《参同契》、《抱朴子》有很大的不同，它没有什么玄学的理论与太多传统自然哲学名词的论述，主要的重点放在具体的炼丹方法上。这本书被视为目前发现的古文献中最接近现代实验室手册的书籍。序文与丹名目录之后，对实验室的需要，如在传统药理学与炼丹术所用以弥封反应釜的六一泥等都有详尽的规定。在丹方本体中首先综列各药，分量及预先之配备均有详细的记载，对于调制与用法也有简明的指示。在古文献中，论及实验技术与试药检定，尚无其他作品能出其右[114]。另外，从它的药学中，也可发现作者常用佛家习语"梵天宝"，也熟悉一些波斯的矿产，从这点，可以推测炼丹术在唐代已受到中外文化交流的影响[115]。

114. 同上，页42。

115. 同上，页43。

116. 同上，页41。

从前面的讨论，我们可了解到当时的炼丹术已有相当高度的实证基础。这种实证精神在历史上的意义远超过它在化学本身的成就。美国著名的科学史家席文（Nathan Sivin）曾在新加坡大学化学实验室将炼丹术作实验的解析，这种做法能对传统科技的实际成果作更正确的评断。

另外，《太清丹经要诀》曾提到一些非医用的方剂，如人造白玉、珍珠、孔雀石等[116]。这可能意味着炼丹术在长期发展下，已播下了超实用动机的学术种子。只可惜不断的中毒事件，使人们追求长生不死的美梦破灭了，炼丹术的发展终于在南宋时代走上了末路，而未能使这个萌芽的种子继续成长茁壮。

炼丹术的兴衰给了我们一个启示：一门科技可能在一个非理性或神秘性的动机下萌芽、成长，甚至获致某种程度的成就。但是这个非理性的精神动力毕竟不是永恒的，因为人类的智慧是随着文化不断进步的，一旦非理性的幻想在客观事实的考验下破灭时，这股促进科技发展的动力就会萎缩，而是否有一股理性的精神力量来担当承先启后的角色，实为这门科技绝续存亡的关键。

农 学

考古资料显示，约在六七千年前，先民已在长江流域肥沃的土地上种植水稻，在黄河流域种植粟类的农作物。在殷代的甲骨文里，已有稻、禾、稷、粟及麦类等农作物的名称，还有畴、疆、圳、井、圃等整治农地的文字。这说明了当时的农业已有相当高的水准。

由于我国农业发达很早，累积了先民丰富的经验和理论，故在很早的时期就有农学专书的出现。据一项粗略的统计显示，我国的农书，包括现存与佚失的，总数在三百七十多种以上[117]，最早的距今至少两千多年。本节选了《吕氏春秋·上农》等四篇、《氾胜之书》、《齐民要术》、《王桢农书》、《农政全书》等五本著名的农业著作来探讨我国古代农学的发展。

117. 见范楚玉，《中国古代的几部重要农书》，《中国古代科技成就》，页352—364。

118. 见王毓瑚，《中国农学书录》（台北，明文，1981年），页6。

• 《吕氏春秋》——《上农》等四篇

根据《汉书·艺文志》的记载，战国时期的农业专门著作有《神农》、《野老》两种，惟均已佚失。现存者仅有《吕氏春秋·上农》、《任地》、《辨土》、《审时》四篇专门讨论农业，为我国现存最早的农学论文。《吕氏春秋》是战国末期秦相吕不韦和他的门客共同编撰的，内容包容了先秦各家的思想，在思想史上被列入杂家，本身并非农业专书，这四篇是书中《士容论》六篇文章的后四篇，单独形成一个农业知识系统[118]。

《上农》是讨论农业思想的论文，提出崇尚农业而抑制工商业的政策，和法家商鞅、吴起、韩非的重农思想基本上是一致的。后三篇则详尽地讨论耕作种植的技术。《任地篇》论土地利用的原则，先从整地、利用和改良土壤说起，再谈耕作保墒、除草通风等如何使农作物生长健壮及提高产量的十个重要问题。接着提出了土壤的力柔、息劳、瘠肥、急缓等特性，并讨论在何种条件下去转化土壤的特性，使其利于耕作。《辨土篇》谈使用土地，对《任地篇》提出的问题作了具体的说明。首先它对性质不同的土壤在耕作时间上作不同的安排，接着谈论由于耕作不良所引起的三种弊病——播种过稀、缺苗与杂草为害；再谈到耕种不及时与整治不得法之弊，封垅前后庄稼最合理的布局，以及这些布局对农作物生长影响。《审时篇》则讨论耕作得时与否对农作物各方面的影响[119]。

这三篇论文充分反映了当时的农业技术水准，是研究农业发展的珍贵史料，惟文字对现代人而言颇为艰深，过去有学者对个别的字句作了一些注解，最近也有学者对这四篇文字作了全面的解释[120]。

119. 范楚玉，《中国古代的几部重要农书》。

120. 见王毓瑚，《中国农学书录》，页6。

121. 同上，页13；范楚玉，《中国古代的几部重要农书》。

122. 王毓瑚，《中国农学书录》，页12。

123. 范楚玉，《中国古代的几部重要农书》。

•《氾胜之书》

依照《汉书·艺文志》的记载，在西汉以前共有九种农书。除《神农》、《野老》之外，另有四种也已下落不明，剩下的三种为《董安国》十二篇、《蔡癸》一篇与《氾胜之书》十八篇，刘向和班固都肯定它们是西汉的著作。但前二者已散失，而《氾胜之书》的原书也已不存，仅靠《齐民要术》等几本后世农书的引文保存了大约三千字的零星记载[121]。不过从残存的文字中，已可反映出当时农业发展的部分实况。

氾胜之，山东曹县人，古籍对他生平的记载很缺乏，仅知他曾当过黄门侍郎。不过从有限的资料中，可以肯定他一生的活动是以指导农业生产为主，是当时的农学名家。《氾胜之书》是他的著作[122]。

《氾胜之书》主要的内容包括了中国北部地方干旱地区耕作技术的农业知识，对耕作提出了一些基本原则，如赶上雨前雨后最合适的耕地时间，耕、锄、耱平等使土松软与及时中耕、除草与收割等。它也列举了许多粮食作物与副作物的名称。并对每种作物从选种到收获与储种都有相当精确的叙述。在耕作技术中如穗选保纯法、桑苗截杆法、区种法等，充分地显示了当时农业技术的进步与成就[123]。唐代贾公彦在《周礼疏》中曾说：“汉时农书有数家，氾胜为上”。汉代农书多已失传，而较重要的一部能有部分文字留存下来，对农学史家而言更是弥足珍贵。

•《齐民要术》

在我国农业史上，讲述详确，完整保存而留传下来的最早一部农书是北魏贾思勰所撰的《齐民要术》。作者的生平，除了知道他曾担任高阳太守一职外，古籍上并无正面的记载[124]。

按贾氏自己的说法，《齐民要术》的编写曾从古籍里搜集了大量的资料，也收集了民间的谚语及口头传说，也曾请教经验丰富的老农，并亲身操作以证验这些资料。全书正文共十卷，计九十二篇，多达十一万余字，内容广及农、林、牧、副、渔各方面；涉及的地域辽阔，涵盖了今日山西东南部、河北中南部、河南的黄河北岸和山东等地，正是魏晋以来各民族彼此融合的区域。虽然《齐民要术》参考的前人著作以《氾胜之书》为主，但它的范围和成就却要超越很多[125]。

《齐民要术》在农学方面最主要的成就可分四点来说明：（一）对天时地利的认识，要比《氾胜之书》进步，它本于因时、因地制宜的原则，把农耕的作业时间和地点，按不同的作物分别列出上、中、下三等，说明同一作物因时间和地点不同，它的播种原则亦应随着变更。这是一个相当合乎科学的观念。（二）由于我国北方气候春多风旱，故而春播前后的水土保持成为增产与否的关键。《齐民要术》在这方面作了深入的探讨，进一步肯定了秋耕的重要性。对于耕地的使用和保养，也总结了先民的经验作了具体的说明，譬如耕地后把地耱平，中耕除草可以防旱保墒，以及抢墒播种等。（三）前人原先主要以轮换休闲的方式来恢复土地的肥沃，而《齐民要术》却提出了轮作法以及较《氾胜之书》更进一步的套作制度，充分利用了天然的阳光和土地，是一个相当进步的成就。（四）对农产品种有详细而专门的论述。除了介绍各类品种，并分析了各种作物的品质与特性，在我国农学史上是一个创

124. 王毓瑚，《中国农学书录》，页299。

125. 范楚玉，《中国古代的几部重要农书》。

举。除了上述主要成就之外，其他如果树、林业方面的育苗、嫁接、熏烟、防霜等技术经验，一直沿用至今。另外如植物有机体的认识、果树阶段发育理论以及畜牧的理论，乃至农业加工品、微生物等方面的记载，都反映出当时农业进步的实况[126]。

总而言之，《齐民要术》的资料丰富，内容充实，记述详尽、正确，可视为我国在6世纪前北方农业技术知识的累积，许多成就比世界其他民族早了三四百年至一千年不等。它的内容也为后世许多农学专家引为借鉴。

• 《王桢农书》

元代的《王桢农书》是一本很著名的农书。王桢，字伯善，山东东平人，曾任旌德县尹。他对农业生产相当熟悉，在任上经常教导人民耕作[127]。这本书是结合华北旱地农作与江南水田耕作两方面的农业经验编撰而成。现在通行的版本大约十一万字，分成《农桑通诀》、《百谷谱》与《农器图谱》三部分，而后者占了五分之三的篇幅，为全书重点所在[128]。

《农桑通诀》表现了作者的农学体系概念，具体说明了农桑的起源，泛论了农、林、牧、副、渔等各方面的技术与经验。基本上是对前人著述的综合，但屡屡提到南北操作的异同，且再三强调必须因地制宜、交流经验，仍是言之有物。《百谷谱》则无创新之见，为农作物栽培各论，并包含一些林木、纤维、药材等作物的种植和利用。《农器图谱》则为王氏在传统农学上突出的贡献，在分量上是全书的骨干，内容精彩，有图有说，在传统农书中是空前绝后的。三百零六幅图中大部分是当时实物的真实记载。有许多一直到现代还为人所沿用[129]。

《王桢农书》的另一贡献是《授时图》的创作，它把星象、季节、天候与农业生产程序融成一体，把农家月令的重点浓缩在一幅小图中，

---

126. 同上。

127. 王毓瑚，《中国农学书录》，页111。

128. 范楚玉，《中国古代的几部重要农书》。

129. 同上。

明确而实用。此外，它对农田水利的认识是全面性的，能注意到水利的多元利用，把灌溉、航运、水利、水产结合安排；对兴修水利的条件和远景作了相当深远的构想，对当时的农业发展有极大的贡献[130]。

130. 同上。

131. 王毓瑚，《中国农学书录》，页171。

132. 同上，页185。

• 《农政全书》

明代的徐光启是一位杰出的科学家，他在数学、天文、历法、农学方面都有不少的贡献。《农政全书》是徐氏研究农学的总结。徐光启，字子先，号玄扈，万历甲辰进士，死后追谥“文定”，《明史》有他的传记[131]。

《农政全书》是我国传统农学的巨著，凡七十万言，采用的参考文献多达二二九种。全书计分《农本》(传统的重农理论)、《田制》(土地利用方式)、《农事》(耕作、气象)、《水利》、《农器》、《树艺》(谷类作物与园艺作物各论)、《蚕桑》、《蚕桑广类》(纤维作物各论)、《种植》(植树及其他经济作物各论)、《牧养》、《制造》及《荒政》等十二门，总共六十卷。全书包容了历来谈论农学所涉及的各个范畴，并将其纳入一个完整的体系中。书中主要的部分是前人著作的摘录，但都经过精心的剪裁，在许多地方还加上夹注、评语、旁注或圈点，表示了个人的意见。从全书的结构、注文、评语、圈点及作者本人的文字可以看出徐氏的农学素养是相当高的[132]。

《农政全书》有系统并且整体地讨论了屯垦、大规模的水利工程与备荒等三项问题。这并不是一般农业技术的措施，而是保障全民农业与生命安全的整体问题。《齐民要术》和《王桢农书》是纯技术性的农书，《农政全书》则着重整体农业生产之保障措施，如田制、水利、荒政等。但它也未因重视农政而忽视技术，例如自宋代以来，蚕桑是江南的重要事业，徐光启的故乡上海地处江南，是当时全国纺织业最发达的地方，他就把当地有关蚕桑经营的新经验以及当地植棉与棉田管理的新方法作了详细的记录。另外，他将当时传入不久的甘薯的种植，以及自己的研究结果写成《甘薯疏》而收入《农政全书》，提倡大量种植用来备荒；并对一切新引入的作物都作了详尽的记录[133]。总之，它是一部较前代所有农书更为完善的农学著作。

从《上农》四篇、《氾胜之书》、《齐民要术》、《王桢农书》到《农政全书》，代表着我国传统农学的嬗递主脉。而且每一部书的范围都较前期的著作更为广泛，也不断有创新突破的成就。农业的发展一直是随着文化的演进以及技术经验的累积而不断进步。这些农业技术、知识、制度如能通过现代农业与经济科学方法的分析，不仅有助于在科学史的研究上得到更正确的认识，也能在探寻未来农业方向上提供很好的借镜。

133. 范楚玉，《中国古代的几部重要农书》。

134. 宋应星的生平，见薮内清等著，苏芗雨译，《天工开物之研究》（台北，中华文化出版事业委员会，1956 年），页 15－16。

135. 见何兆武，《论宋应星的思想》，《中国史研究》，页 150－160。

136. 同上。

科技百科全书——《天工开物》

《天工开物》是明朝后期科学家宋应星的杰作。宋应星，字长庚，江西奉新人，生于明万历十五年（1587 年），卒于清顺治年间。他于崇祯七（1634 年）年任江西省分谕县教谕，参加地方学政。崇祯十一年（1638 年）任汀州府推官，十四年任安徽亳州知州，十七年辞官返乡后未再出仕。为官任内颇有声望，亦曾致力于收容兵灾余波的难民[134]。除了《天工开物》以外，他还有《原耗》、《杂色文》、《卮言十种》、《画音归正》等著作，唯均已亡佚。另外在《天工开物》刊行的前一年他曾刊有《野议》、《论气》、《谈天》、《思怜诗》等四种，也一直失传未见，直到最近才被发现，是《天工开物》以外研究宋应星思想的珍贵史料[135]。

《天工开物》成于宋氏教谕任内，全书共分十八篇，分门别类地叙述了饮食、衣服、用具、舟车、机械、冶金、陶瓷、纸墨、制糖、酿酒、染色、燃料、兵器、药物、盐矾、丹青、珠玉、矿石等各种农业与工业的知识，对于各种原料的开采和制造、加工的生产过程都有简明的记载和分析，并附有工艺流程的插图两百余幅，充分反映了当时各种生产技术发展的实况，是我国农业史、经济史和工业史研究上的重要史料[136]，在科技史上也堪称为一本“百科全书”式的著作。宋氏亦被李约瑟誉为“中国的阿格瑞柯拉”与“技术的百科全书家”[137]。

在主要科技的成就上，《天工开物》研究和记录了许多工艺的技术，有一些在当时的世界里是相当先进的，例如造纸、采煤、炼铁等技术以及有关制麴的微生物知识。值得一提的是，《天工开物·舟车篇》中曾对风、帆和船三者间的运动法则，集力矩、重心、转动，以及面积与压力间的关系等力学主要的概念于一条记载中，有很详细的描述。对于这些重要的力学知识，虽然未能提高到理论的层次上来解析，但对舵势、水力的转向流动等各种现象的关系，已有了相当清楚的观察和探索的兴趣。宋氏对于事物变化的数量也相当重视，并有相当入微的观察，例如对船舶驾驶技术的研究，就有相当明确的数量化说明[138]，这都表示了宋氏正确的科学态度和实证的精神，也是《天工开物》在科技史上极具意义的成就。

尽管《天工开物》有着很高的成就，但是这部著作本身所反映的一些事实，也说明了一些当时限制科技发展的因素。第一，宋氏虽有高度的实证精神，但在他的思想里仍缺乏将科学理论形式化的形上理念，故《天工开物》仍是以条文式的记载表达。第二，宋氏本身的数学能力有限，虽然他的实证精神使他对自然科学的研究作了许多量化的记载，这方面的缺陷也阻碍了《天工开物》提升到理论层次迈向近代学术的趋向。第三，《天工开物》刊行之后流传并不广泛，甚而失传了很久，直到民国初年才为留学生在日本发现再行刊印[139]，足见在当时并未受到应有的重视。这个事实多少也反映了当时的社会条件，并不利于传统

---

137. 见 Joseph Needham, *Science and Civilisation in China*, vol.Ⅲ. (London, Cambridge University Press.1959), p.154; vol.Ⅱ, p.689。

138. 宋应星，《天工开物》，卷九，《舟车》。

139. 薮内清等，《天工开物之研究》(中译本)，页24。

科技的发展。这种内外双重限制，使得明末传统科技的辉煌成就，成为中国古代科技发展的极限，此后传统科技就未能秉承这个基础，继续突破精进，反而渐渐走向了没落之途。

结 语

由前述部分科技著作的探讨，大致可了解每种科技学术都有一个传承脉络。我国传统科技发展的起源很早，但一直到秦汉时代才有了较为成熟的基础，专门性著作也多在这时期出现。历经魏晋南北朝、隋唐五代的发展，在宋元时代有很高度的成就。在明代前期，传统科技的发展一度陷入低潮，到了明末，李时珍的《本草纲目》和宋应星的《天工开物》等著作又象征了传统科技成就的极致。自此之后传统科技没有更进一步的发展，继之而起的是西学输入，中西科学知识的会通成为科技学术的主脉，为20世纪中国科技的现代化播下了种子。

从这些名著产生的时代看来，政治上的治乱兴衰并不是决定科技发展的唯一重要因素。文化的每一个层面，以及科学本身的内在条件（如语言的结构、推理与思维的方式，实证的态度等等），都和科技发展有密切关系。

通过这些著作，我们可以了解在16世纪以前中国传统科技有很高的成就，并不逊于同时期的西方，甚至在某些方面还有相当的超越。但自16世纪末，我国的传统科技就不再有进一步的发展；在西方，这个时期却为科技的现代化奠定了良好的基础。因此对于中国和西方来说，16世纪都是一个科技发展的转捩点，所不同的是中国的传统科技已开始式微，西方却是一个飞跃的起点。西方在16世纪发生的科学革命，并不是一个偶发事件，它可说是承继着前几世纪以来文艺复兴、宗教革命以及重商主义等等一系列的过程所奠定的基础而产生的结果[140]。在伽利略时代，科学家对于自然已有一种新的看

140. Joseph Needham, *Science and Civilisation in China*, vol. Ⅲ, p.166.

法，那就是认为“所有的自然现象都能以数学方式去处理”的信念。在近代科学史上伽氏的贡献可说是最大的[141]。而中国的传统科技著作中却一直缺乏这样的信念，使得明末的成就成为传统科技的极限，而无法形成理论上的突破。从这个简单的对比，多少可以了解当科技发展到某种极限时，必须在内在的结构上产生新的动力来推动，才有突破的可能。上述那种对数学与自然界关系的新信念，就是造成突破的主要关键之一。

当然，影响科技发展的因素很多，本文所讨论的著作有限，这样的探讨只是最初步的工作，要想彻底了解整个科技发展的过程，除了通过专业知识与内在动力的分析来研读科技文献外，更须进一步结合外在的文化背景作整体的探索。

141. F. Sherwood Taylor. 著，李熙谋译，《科学与科学思想简史》(*A Short History of Science and Scientific Thought*)（台北，协志，1974年），页122－123。

规圆矩方·度量权衡

传统科技的量化趋向

洪万生　刘昭民

在自然科学的考察活动中，如何从杂然纷陈的现象中突出根本的现象，然后进行系统化的研究，的确是极关键的一大步。而科学家为掌握这些根本现象，通常都对它们实施定性描述（qualitative description）或定量描述（quantitative description）。上述活动，几乎都可纳入科学方法的观察阶段之中。根据科学史家的研究[1]，科学方法大致可划分成三个主要的阶段：

1. 观察；

2. 实验；

3. 理论化和数学化。这个方法，主要是由伽利略（G. Galieo, 1564 - 1642）创立，继由牛顿（I. Newton, 1642 - 1727）发扬[2]，区别了近代科学（modern science）和古代科学。不过，观察、实验并不是近代科学活动所特有的；古希腊科学家，中世纪印度、阿拉伯科学家，乃至古中国科学家，无不进行过观察实验，只是伽利略及其后科学家的方法显得老练、精确一点而已[3]。如此说来，古代科学家对自然现象所从事的一些观察和实验活动，并非全无意义，因为从这些活动的历史研究，我们至少可以掌握科学方法的演化轨迹，从而对人类未来的科技发展，也可以多一份参考和借镜。

对现代中国人而言，了解先民如何观察自然，如何进行实验，不仅具有历史意义，而且还可能拥有现实意义。现在国人所认识的“科学技术”，无论其概念、方法和精神，几乎都是西方近代文化的一部分，因此，要让“科学技术”在本土落地生根，其途径固然很多，但是将它们与我们祖先的科技经验衔接，似乎也不失为一个可行的办法。事实上，我们毋宁相信：唯有通过中西古代共同科技经验，以会通西方的近代科技，才有可能重建辉煌的科技文明。本文就是尝试通过历史研究，多方探索中国古代的科学方法。

中国古代天文家在天文观测方面可说相当精密，而工匠在冶金、

---

1. A. d'Abro, *The Rise of the New Physics* (New York, Dover Publications Inc., 1951), pp. 3 - 13; Josep h Needham, *Science and Civilisation in China*, vol. Ⅲ (Cambridge, Cambridge University Press, 1959), p. 156.

2. 同上。

3. Joseph Needham, *Science and Civilisation in China*, vol. Ⅲ, pp. 150 - 168.

陶瓷等实验（技术）的表现尤其出色；也就是说在科学方法的前两个阶段，都有颇可称述的成绩。所以能致此，“量化”居功厥伟，不然，我们又何以描述自然界的一些根本现象，或“重复”操作某些实验呢[4]？因此，通过“量化趋向”的历史考察，一方面可以更精确地掌握中国古代科技的成就，另一方面，也可相对地评估中国古代科学方法的水平。

一般所谓的“量化”，通常指“数量化”。其实，它又何尝不能指“质量化”？尤其值得注意的，“质量化”还是“数量化”的前提。设想先民如果无法“规圆矩方”，则又将如何“度量权衡”？无论如何，在自然科学的考察活动中，从“杂然纷陈的诸现象”中突出“根本的现象”，本质上就是一种“质量化”的过程。例如，科学家在夜晚初看满天星辰，但觉耀眼悦目，是一幅“杂然纷陈”的星象，经长期观看，然后发现星球都环绕一颗极星（Polar Star）运动，这就是一种“根本现象”[5]。像这种观察，就是纯“质量化”的，一般也常称做“定性的”。如果再对这种“根本现象”进行“度量”（measure），也就是说，科学家如能观测出哪些星球是以等速率环绕极星进行圆周运动，这就是一种“数量化”（一般也常称做“定量的”）了[6]。显然，从“质量化”过渡到“数量化”，基本上是一种精确度的需求在推动着，所以“数量化”较“质量化”进步，而且成为近代科学方法论[7]中的一个重要指标，自然也就不难理解。

由于“量化”攸关本文题旨，因此，有必要对其相关的一些概念作再进一步的讨论和澄清。按“量”的意义，《汉书·律历志》称：“……量者，本起黄钟之龠。……”，是指容量大小或容积的意思。想必准此，段玉裁注《说文解字》的“量，称轻重也”时，才会说“汉志曰量者，所以量多少也。……此训量为称轻重者，有多少，斯有轻重。……其字所以从重也，引伸之凡料理曰量，凡所容受曰量”。更早的《周

4. 其实，“实验”一词已含有“重复操作”的意义在内，此处赘置“重复操作”，只是为强调实验的此一重要内涵。

5. 此处引用例证取自 A. d'Abro, *The Rise of the New Physics, p.4*。

6. 同上。

7. 参阅 Joseph Needham, *Science and Civilisation in China,* vol. Ⅲ, p.156；M. Kline，林炎全译，《数学史》，上册（台北，九章，1979 年），第十六章“科学之数学化”。

礼·夏官·量人》郑玄注则称："量，犹度也，谓以丈尺度也"。[8]"度"，在《汉书·律历志》中是指度长短的意思，所谓"……度者，本起黄钟之长。……"。综合起来，中文所谓的"量"，似乎涵括了度量衡三方面的意义，也就是说，它同时具有长短、大小（容量）和轻重（重量）的内涵。"量"字这样混淆的意义，是颇接近本篇所指称的内涵的。与中文"量"字意义最接近的英文字似乎是"magnitude"，而在数学上，"quantity"一字的用法则较为广泛。因为就数学意义而言，magnitude是指"可与同一类中之他物比较大小之物，如长度、面积、体积、重量、角度、速度、张力等都是"。[9]而quantity则是指"任何可以应用数学方法之物；或任何可按固定且不相矛盾之律则予以演算者"。[10]可见后者的意义，的确较前者摩登而且广泛。实际上，magnitude的意义应该是承袭古希腊数学家尤得萨斯（Eudoxus, 408 - 368 B.C.？）而来，他认为magnitude并不是一个数目，但却代表着像线段、角、面积、体积和时间这一类可连续变化的东西[11]。显然，这样的观点是含混了几何量（如线段、角和三角形等）、物理量（如时间）和它们的"度量"（如长度、角度、面积和时距）之间的差异。而这也正是本文认为"量"与"magnitude"意义较近的主要理由。

当然，本文所指的"量化"多半还是偏重在"数量化"上，但是，有些限于时代条件而仅止于"质量化"观察，例如湿度变化的测知，以其成就难得，仍加以论列以示推崇，这是必须声明的。本文除了对中国古代科技的"量化"成就考察外，也将对其相关的数学方法、形上学理念进行分析和讨论。

8.《周礼·夏官·量人》："量人，掌建国之法，以分国为九州。营国城郭，营后宫，量市朝道巷门渠，造都邑亦如之。营军之叠舍，量其市朝州涂，军舍之所里。邦国之地，与天下之涂数，皆书而藏之。凡祭祀，飨宾，制其从献脯燔之数量。掌丧祭奠竁之俎实。凡宰祭，与郁人受斝，历而皆饮之"。郑玄注："数，多少也；量，长短也"。

9. *Webster's New International Dictionary*, (Second edition, 1969).

10. 同上。

11. M. Kline，《数学史》，上册，页53。

传统科技的量化考察

本节拟就中国古代科学技术如天文学、物理与机械、化学工艺、炼丹、冶金、火药，以及气象学和地学等科目，分别考察其量化成就。

- 天文学

天文学观测的基本原则，就是方位、角度与距离的精确量化。中国古代由于历法编制的需要，尤其是日、月蚀的预推，所以对日月五星方位的准确观测，一直非常讲究。但在东汉以前，人们认为日月五星的运动是等速率的，也就是每日所行距离是相等的[12]。直到东汉贾逵（92年）才发现“月行迟疾”——月球的运行时慢时快的现象，并测得“月移故所疾处三度”（见《续汉书·天文志》贾逵论历）。后来东汉末刘洪于制定“乾象历”（206年）时，乃能据此而更加密测，推得月球绕地球一周的一种周期——“历周日”（今称“近点月”），其数据为27.55336日，与白朗常数27.55455日相差不远，为后世历法改革奠定基础，贡献不小[13]。

至于“日行盈缩”（也就是太阳视运动的时快时慢现象）的发现，必须归功于北齐天文家张子信。他“因避葛荣乱，隐于海岛中，积三十许年，专以浑仪测候日月五星差变之数，以算步之，始悟日月交道，有表里迟速，五星见伏，有感召向背”。（《隋书·天文志》）这也显示他是在量化的数据上，进行推算（以算步之）而得到上述结论的。可惜史籍未能把他的数据和推算方法留传下来，取而代之的乃是一种含糊其辞的定性描述：“表里迟速，感召向背”，真是一大憾事！不过，对天文史家朱文鑫所论：“张子信测候之功，不亚于第谷，向使候籍犹在，未必无开普勒（按：即J. Kepler, 1571-1630）者，由此绘画推算，而发见椭圆定理也”。[14]我们却是有所保留。关于这一点，后文将加

---

12. 朱文鑫，《天文学小史》（台北，商务，1970年第一版），页28。
13. 同上，页28，40。
14. 同上，页42。

以评论。

月球绕地球的另一种周期“交点月”（古称“交终日”），是南朝刘宋祖冲之所测定的，其数据为27.21223日与现代白朗常数27.21222日甚为接近，是祖冲之对科技的多种贡献之一。交点月和近点月的测出，对日、月蚀的预推帮助很大。原来刘洪除测得交点月外，也发现白道（月球绕地球轨道）面和黄道（地球绕太阳轨道）面的倾斜度（即两平面夹角）约五度四十四分[15]，因此，只有月球接近白道与黄道面的“交点”，并正值朔望时刻，日、月、地球才会实际排成一条直线，从而发生日、月蚀。刘洪的发现，一方面奠立日、月蚀现象实测及其成因解析的重要基础[16]，另一方面也预示“交点月”对日、月蚀预推的不可或缺。

东晋虞喜所发现的岁差现象，也是中国天文史上颇为特殊的量化成果。东晋以前，中国天文家都不知道此一事实的存在，直到虞喜才发觉太阳从今年冬至环行一周，到明年冬至（恰好一周“岁”）并没有回到原来的位置，而是有不及的现象，这就是“岁差”。虞喜测得的数据约为五十年差一度，也就是每年约差七十二秒弧，与现代数据约五十秒弧相比，虽稍有出入，但是对后世历法推算工作却有很大的启发[17]。

子午线长度的测定，也是量化的具体表现之一。早在唐玄宗开元十二年（724年），中国著名天文学家僧一行曾发起进行测定子午线长度，共选定12个地点，观测项目包括：各地点北极出地高度；冬至、夏至和春分、秋分日太阳在正南方时，8尺高表竿的影子长度[18]，终于扬弃了地隔若干里，影差一寸的观念，代之以北极高度差一度，南北距离差多少里的说法。当时参与观测的天文家南宫说还推得：南北距离351里80步，北极高度相差一度。这个数据即地球子午线上一度的长，如换算成现代的度量单位，即表示当时所测得的子午线一度

15. 李约瑟，《中国之科学与文明》，中译本第五册（台北，商务，1975年），页393。

16. 同上。

17. 朱文鑫，《天文学小史》，页39。

18. 李约瑟，《中国之科学与文明》，中译本第五册，页180。

长为129.22公里。按现代的测量一度长111.2公里，可见僧一行和南宫说所得数据的误差是12.9%[19]。此一误差虽大，但却是世界上最早的子午线长度的实测，它不仅开创中国古代通过实测认识地球的道路、彻底破除日影千里差一寸的旧说[20]，而且也把地理纬度测量和距离结合起来，足以显示它的高度量化成就。

19. 薄树人，《中国古代在天体测量方面的成就》，《中国古代科技成就》(1978年)，页24—26。

20. 李约瑟，《中国之科学与文明》，中译本第五册，页178。

21. 薄树人，《中国古代在天体测量方面的成就》，页27—28。

在航海天文学方面，可就明代茅元仪《武备志》中的《郑和航海图》和《过洋牵星图》，以及李诩所著《戒庵老人漫笔》来说明。《郑和航海图》上共记录64处关于各地所见北辰星(北极星)和华盖星(即小熊座β、γ星等共八颗星)的高度;《过洋牵星图》则标出途经印度洋各地时，所见的许多星座的方位和高度，其中方位更用了图示法。《郑和航海图》不但显示明代中国海员曾经使用牵星法，而且也指出当时已能测定星座的高度。此外,《过洋牵星图》也显示，当时已能测定许多星辰的方位和高度。《戒庵老人漫笔》则记述牵星法所用的观测工具——牵星板，这是12块方形的乌木板，最大的叫做十二指(一指等于1.9度)，每边长24厘米，其次是十一指、十指、……最小到一指。每块的边长是等差递减的，另有一块挖去四角的象牙板，每个缺口标明半指、半角、一角和三角(一角等于四分之一指)等[21]。此一观测工具的设计，也足以反映观测星象的精确量化趋向。

- 物理与机械

在中国古代物理学中，力学知识的量化是比较初步的。《墨经》对杠杆原理的论述可见于下列两条经文:“负而不挠，说在胜”，和“衡而必正，说在得”。其中第一条说明的就是固定杠杆两端的重物，然后移动支点，以改变两边力臂的长短，来调节杠杆的平衡；第二条是固定支点而改变两边的重量，来调节杠杆的平衡。这两条规律组成了相当完整的杠杆理论[22]。此一理论虽以定性描述形式写出，但由于其背景乃是称重的秤杆，可以想见它是由数量化的经验总结出来的[23]。另外，对斜面和轮轴，以及浮体原理的描述，《墨经》的“质量化”程度则稍嫌不足，自不能表示出定量关系。

《考工记·轮人》谈到车轮的大小与马车用途的关系时，曾说：“故兵车之轮，六尺有六寸；田车之轮，六尺有三寸；乘车之轮，六尺有六寸”。这些结论表示《考工记》的作者已经注意到下列事实：马对车子的拉力会因方向的不同，而使得其效果不同。另外，该书介绍造箭技术的时候，对箭杆、羽毛的重量讲求一定的比例，也注意到物体形状与空气阻力的关系。有关材料强度方面的经验知识也有论述，《匠人》就说道：“墙高三尺，崇三之”。表示墙若厚三尺，则高度可达三倍；甚至为了防止水或物体对墙所产生的侧压力，还由经验得出：墙底的厚度比墙头厚度需多出高度的六分之一，即“六分其高，欲一分之为杀”。[24]所有这些，都表示《考工记》的力学知识，是当时工匠长期累积下来的经验，具有初步量化的痕迹。

东汉王充《论衡》对有关力学的很多知识，论述得颇为详尽，足以表示他观察力的敏锐，但多停留在经验阶段，譬如《效力篇》所说：“力重不能自称，须人乃举”。《状留篇》：“是故车行于陆，船行于沟，其满而重者行迟；空而轻者行疾。任重，其取进疾速，难矣”。都是很明显的例证。

在声学方面，宫商角徵羽——五音十二律，在春秋时代已形成。至于音律推求方法，则《管子·地员篇》、《续汉书·律历志》及《礼记·月令》注中都有记载，都称为“三分损益法”，即以基本律黄钟（管长九寸）的长度屡次乘1-1/3（三分损一），或1+1/3（三分益一）便可得出各律。此一事实指出，先人对音律与弧长的量化关系充分了解。另外，《考工记》也记载了有关造钟、鼓、磬等乐器的经验和方法，但缺乏数量知识，定性描写也不够精确[25]。宋代沈括《梦溪笔谈》对声

22. 王谦，《中国古代物理学》（1977年），页10－13。

23. 同上。

24. 这是郑玄的注文，原文是：“囷、窌、仓、城，逆墙六分”。

25. 王谦，《中国古代物理学》，页45－47。

音的共振现象很有研究，他曾经由乐器的发音来研究弦的共鸣，进而得出“正声”的方法：“欲知其应者，先调诸弦令声和，乃剪纸人加弦上，鼓其应弦，则纸人跃，他弦即不动。声律高下苟同，虽在他琴鼓之，应弦亦震，此之谓正声”。（见《梦溪笔谈·补笔谈》）不仅定性描述极为明确，而且也蕴涵了极易数量化的知识。

在磁学方面，中国很早就发现磁石的指极性，并应用其原理做出指示南北的工具，后来又制作方地盘，把八干（甲、乙、丙、丁、庚、辛、壬、癸）、十二支、四维（乾、坤、巽、艮）等标记分层定位，配合司南定位[26]。到了宋代，吴自牧在《梦粱录》卷十二《江海船舰》中曾记述“针盘”，谓方地盘已被改装，将干支四卦等列在一个圆环里面合成二十四方位，此乃近代罗盘的前身[27]。沈括在《梦溪笔谈》卷二十四《杂志一》中又指出：“方家以磁石磨针锋则能指南，然常微偏东，不全南也”。这是磁偏角的发现。另曾三异在《因话录》中也称：“地螺或有子午正针，或用子午丙壬间缝针”。其中正针乃是指磁针所指的地磁南北极方向，缝针则是指日影确定的地理南北极方向，说明磁针有（量化）偏角的现象[28]。由此可见，宋人已将罗盘方位区分得相当精细，而且对磁偏角的现象也已明确指出，充分说明宋人对磁性的认识已达量化的程度。

在光学方面，《墨经》和《梦溪笔谈》对平面镜、凹面镜与凸面镜等的成像性质，都有颇细致的观察[29]；而《梦溪笔谈》对凸面镜与凹面镜的定性分析，如“阳燧”（按即凹面镜）面洼，以一指迫而照之则正，渐远则无所见，过此遂倒。其无所见处，正如窗隙、橹臬、腰鼓碍之，本末相格，遂成摇橹之势：故举手则影愈下，下手则影愈上，此其可见”。（见《梦溪笔谈》卷三《辩证一》），“古人铸鉴，鉴大则平，鉴小则凸。凡鉴洼则照人面大，凸则照人面小，则鉴虽小而能全纳人面。仍复量鉴之大小，增损高下，常令人面与鉴大小相若”。（见《梦

---

26. 林文照，《指南针和中国古代的磁学知识》，《中国古代科技成就》，页167—181。

27. 同上。

28. 同上。

29. 王谦，《中国古代物理学》，页23—29，75—79。

溪笔谈》卷十九《器用》），这两例所示，其水准早已直逼几何光学原理，可惜这些定性描述中所蕴涵的数量化知识，没有进一步被发掘出来，殊为遗憾。

在机械方面，我们可以发现比较出色的量化成果。早在战国时代便已有十分进步的弩机，到了汉代，便出现具有相当于现在来福枪表尺一样，并且具有刻度的“望山”之瞄准器。这种古代的表尺——望山，若其向上竖立时，乃是直角三角形中的勾，而由望山底部到镞端（箭的尖头末端）的部分乃是股，两者成为勾股的关系；望山可说是量化的具体表现[30]。

除了弩机以外，中国历代巧思之士，对其他机械设计或发明也有极可观的成就[31]。可惜，宋代以前的机械发明很少有详尽的文字或图样留传下来，因此，我们无法掌握其量化成就。至于宋代，则其成果至为辉煌，苏颂制作“浑仪”和“水浑仪象台”时，曾对其机械各部分详细图说，并附有精确数据，全部载入他的著作《新仪象法要》；另燕肃制造指南车，卢道隆、吴德仁制造记里鼓车，也留下精确的定量描述[32]。《宋史·舆服志》对燕肃指南车内部结构的记载如下：

> 其法用独辕车，车箱外笼上有重构，立木仙人于上，引臂南指。用大小轮九，合齿一百二十。足轮二，高六尺，围一丈八尺。附足立子轮二，径二尺四寸，围七尺二寸，出齿各二十四，齿间相去三寸。辕端横木下立小轮二，其径三寸，铁轴贯之。左小平轮一，其径一尺二寸，出齿十二；右小平轮一，其径一尺二寸，出齿十二。中心大平轮一，其径四尺八寸，围一丈四尺四寸，出齿四十八，齿间相去三寸。中立贯心轴一，高八尺，径三寸。上刻木为仙人。其车行，本人指南。若折而东，推辕右旋，附右足子轮顺转十二齿，系右小平轮一匝，触中心大平轮左旋四分之一，转十二齿，车东行，

30. 周世德，《中国古代原动力的利用——人力的进一步发挥和自然力的有效利用》，《中国古代科技成就》，页533－534。

31. 张荫麟，《中国历史上之“奇器”及其作者》，《张荫麟文集》（台北，中华丛书委员会，1956年），页64－85。

32. 同上，页124－131。

木人交而南指。若折而西，推辕左旋，附左足子轮随轮顺转十二齿，系左小平轮一匝，触中心大平轮右转四分之一，转十二齿，车正西行，木人交而南指。若欲北行，或东，或西，转亦如之。诏以其法下有司制之。

根据这段文字的叙述，我们可以了解燕肃指南车能够永远指“南”，与它的齿轮结构的精确（数量化的）设计息息相关，20 世纪以后，国人得以还原重造成功[33]，上述这段文字的精确量化应为主要因素。

此外，明代宋应星《天工开物·舟车篇》中也曾详细分析，在顺风、抢风和逆风中帆的张开度对船速的影响，以及舵的长短和掌舵情形对船行方向的影响[34]，已具有初步量化的性质。

• 化学工艺

中国古代造纸术、酿酒等化学工艺确有量化记录留传下来[35]，但是层次并不高，此处从略。另如瓷器、漆器制造技术虽然曾经达到炉火纯青的地步，可惜史籍上少有量化记载，也无法讨论。本文拟对水银粉和铅粉的制造技术，从事量化考察。

《天工开物》记载黄铜的制造法如下：“凡红铜升黄色为锤锻用者，用自风煤炭百斤灼于炉内，以泥瓦罐载铜十斤，继入炉甘石六斤，坐于炉内，自然熔化。后人因炉甘石烟洪飞损，改用倭铅（按即锌）。每红铜六斤，入倭铅四斤，先后入罐熔化，冷定取出，即成黄铜……凡铸器低者，红铜倭铅均平分两，甚至铅六铜四。高者名三火黄铜，四火熟铜，则铜七而铅三、（铜六而铅四）也”。[36] 这段文字指出黄铜锻锤性能的高低与其成分的直接关联[37]，其资料是数量化的。

明代刘元泰、施钦等四十一人编纂的《本草品汇精要》（1505 年）

33. 王振铎于民国二十六年，刘天一于 1980 年分别还原重造成功，后者今陈列在台湾科学教育馆长期展览。

34. 戴念祖，《中国古代的力学知识》，《中国古代科技成就》，页 154。

35. 造纸请参阅张子高，《中国古代化学史》（1977 年），页 261。酿酒请参阅刘广定，《酒是不是杜康造的？我国古酒的起源和制酒技术》，《科学月刊》，第一二卷第 7 期（1981 年 7 月），页 29－36。

36. 小括弧内所引文字系张子高所加，见氏著《中国古代化学史》，页 195。

37. 同上。

叙述水银粉（Hg_2Cl_2）的制法如下：

> 凡作粉，先要作曲。其作曲之法，以皂矾一斤，盐减半，二味入铁锅内，以慢火炒之，仍以铁方铲搅不住手，炒干成曲，如柳青色。其升粉法：先置一平台，高三尺余，径二尺，不拘砖垍，以荆柴炭一斤，碎之如核桃大，炽于台上，扇炽。每升粉一次，用水银一两二钱，曲二两二钱，内（按即纳）石臼内，石杵研不见水银星为度。却入白矾粗末二钱，三味搅匀，平摊铁鏊中心，厚约三分许，鹅翎遍插小孔。将澄浆瓦盆覆之，缝以盐泥固济，勿令太实，实则难起。置鏊于炽火上，候微热，以手醮水轻抹其缝及盆。复用砖疏立鏊下，周护火气，待火尽盆湿，揭之，勿令手重，重则振落。其粉凝于盆底，状若雪花而莹洁。以翎扫之，瓷器收贮[38]。

这一套制法，包括药剂的用量、温度的控制，以及操作手续的细节，确是前所未有[39]。

至于铅粉的制法，李时珍的《本草纲目》也有颇详细的描述：

> 每铅百斤，镕化，削成薄片，卷作筒，安木甑内。甑下甑中各安醋一瓶，外以盐泥固济，纸封甑缝，风炉安火四两，养一七，便扫入水缸内。依旧大养，次次如此，铅尽为度。不尽者留炒者作黄丹。每粉一斤，入豆粉二两，蛤粉四两，水内搅匀，澄去清水。用细灰按成沟，纸隔数层，置粉于上。将干，截成瓦定（按即锭）形，待干收起。

根据史家研究，铅粉的组成是碱式碳酸铅 $Pb(OH)_2 \cdot 2PbCO_3$。此一制法是利用空气中的氧和醋酸蒸气与铅作用，而生成碱式醋酸铅，后者又与来自炭火的二氧化碳作用而生成白色的铅粉[40]。当时人对这个化学反

38. 转引自张子高，《中国古代化学史》，页221。

39. 同上。

40. 同上，页224。

应，自然无法赋予定性分析，不过对剂量的控制，也是很精确的。

• 炼丹术

炼丹术是近代化学的前身，所以古代炼丹术之研究值得注意。中国古代炼丹术起源于西汉初叶，至唐代发展到最高峰，并向西传入回教国家。炼丹家对炼丹所需的矿物原料数量一直非常注意，例如唐代陈少微《九还金丹妙诀》一书中所载"销汞法"（即用汞和硫黄制丹砂之法）中便有这样的记载：

> 汞一斤，硫黄三两，先捣研为粉，致于瓷瓶中，下着微火，继续下汞，急手研之，令为青砂（灰色硫化汞），然后将入瓷瓶中。其瓶子可受一升，以黄土泥紧泥其瓶中外，可厚三分，以盖合之紧密，固济，致之炉中。用炭一斤于外而养之三日，瓶四面长须有一斤炭。三日后便以武火烧之，可用炭十斤，可为两份，每一上炭五斤，烧其瓶子。忽有青焰透出，即以稀泥急涂之，莫令焰出。炭尽为条。候寒开之，其汞则化为紫砂，分毫无缺。

可见在炼制丹砂的过程中，汞和硫黄有一定的比例，加热有一定的火候，操作有一定的程序，最后才达到"化为紫砂，分毫无缺"的结果[41]。如此精确细致的实验方法与近代化学相比，可谓相去不远了。

前述明代《本草品汇精要》中也载有灵砂（即丹砂）制法：

> 水银四两入铁锅内，以硫磺末二两，徐徐投下，慢火炒作青砂头。候冷细研，纳阳城罐中，上坐铁盏。将铁丝缠束数匝，钉钮之，弹丝声清亮为紧。以赤石脂入盐，密封其缝。仍用盐泥和豚毛通令固济，厚一大指许，日（晒）干之。借（垫）以铁架，为砖作炉；外

41. 同上，页210。

以文火自下煅，至罐底约红寸余，以香烬一炷，后用武火渐加至罐口，候香烬二炷，为度。铁盖贮水，浅则益之，乃既济之义也。候冷取出，其砂升凝盏底，如束针纹者，则成就矣[42]。

这一套制法，比《九还金丹妙诀》的叙述更为清楚。虽然它是被本草学的专著收录的，但是本草学中所用金石药，如丹砂等，就是炼丹家极有兴趣的素材[43]。

42. 转引自张子高,《中国古代化学史》, 页222。
43. 同上，有关炼丹术和本草学的部分。
44. 黄务涤,《中国古代冶金》(1978年), 页35。

• 冶金

中国古代在炼铜、炼钢和刀剑制造技术方面，都有极辉煌的成就，以下列举一些炼制技术，以说明其量化程度。

显示已经量化的最早冶金技术文献，就是先秦时代的“六齐”，成书于战国时齐国的著作——《周礼·考工记》，是世界上最早提出关于青铜合金化的规律——“六齐”的规则者,《考工记》有以下的记载:

金有六齐：六分其金而锡居一，谓之钟鼎之齐；五分其金而锡居一；谓之斧斤之齐；四分其金而锡居一，谓之戈戟之齐；三分其金而锡居一，谓之大刃之齐；五分其金而锡居二，谓之削杀矢之齐；金锡半；谓之鉴燧之齐。

据现代的分析，除了最后一条外，其余五条均大致符合实际情况。一般青铜含锡17%至20%最为坚利，“六齐”中的斧斤和戈戟，大体在此范围之内。大刃和削杀矢一类砍削兵器要求更高的硬度，故含锡程度更高些，“六齐”中把钟鼎含锡定为14%至16%[44]。这是具有量化意义的合金规则，只有在青铜冶铸技术相当成熟的条件下才能办到，其意义自然不同凡响。

关于战国到两汉的冶铁技术，文献记载很少，即使有一点点，也不够具体、清楚；不过根据实物的考察与分析，此一时期的冶铁事业的确非常发达[45]。三国时代的百炼钢、南北朝时代的灌钢，以及隋唐的冶铁技术，也都有极高的成就[46]，但也一样未曾留下量化的记录。到了宋元的时代，冶铸质量更加提高。在《天工开物》中，我们可看到炼铁技术、灌钢和"生铁淋口"的锻铁技术，而以"生铁淋口"技术，最近于量化：

45. 参阅张子高，《中国古代化学史》，页60－61。

46. 百炼钢、灌钢可参阅何堂坤，《中国古代冶炼技术的成就》，《中国古代科技成就》，页490－507。

> 凡治地生物，用锄镈之属，熟铁锻成，熔化生铁淋口，入水淬健，即成钢劲。每锹锄重一斤者，淋生铁三钱为率，少者不坚，多则过刚而折。

的确要比同书所记载的炼铁技术：

> 若造熟铁，则生铁流出时，相连数尺内低下数寸，筑一方塘，短墙抵之，其铁流入塘内，数人执柳木棍排立墙上，先以污潮泥晒干，舂筛细罗如面，一人疾手撒滟，众人柳棍疾搅，即时炒成熟铁。其柳棍每炒一次，烧折二三寸，再用则又更之。炒过稍冷之时，或有就塘内斩划成方块者，或有提出挥椎打圆后货者。若浏阳诸冶，不知出此也。

以及灌钢的冶炼方法：

> 凡钢铁炼法，用熟铁打成薄片如指头阔，长寸少许，以铁片束包尖（夹）紧，生铁安置其上（原注：广南生铁名堕子钢者，妙甚），又用破草履盖其上（原注：粘带泥土者故不速化），泥涂其底下。烘

炉鼓鞴，火力到时，生钢（铁）先化，渗淋熟铁之中，两情投合，取出加锤。再炼再锤、不一而足。俗名团钢，亦曰灌钢者是也。

这两者的量化程度来得更高。

• 火药

火药是由数种化学物质混合而成，在混合前，各种化学物质的数量要适当地分配，如此才会发挥效果。黑火药是硝石、硫黄和木炭三者粉状均匀的混合物，这三种化学物质的剂量比例分配，乃是源自炼丹家的伏火法。唐初孙思邈就在《丹经》中指出硫黄的“伏火法”（伏火法即将数种药物混合加热，在一定火候之下，使其中某种药性猛烈的药物变成较为温和的方法），他把硫黄和硝石各二两研细，放在银锅或沙罐里，然后把三个未经虫蛀的皂角点燃，使具有某种特性——“将皂角子不蛀者三个烧令存性”，用夹子逐一放进锅里，则使硫黄与硝石燃烧起火焰，等火熄灭了，再用三斤炭点火来炒，等到炭已用去三分之一，就停止加热，完成“伏火”。唐宪宗时代的清虚子亦在《铅汞甲辰至宝成》中提出矾的伏火法，指出使用“硫二两、硝二两、马兜铃三钱半”。“伏火”时，常有硫、硝、炭同时存在的机会，而可能引起燃烧或爆炸[47]。这些“伏火法”虽然是火药制造的前身，但已具有量化的性质。

47. 刘广定，《我国古代的火药、火器与国防》，《科学月刊》，第十二卷第1期（1981年1月），页22。

到了北宋初年，火药制造的武器已普遍使用，曾公亮在《武经总要》前集卷十一、卷十二中，曾详细记载当时所制造的火药种类和成分，此处列举三种：

1. 毒药烟球：

䃯（硫）黄一十五两，焰硝一斤十四两，草乌头五两，芭豆五两，狼毒五两，桐油二两半，小油二两半，木炭末五两，沥青二两半，砒霜二两，黄蜡一两，竹茹一两一分，麻茹一两一分。捣合为球，贯以麻绳一条，长一丈二尺，重半斤为弦子。更以故纸一十二两半，麻皮十两，沥青二两半，黄蜡二两半，黄丹一两一分，炭末半斤，捣合涂傅于外。

清楚地列出硫黄、(焰)硝和(木)炭的比例分配，至于草乌头、芭豆、狼毒和砒霜乃是毒药，而桐油、小油、黄蜡、竹茹与麻茹，则是调和剂及助燃用。

2. 蒺藜火球：

硫黄一斤四两，焰硝二斤半，麄炭末五两，沥青二两半，干漆二两半，捣为末。竹茹一两一分，麻茹一两一分，剪碎，用桐油、小油各二两半，蜡二两半镕汁和之。傅用纸十二两半，麻一十两，黄丹一两一分，炭末半斤，以沥青二两半镕汁和合周涂之。

也可看出火药成分的比例。

3. 火炮：

晋州硫黄十四两，窝黄七两，焰硝二斤半，麻茹一两，干漆一两，砒黄一两，定粉一两，竹茹一两，黄丹一两，黄蜡半两，清油一分，桐油半两，松脂一十四两，浓油一分。以晋州硫磺、窝黄、焰硝同捣罗。砒黄、定粉、黄丹同研。干漆捣为末。竹茹、麻茹，即微炒为碎末。黄蜡、松脂、清油、桐油、浓油同熬成膏，入前药末，旋旋和匀。以纸五重裹衣，以麻傅定，更别熔松脂傅之，以炮放。

砒黄即天然产粗砒霜，定粉即铅粉，均有毒。虽然不含木炭，但是有机物燃烧会生成碳，一样会有火药的作用。

以上三种火药的配方颇为复杂，而且分量一定，可能是经多次实验而得[48]。但从硝、硫、炭的比例看来，与理想的黑色火药相比，硝的含量偏低：

$$2KNO_3 + S + 3C \rightarrow K_2S + N_2 + 3CO_2$$

75 ∶ 12 ∶ 13（理论比值）

75 ∶ 10 ∶ 15（黑火药实际用值）

62 ∶ 31 ∶ 7（蒺藜火球用值）

60 ∶ 20 ∶ 20（火炮用值）[49]

因此，早期火药的爆炸威力不会太大，作用在放毒与燃烧。因为其中所包括的竹茹、麻茹、小油、桐油、黄蜡和沥青，都是可燃性物质，也许是火药发明前用于火攻的发火物，仍然保留下来的[50]。

到了明代，火药成分更加进步，《武编》前集卷五载有："黄居硝三分之一或四分之一，灰居硝四分之一为上品"，荔枝炮则用"硝一斤，黄（磺）四两，杉灰四两"[51]。

由以上所述，可见自唐代到明代，我国火药的制造是相当富有量化意义的。

- 气象学与地学

我国有文献记载的气象观测最早要推殷代，当时已将风向区分成东风（称为劦）、西风（称为夷）、南风（称为凯）、北风（称为殴）并以候风羽观测风向。到了春秋战国时代则将风向区分为八种——东北曰炎风，东方曰滔风，东南曰熏风，南方曰巨风，西南曰凄风，西方曰飂风，西北曰厉风，北方曰寒风。汉代则以铜凤凰和相风铜乌观测风向。到了唐代，李淳风在《观象玩占》中曾叙述当时除了继续使用相风乌观测风向外，还使用一种称为"葆"的测风器，这种"葆"不仅

48. 同上。

49. 同上。

50. 张子高，《中国古代化学史》，页227－228。

51. 刘广定，《我国古代的火药、火器与国防》。

能观测风向，同时还能根据羽毛（鸡羽）被举的程度大致判断风速的大小，这是一种雏形风速计，仅具有初步量化的性质，但是李淳风把风向区分成子、癸、丑、离、寅、甲、卯、乙、辰、巽、巳、丙、午、丁、未、艮、申、庚、酉、辛、戌、乾、亥、壬等24个方位，而且把风力分成十级，这是根据风吹动自然界物体时的动态来区分的，他说："凡风发，……，动叶十里，鸣条百里，摇枝二百里，落叶三百里，折小枝四百里，折大枝五百里，飞沙走石千里，拔大根三千里"。八种风力加上他所称的静风及和风共十级[52]，与现代气象学上风向（360度）和风速的目视观测（蒲福风级法）相较，李淳风对风场和风力的区分已具有相当程度的量化了！

在雨量观测方面，虽然早在东汉时代即有雨量的观测，但是当时还没有说明如何测定雨量，所以无法求得量化问题的答案[53]。直到南宋时代，秦九韶才在《数书九章》卷二中，谈到雨量和雪量的测定和计算方法。他是通过对容器，如测雨用的"天池"（一种截顶圆锥体）、"圆罂"（一种回转体，其母线为两条等线段所成的折线；呈瓮状）和验雪的"竹器"（一种截顶圆锥体）等的体积计算[54]，从而进一步去测知其中所盛雨水，或雪的（数）量。可见秦九韶的雨量和雪量测定在量化程度上已达一定的水准。

到了明代，雨量计长1尺5寸，圆径7寸，与现代所使用的雨量筒极为相似。清初的测雨台，其台上置有高1尺，广8寸的测雨器，并有雨标[55]，可见雨量的观测到明代和清初已完全量化了！

在大气湿度的测定方面，早在西汉时代，中国人已使用类似天平的衡重工具来测定羽毛（后来也有用土块或铁块的）和木炭（富吸湿性）的重量，当木炭较重时，就可以知道空气的湿度增加了，另外还有凭琴弦之弛紧来观测空气湿度的方法[56]；但是空气湿度量的测定尚付

---

52. 刘昭民，《源远流长的中国气象学史》，《科学月刊》，第十卷第2期（1979年2月），页56—59。

53. 刘昭民，《中华气象学史》（台北，商务，1980年），页73。

54. U. Libberecht, *Chinese Mathematics in the Thirteenth Century: The Shu-shu Chiu-chang of Ch'in Chiu-shao*(Cambridge, Massachussets, and London, England, The MIT Press, 1973), pp.111-119.

55. 刘昭民，《中华气象学史》，页56—59。

56. 刘昭民，《中国古代对气象和地学的发现》，《中国古代科技发明特展专辑》，第一辑（台北，台湾科学馆，1981年），页59。

阙如，因为当时还没有使用刻度表示，所以只能算是“有量化的趋势”。

在地学方面，中国古代最能表示量化意义的是比例尺和等高线的绘制，由马王堆的考古地理学研究，可知早在西汉时代，中国已有等高线的绘制[57]。晋代裴秀更创制图六体——一曰“分率”，说明绘制图首先要具有反映地区长宽大小的比例尺；二曰“准望”，说明制图要确定彼此间的方位关系；三曰“道里”，说要明白两地间的距离；四曰“高下”，五曰“方邪”，六曰“迂直”，说明人行的路程有高下、方邪、迂直的不同，要逢高取下，逢方取斜，逢迂取直，因地制宜，求出地物之间的水平直线距离，后来贾耽所制的《海内华夷图》和宋代的《禹迹图》都采用计里画方的比例尺方法，沈括在绘制《守令图》的时候也使用“如空中飞鸟直达”，求得两地间水平直线距离[58]，而且精确到更无山川回屈之差。可见中国古代的制图学，自汉至宋代皆已完全量化了!

57. 曹婉如，《马王堆出土的地图和裴秀制图六体》，《中国古代科技成就》，页296。

58. 同上，页297－298。

59. 刘昭民，《中国古代对气象和地学的发现》，页61。

测量学方面，早在汉代，中国人就已使用简单的测量仪器——规、矩、悬、水平等从事测量工作，到了北宋仁宗庆历四年（1044年），曾公亮在《武经总要》中记述更完备的测量仪器——准，也叫做水衡（水平面平衡）或者水臬，计有平板和高度经纬仪，水衡呈槽形，有三个浮标，每一个浮标装有一个基准的瞄准器，还有一个人手中拿着朝板和一个测量杆，其观测原理和现代水准测量原理一样，可测量地势之高低和距离[59]。其量化程度已相当高。

量化的综合分析

上节所述，显示量化成就的高低，取决于数量化知识的获得与否。这些知识显然是累代相传，不断地摸索改进而得，其中大都处在观察的阶段。能够自觉地以数量化知识，贯通观察、实验阶段的，可能仅有冶铸、炼丹和陶瓷制作。至于有关天文学的研究，在古代根本不可能施以“实验”[60]，因此，其量化成就大都表现在如何将那些数量化的观测资料，归纳成为一种有意义的数量关系。

中国古代天文学的量化程度是比较特殊的。在一个农业社会里，统治者颁布历书以指导农业生产活动，确是当务之急[61]，《尚书·尧典》所称：“乃命羲和，钦若昊天，历象日月星辰，敬授人时”。即充分反映此一事实。《周礼》记载了四种与天文学有关的官员之职掌，更明示早期中国对天文研究的重视。这四种官员中，“冯相氏”负责天文观测[62]；“保章氏”主管天象记录的保存[63]“眡祲”掌管气象特性的观测[64]；“挈壶氏”则掌管壶漏（水钟）报时[65]。后世朝代都维持这些官制，因此中国古代天文学的持续发展，与此大有关联[66]。尤有进者，中国古代历法所包括的，并不仅是年月日时的安排，还包括日月五星位置的推算，日月蚀的预报，节气的安排等[67]。因此，历法的革新，常涵盖新理论的提出，精密天文数据的观测，和计算方法的改进等。中国天文学在“敬授人时”的官方背景下，对数量化天文知识的追求，自是可以想见。

东汉贾逵、刘洪发现“月行迟疾”，以及北齐张子信发现“日行盈缩”，显然都必须经过长时期的观测，才能获得上述结论。这些结论的提出，不仅对历法的沿革产生重大的意义，而且也迫使天文家认真地思考新的数学工具，以便能够更精密地测得日月五星的方位。隋朝刘焯，唐代僧一行、徐昂的二次函数内插法[68]；元代郭守敬和王恂的三次函数内插法[69]；都可说是这些背景下的产物。

---

60. A.d'Abro, *The Rise of the New Physics*, pp.4-5.

61. 参阅黄克武，《钦天监与太医院——历代的科学研究机构》，载本书页188—229。

62.《周礼·春官》：“冯相氏掌十有二岁，十有二月，十有二辰，十日，二十有八星之位，辨其叙事，以会天位”。

63.《周礼·春官》：“保章氏，掌天星，以志星辰日月之变动，以观天下之迁，辨其吉凶。以星土辨九州之地，……观天下之妖祥。以五云之物辨其吉凶水旱降丰荒之祲象。以十有二风察天地之和命乖别之妖祥。……”

64.《周礼·春官》：“眡祲，掌十辉之法，……一曰祲，二曰象，……掌安宅叙降。正岁则行事，岁终则弊其事”。

65.《周礼·夏官》：“挈壶氏，掌挈壶以令军井……皆以水火守之，分以日夜。及冬，则以火爨鼎水，而沸之，而沃之”。

66. Kiyosi Yabuuti, "Chinese Astronomy : Development and Limiting Factors", in *Chinese Science* (ed. by S. Nakayama and N. Sivin, Cambridge, Massachussets, and London, England, The MIT Press, 1973), pp.91-103.

67. 参阅朱文鑫，《天文学小史》。

68. 钱宝琮，《中国数学史》（1964年），页103—107。

69. 同上，页189—197。

二、三次函数内插法与其相应的天文学结论，代表着中国古代科学技术中，局部逼近数量化的高度成就。至于未能提出白道，和黄道的几何形状，此一史实所反映的很可能是科学形上学的问题。

就物理的量化而言，《考工记》所载多是由经验累积的初步量化知识，而《墨经》则是“从生产活动中提取理论性的科学知识加以阐述”[70]，着重在定性分析，自有一定的成就。不过其中有些力学知识，如杠杆原理，该是民间称重秤杆原理之具体总结，原有浓厚的数量化背景[71]，可惜一经总结，理论层次是提升了，却忘了对它从事定量解析。此一论断对其所载斜面轮轴起重原理、几何光学知识，也是成立的。

王充的《论衡》，对很多自然现象，如物体受力、雨露霜雪，和磁石吸铁等，都提出颇有见地的定性描述或分析[72]，也一样未能加以数量化。不过，那是受到历史条件的限制。王充在自然科学方面的成就，与他实事求是、重视校验的精神很有关系。他曾经说过：“事莫明于有效，论莫定于有证”。(《薄葬篇》)及“凡论事者违实不引校验，则虽甘义繁说，众不见信”。(《知实篇》)《论衡》所载自然科学方面的观察成果，大抵都是有所依据的，有些可能还经过他亲手试验过。要是他对数量化的知识有较强烈的企望，则他在自然科学的实验成就将会更高。

沈括发现磁偏角的存在，的确是个很有意义的观察，若能加以数量化，则对此一现象的成因之解释，可能会更感迫切。至于在凹、凸面镜成像原理的研究方面，也可以清楚地看到他的数量化分析倾向，至于何以未能再向前一步，也是值得深入研究的。

中国古代的机械设计或发明，一向有极辉煌的成就。可惜史籍通常只对它们所发挥的效果，留下一鳞半爪的记录，而对其详细的结构如何，不是含糊其辞就是略而不谈，张衡的“地动仪”只是其中的一个例子而已。试问从汉到隋，有多少“奇器”我们现在能够还原重造？这

70. 王谦，《中国古代物理学》，页31。
71. 同上，页13。
72. 同上，页48—68。

些奇器能发挥“奇”效，必然是其机械设计极为精巧，因此，其结构各部门的精确数量化绝对是必需的，《宋史》有关燕肃指南车的记载，就是个直接的证据。

根据学者的分析，燕肃指南车所以能够永远指“南”，主要是其齿轮设计符合近代汽车差速器作用原理[73]，如果燕肃或其后科技家，能在此一量化设计的基础上，提出理论层面的分析，其成就当能更为突出，而对后世的科学技术，也必然会造成更深远的影响。试看宋应星于十六七世纪所总结的科学成就，其中如水转翻车、纺织机、水碓、制瓷、冶铸、舟车制造、锤锻、造纸、采矿、武器等，大都发展到了手工业的极致，但并没有突破，或许《天工开物》对多种技术无法采取较精致的定量描述，也是阻碍它们突破的一个原因。

在冶金工艺方面，《考工记》中的“六齐”可说是早期冶金史上极为成功的量化例子。它极可能是当时的工官——百工，将工匠长期累积的技术经验记载而成的。秦汉以后的冶金技术逐步提高，我们却找不到同一类型的著作，殊为可惜，因此，也不易从事量化考察与分析。不过只要看看从殷商时代的二百余斤青铜大鼎[74]，如何发展到明代所制历二三百年没有腐蚀的千斤铁锚[75]，就可想象其辉煌成就，而且，在技术不断提高的历程中，若无自觉的“实验”观念，某些精良的冶金物件，大概是不可能完成的。

考察陶瓷制造工艺时，也同样苦于量化记载的缺乏。中国古代瓷器，从宋代以后，逐步达到那样精美的境界，若对原料的选择与比例分配，火力和火候的控制无法精确地处理，显然是不能成功的。可是限于历史条件的限制，其中所牵涉到原料成分之纯度和温度概念，并没有适当的仪器可加以量化，所以有关瓷器制作技术的记载，都找不到“量化”的痕迹。

炼丹，以及其他与炼丹有关的化学工艺之量化，是最值得注意的。

---

73. 参阅刘天一,《漫谈指南车》,《科学月刊》，第十二卷第1期(1981年1月)，页18—21。

74. 参阅张子高,《中国古代化学史》，页89。

75. 同上，页187。

由于炼丹家体会物质经过一定的人工处理，可能改变其属性，因此他们在炼丹过程中乃能注意到药物的名实相符，分剂的比例适宜，以及操作手续的讲究等问题。正如魏伯阳在《周易参同契》所说："若药物非种，名类不同，分剂参差，失其纪纲……"又如葛洪在《抱朴子》所说："诸小饵丹方甚多，然作之有深浅，故势力不同。……"都是炼丹家迈向实验阶段的主要背景。从陈少微《九还金丹妙诀》中的"销汞法"，可以看到他对"火候"（即火力的调节）记录得极为详尽。由于古代缺乏适当衡量温度的方法，因此只好调节炭量和烧火时间来控制[76]，此种数量化的控制方法，即使还不是实验，但距离实验也不远了。冶铸、制瓷都需要适当地调节火力，但像丹家陈少微如此精确地加以控制（通过炭量和烧火时间），则是绝无仅有的。

76. 同上，页211。

77. 参阅洪万生，《重视证明的时代——魏晋南北朝的科技》，载本书页72－107。

78. 历代天文官多半世袭，参阅黄克武，《钦天监与太医院——历代的科学研究机构》。

与炼丹有关的化学工艺，如前述的本草学中的金石药，如铅粉、水银粉的制造，由于多由丹家所炼，故其制法量化即颇精确，具有实验精神。再如火药，虽是丹家炼丹运用"伏火法"发生爆炸时偶然发现的，但由于蕴涵了丹家的实验精神，所以数量化也是极为明显的。

炼丹在讨论传统科技的量化趋向时所以显得突出，似乎在于丹家的宗教热忱所培养出来的实验态度；虽然除此以外，尚有其他动机，如为帝王炼制仙丹等，但似乎只有证道求真的宗教狂热[77]，才会鼓舞他们"一再尝试"的勇气。在实验过程中，分剂的比例、火力的调节都是必须善加控制的因素，如此数量化的需求自然就出现了。

综合前文论述，大致可看到除天文学外，技术工匠与知识分子的结合，常能将科技的量化层次提高，《墨经》、《考工记》、《论衡》、《梦溪笔谈》、《本草纲目》及《天工开物》所记载的许多科技成就，都是很好的例证。其实，中国古代炼丹家如葛洪、陶宏景、孙思邈和陈少微等人，更是集工匠和学者于一身，乃能创造高度的量化成就。至于天文家，则与民间的工匠技术不见得有什么关联[78]，历代天文学的进步，除钦天监官员的贡献外，也包括很多天文机构以外学者努力的成果[79]。而在瓷器制造和冶金工艺上，即或有学者（如宋应星）接触技术传统，但似乎不能对其量化深入研究，提出较有系统的结论来。

不过，“量化”总是科技研究的一种手段，它本身并非目的[80]。因此如何在量化的基础上，提出有意义的结论，才是终极目标。在近代科学方法论中，这种结论运用所谓的数学公式来表达[81]；虽然在古代科学技术成就中，也并不是没有这种例子，例如《考工记》有关墙厚度为其高度三分之一的公式，或是更进步的，天文家运用二、三次函数的内插公式来求日月五星的方位，但是这些公式却多半是最后的结论。在此基础上，我们并未发现中国古代的科技家如何地运用数学方法，推演出更进一步的结论来。事实上，在中国古代的科学技术中，量化的知识（不一定是公式）大都是最后问世的形式。不过由于历史条件的限制，这恐怕也是最佳的形式[82]。相反地，伽利略的自由落体之“速率——时间”公式：$v=32t$ 绝对不是一个孤立的公式，它不仅可导出“距离——时间”公式：$d=16t^2$，“距离——速率”公式：$v^2=64d$，还可研究一般的抛射体运动。

这样的对照，用心当然不在贬低中国古代科技的量化成就，因为此种对照，同样适用于西方古代科技与近代科学。然而，它却很明白地指出：量化的公式，再结合数学理论的运用，才足以区别古代科学与近代科学，由此乃可体会数学理论在科学研究中的重要性。也就是说在科技研究过程中，数量化的知识固然重要，如何建立这些数量知识之间的（数学）关系式或公式，乃至如何推演这些关系式以获得进一步的结论，更是不可或缺。

下文拟对传统天文学的量化成就再进一步地分析，因为它不仅量化得最为彻底，而且也应用到最多的数学理论和方法。我们认为它极

79. 同上。

80. M.Kline, *Mathematics in Western Culture* (New York, Oxford University Press, 1969), pp. 182 - 195.

81. 同上。

82. 其实，如果没有16、17世纪的代数符号化，伽利略的近代科学方法论能否提出，恐怕还大有问题。参见洪万生，《数学创新与近代科学革命》，《科学月刊》，第十卷第9期（1979年9月）。

可能是唯一进入，或至少接触科学方法第三个阶段——理论化和数学化的科技。在此背景下，分析它的量化成就与限制，是很有意义的。

本书另篇《重视证明的时代——魏晋南北朝的科技》中曾提及："基于历法推算的需要，中国古代天文学的研究惯于在天体的观测资料中，寻求一些周期性的规律，而不像古希腊的天文学家如尤得萨斯（Eudoxus）、希巴克斯（Hipparchus）和托勒密（Ptolemy）等人所提出的几何模型，总是企图解释或蕴涵天体在三度空间中的运行"。诚然，为了寻求天体的一些周期性规律，中国古代天文学家在天体观测上，运用了颇为精深的内插法原理；在推算历法时，也运用了"大衍求一术"[83]（至少在南北朝以后）。不过，即使他们的目标总是局限在天文现象的预测上，正如科技史家薮内清（Kiyosi Yabuuti）指出的："要是他们不曾个别地拥有关于天体运动之直立空间特性的某种哲学概念，那也是不实在的，可是，这些概念并未用在他们的技术工作上，其实他们从来就没有，特别是从汉代以后，思索天文计算所依据的理论基础之习惯。这种具有视天体的时间周期，重于空间关系的形而上假设之取向，早已成为中国天文学研究的不朽实用风格"。[84]因此，即使有接收张子信三十多年观测"候簿"的中国古代天文家，也未必就能据此导出"椭圆定理"；天文史家朱文鑫对此恐怕稍嫌乐观了一点。

从以上的论述，可发现中国古代天文学的确缺乏一个主导其发展的形而上假设。虽然这或许只是中国古代科技欠缺某种形上学理念的一种反映，而且在此背景下，中国天文学仍然取得高度的成就，可是几何学没有成为中国天文学研究的一个工具，到底是项缺憾；中国古代定性数学的发展，以及科技的形上学理念之塑造与思辨，可能也都连带受到影响。

83. 李俨，《中国古代数学简史》（1976年），页188－193。

84. KiyosiYabuuti, "Chinese Astronomy:Development and Limiting Factors", p.97.

数量化与数学理论架构

鉴于数学理论在科学技术，特别是“近代科学”中的重要性，本文将这问题结合到中国古代科技的量化成就上来讨论，目的不在追问中国传统科技距离近代科学有多远，而在思索中国传统科技中，数学的理论和方法到底扮演什么样的角色，从而论述“量化”的一些形上学背景。

中国古代科学家对“数学”的看法，可以下列两说为代表:《汉书·律历志》说“数者，……夫推历、生律、制器、规圆、矩方、权重、衡平、准绳、嘉量、探赜、索隐、钩深、致远，莫不用焉”。《续汉书·律历志》则说“古人之论数也，曰物生而后有象，象而后有滋，滋而后有数。然则天地初形，人物既著，则算数之事生矣。记称大挠作甲子，隶首作数，二者既立，以比日表，以管万事。夫一、十、百、千、万，所同用也；律、度、量、衡、历，其别用也”。一言以蔽之，就是认为万事万物莫不有数。不过这种看法一开始就扣紧“实用”——律、度、量、衡、历的需要，并未对自然哲学提出一套数理结构理念。即使上溯到先秦时代，知识分子对“数学”的看法恐怕也没有多大出入。《易经·系辞下》所记:“上古结绳而治，后世圣人易之以书契，百官以治，万民以察”。《商君书·禁使篇》:“凡知道者，势数也。故先王不恃其强，而恃其势；不恃其信，而恃其数。今夫飞蓬遇飘风而行千里，乘风之势也，探渊者知千仞之深，悬绳之数也。故托其势者，虽远必至；守其数者，虽深必得”。《周髀算经》卷上所记:“……故禹之所以治天下者，此数之所生也”。都是明证。

魏晋以后的数学家，除受先秦以来数学思想的影响外，也囿限于《九章算术》的格局[85]，始终不能突破数学的实用观。魏晋数学家刘徽，对数学理论与其结构的洞识可谓卓越[86]，但论其

---

85. 参阅钱宝琮,《中国数学史》，第二章；与 D. B. Wagner（华道安），“An Early Chinese Derivation of the Volume of a Pyramid: Liu Hui, Third Century A. D.,”*Historia Mathematica*, 6(1979), pp.164-188。

理念："昔在包牺氏，……作九九之术……暨于黄帝，神而化之，引而伸之，于是建历纪，协律吕，用稽道原，然后两仪四象精微之气，可得而效焉"。(刘徽《九章算术注》序)则仍是传统思想的延续。至如南宋数学家秦九韶所主张的"数与道非二本"或"夫物莫不有数"(《数书九章》序)；以及金国数学家李治所说的："数本虽穷，吾欲以力强穷之，彼其数不唯不能得其凡，而吾之力且惫矣。然则数果不可以穷耶？既已名之数矣，则又何为不可穷也！故谓数为难穷，斯可；谓数为不可穷，斯不可。何则，彼其冥冥之中，固有昭昭者存。夫昭昭者，其自然之数也。非自数之数，其一出于自然，我欲以力强穷之，使棣首复生，亦未如之何也已。苟能推自然之理，以明自然之数，则虽远而乾端坤倪，幽而神情鬼状，未有不合者矣"。(《测圆海镜》序)，都能在数学的实用观外，提出数学是客观实在、自然之理的反映。这种思想不仅把数学提升到一个比较高的层次，而且也近于希腊哲学家亚里士多德的观点：数学研究的对象，是从物理实体上面所引出来的抽象观念[87]。可惜这些杰出数学家对数学的一些看法，终究无法导引中国古代数学，发展出一套抽象化的、形式化的理论架构。

数学家的局限，可能也正是科学家、思想家的局限。无论"道"、"自然之理"与大自然的关联如何，即使我们理解了前两者所反映的"数学"，恐怕都不足以"贯通"大自然的奥秘，因为中国古代思想家或科学家始终未曾假定：大自然是遵循数学原理所设计，从而也很少能将观察大自然的量化数据，归纳成为有意义的数学结论或公式。试看宋应星的《天工开物》这一部极负盛名，而且充分反映中国传统科技特色的明末科技百科全书，其中所载多项技术水平已经发展到临界点，但终究未能在理论上造成突破，其原因固然可能是他的数学理论推导能力薄弱[88]，以致无法提升《天工开物》中所包含技术的科学理论层

86. 参阅洪万生《重视证明的时代——魏晋南北朝科技》；D. B. Wagner, "An Early Chinese Derivation of the Volume, of a Pyramid: Liu Hui, Third Century A.D."

87. M. Kline，《数学史》，上册，第七章"希腊自然哲学之理性化"。

88.《天工开物》临付梓前，宋应星曾删去《观象》、《乐律》两卷，其原因据该书自序称是："其道太精，自揣非吾事，故临梓删去"。

次，但这又何尝不是中国古代科技传统的局限使然？

说得更明确一点，自然科学的一个形上学理念："大自然是遵循数学原理所设计"。乃是"近代科学"思想背景中不可欠缺的要素[89]。如果没有它，科学家自不可能以提出数学形式的结论为最后归趋，而且，所谓的"纯理科学"与"实用科学"的结合，如《梦溪笔谈》、《天工开物》的科技成就所表现的，恐怕也无法创造科技的新纪元。关于这一点，可以拿近代科学之父伽利略的科技方法论为例来加以解说。伽利略在他的经典作品《两种新科学的对话录》(*Dialogue Concerning Two New Sciences*)中，开宗明义就宣称他的研究灵感乃是源自："威尼斯人在军火方面持续不断的活动力，给勤勉的心灵提供了更大的研究园地，特别是力学方面。因为在这部门中，各种类型的仪器和机械，不断地由工匠设计产生，他们之中一定有些人一方面承袭前人经验，一方面通过其自身的观察，而变得高度熟练，并敏于阐述"。[90]试想若非深远的科学形上学理念[91]，和雄厚的数学理论背景[92]，伽利略焉能结合学院理论与工匠技术，进而敲开近代科学的大门？这个例证，也许还不足以全面地支持本文的论断，然而只要了解在十六七世纪，中国同样拥有一批"高度熟练并敏于阐述"的制瓷和冶铸工匠，那么前述的论断大概就不会太离谱了。

89. 参阅 M. Kline,《数学史》，上册，第十六章"科学之数学化"。

90. 转引自 M. Kline,《数学史》，上册，页245－246。

91. 近代科学的形上学理念，乃是源自古希腊哲学家柏拉图，参阅同上书，第七章"希腊自然哲学之理性化"。

92. 洪万生，《数学创新与科学革命》。

93. Joseph Needham, *Science and Civilisation in China*, vol. Ⅲ, p.166.

结 语

当然，十六七世纪的欧洲近代科学发展，在历史上并不是个孤立现象，它是与文艺复兴、宗教改革，以及由产业制造而兴起的重商主义相伴而来的[93]。本文就中国古代科技的量化成就，进行比较细致的考察与分析，最终也不过证明了一个早为人知的事实，那就是中国古代科技发展的内在动力，并不足以促进自然科学的数学化或理论化。针对这个事实，本文尝试进行的分析与解释，重点系放在有关数学、科学的形上学理念和方法论上。我们深知：如果将这些讨论纳入整个历史文化背景中，本文的若干论断很可能变得微不足道。不过对于这些形上学理念的思索，仍然具有一定的价值和意义；具体而言，如果能以这一类的思索为基础，来会通、融合中西科技文明，其远景应该是大有展望的。

开创与限制

科技发展的回顾与检讨

陈胜崑

科技发展除了与思想因素息息相关之外，还需要一定的客观条件。简言之，科技发展要有适当的政治制度、地理环境、社会和经济结构等历史因素作为背景。因为在科技史上，常有某些科技理论的内在逻辑，虽然蕴涵了发展的潜力，但却受到时代条件的限制而功亏一篑。例如，以阿基米德（Archimedes）为代表人物的古希腊亚历山大时期（约公元前300－600年），即已将"那些积极的科学生命总结在现代文明的入口；它将理论与实际做非常的结合，我们在千年之后才体认到这种结合的含义之丰富"。[1]可惜的是，继起的罗马帝国却摧毁这一股浪潮，使得极有可能提前发展成为"近代科学"的亚历山大科技文明特色湮灭了[2]。另一方面，因应实际需要所发展累积的科技知识，如果无法纳入某种恰当的理论架构，那么，科技发展到某一层面后，就难以突破，明末宋应星的《天工开物》、李时珍的《本草纲目》就是明显的例证，这两部书可说都是传统科技知识的总成，它们所表现出的知识水准也都到达临界点，但是由于缺乏理论架构的规范与导引，使这些经验累积成的科技知识不足以蜕变成近代型的科技。因此，在科技发展的历程中，思想、历史因素的结合显然是不可或缺的要件。

以下先就数学、天文学、炼丹术及医学的发展，一一论述，再从教育、政治社会、经济等方面，检讨外在环境与科技发展的关系。

数学的发展

先秦诸子大都源出商代以来的王官文化系统，这些新兴士人均无恒产，只好去当贵族的管家。孔门六艺之教：礼、乐、射、御、书、数，既是历史经验的结集，也符合时代的需要[3]。由此可知，先秦诸子对六艺中的"数"的兴趣，可能多是基于实用——操书数以利当家

1. M. Kline著，林炎全译，《数学史》（台北，九章，1979年），上册，页193。
2. A,d'Abro, *The Rise of the New Physics* (New York, Dover Publications, Inc., 1951), p. 5.
3. 杜正胜，《周代城邦》（台北，联经，1979年），页150－153。

臣，因此，为数学知识的理论建构从事抽象、形式思考的，自然不易培养[4]。

东汉初期成书的《九章算术》，是周秦以来数学知识的集大成。它是根据秦汉计籍写成，并非课吏的讲义，而是官僚的实用算术手册[5]。因缘际会，使得这部书奠立了中国传统数学的深厚实用性格：所谓“因”，乃是先秦诸子对“数”的思考，似乎并不利于抽象数学理论的建构，“缘”乃日后官员丈量土地，及土木建筑的计算、度量衡制度的建立，都离不开实用的算术。实用的观念开创了《九章算术》的局面，却也限制了它的发展，书中某些问题，如“盈不足”、“方程”等，未必都有实用意义，但在传统数学发展历程中，始终不能再有新的创猷。东汉大儒如郑玄等通晓《九章算术》[6]，但他是以传统注经的途径去理解《九章算术》，如此则容易受囿于《九章算术》的体例，自然不容易另外开创一个新局面。

魏晋南北朝的数学[7]，在形貌上是《九章算术》的延续，如《张邱建算经》、《五曹算经》及《孙子算经》等书的创作都是很好的例证。此时，杰出数学家如刘徽、祖冲之、祖暅父子注解《九章算术》，虽然仍宗传统注经的形式，但却能在精神上突破《九章算术》的实用性格，特别是刘徽，在强调“说理”之余，犹能总结出几何学的理论架构[8]，实在难能可贵。

至唐初，数学的发展，又走回官学的旧途，唐初数学家王孝通的《缉古算经》，似可视为北朝数学的延续，数学发展的实用背景在该书中有极清楚的表现。数学史家钱宝琮说：“隋朝统一中国后，展开了筑长城、开运河等大规模的工程建设，对于数学知识和计算技能提出了比前代更高的要求。《缉古算经》介绍开带从立方法（求三次方程的正根），解决了工程上存在的问题，它的成就是辉煌的”。[9]唐中叶以后，

4. 古希腊雅典时期的哲学家，都是当时不事劳力的公民阶级，以形而上思考为尚，故能对数学形上学和方法论提出卓越见解，参见 M. Kline，《数学史》，上册，页54－55，156－165。

5. 孙文青，《九章算术源流考》，《女师大学术季刊》，第二卷第1期（民国十九年），页116。

6.《后汉书》，卷三五，《郑玄传》。

7. 参见洪万生，《重视证明的时代——魏晋南北朝的科技》，载本书页105－163。

8. 同上。

9. 钱宝琮，《中国数学史》（1964年），页95。

工商业的发展更促进了数学知识和计算技能的普及；因此，筹算乘除的演算手续，因时代的要求不得不简化，此时出现的《韩延算术》即是一部实用算术书[10]。

宋金元的数学，一方面持续着唐中叶以后乘除计算技术的改进，为计算器具由算筹演变成珠算盘提供深厚的基础；另一方面，由于雕板印书工业蓬勃发展，在11世纪以后，古典的和新著的数学书籍可以印刷本的面貌在全国各地流通，不但普及了数学知识，也促进了数学理论的独立研究。于是在11世纪数学家贾宪、刘益所提出的"增乘开方法"基础上，到13世纪，南宋秦九韶、金国李治和元代朱世杰分别提出正负开方术、天元术及四元术等，完成了中国古代的方程式论[11]。此一发展脉络，确有极强烈的"纯理论"创造旨趣，中国传统数学发展到此，复见"非实用"的变调[12]。

此时，天文学的不断发展对数学提出更高的要求，也促进了数学的发展。秦九韶的"大衍求一术"就是为了推算历法的"上元积年"[13]；元朝王恂、郭守敬等的授时历法运用招差法发展三次函数的内插法[14]，朱世杰又用招差法用来解决高阶等差级数的求和问题。

明代的数学渐渐地衰竭，仅有商用算术继续发展，明代中叶出现珠算盘，并普及民间。远自唐中叶以后，由于社会经济的稳定前进，实用算术成为大众必须掌握的知识，从而造成乘除算法的逐渐简化。乘法、除法原来都需要布置三列筹算，简化后可以在一个横列里演算。我国数字是单音节字，九九口诀和归除口诀都是用字极少而意义完整的句子，乘除演算时，念出这些熟练的口诀，便意识到手中的算筹运用起来不大灵便，于是便利演算的珠算盘乃因应而生。

珠算盘发明后，一切筹算的加、减、乘、除运算就转变成珠算的

---

10. 同上，页123－124。

11. 参见刘昭民，《理性的发皇——灿烂的宋金元科技》，载本书页108－153。

12. 数学史家U. Libbrecht认为纯做研究的"独立数学家"，在宋朝首度出现，由于他们脱离了官学的传统，故能以满足知识的好奇心为治学目标。参见U. Libbrecht, *Chinese Mathematics in the Thirteenth Century, The Shu-shu Chiu-chang of Ch'in Chiu-shao*(Cambridge, Massachusetts and London, England, The MIT Press, 1973), pp. 5-6。

13. 李俨，《中国古代数学简史》(1976年)，页112，188－193。

14. 同上，页181－187。

四则方法，如此就方便多了，明朝人所撰的珠算术书失传的很多。仅存者有徐心鲁《盘珠算法》(1573年)、朱载堉《算学新说》(1584年)、程大位《直指算法统宗》(1592年)，其中以程大位的著作流传最广，翻刻本也最多。

中国古代数学在算术和代数学方面有卓越的成就。在几何学方面，偏重面积、体积和线段长短的计算，不像希腊人的几何学重视各个定理的逻辑推论。中国古代的算术和代数学对中古的印度数学很有影响，印度数学与中国数学一样，也偏重于量与数的计算方法。印度数学通过阿拉伯传到欧洲后，在欧洲数学的发展中放出异常的光彩。换句话说，中国古代数学有助于世界数学的发展，它的功绩是不可磨灭的[15]。

15. 钱宝琮，《中国数学史》，页27。

我国传统的数学，虽有很大的成就，但始终未能成为纯理论性的独立科学，数学的存在只是为历法、建筑、水利、运输、赋税、商业等等而设的。抽象的观念、逻辑的证明，一直没有得到鼓励。古埃及、巴比伦的几何学，和我国的情形一样，以实用为主。但是当转移到希腊哲学家的手中以后，数学便从实用的目的，变成讲求理论的科学。古希腊的数学家泰勒斯(Thales)、毕达哥拉斯(Pythagoras)、柏拉图(Plato)、亚里士多德(Aristotle)、欧几里德(Euclid)，无一不是哲学家或教师。但在中国适得其反，古代的数学家是掌天文的畴人和计吏，由于未经哲学家的逻辑思辨的洗礼，古代数学只是天文、工艺和商业的附庸。

天文学的发展

由于实际上的需要，中国很早就设置专门官员观察天象，《尧典》中明确指出，以观测鸟、火、虚、昴这四颗星在黄昏时正处于南中天(即过子午圈)的日子定出二分二至，作为划分季节、定农时的标准。一年四季变化的规律对于农作物的下种、生长、收获关系甚大，掌握了这个规律，不误农时，适时耕作才能取得农作物的丰收。而一年四季、寒来暑往、昼夜长短的变化，完全是由太阳在恒星间的运动产生的（实际上是地球运动的反映）。由于太阳的亮度太强，无法直接看到它在众星间的位置，于是古人通过了长期观测，发现与四季寒暑有密切关联的斗转星移现象。后来随着农业的发展，对农时季节有了更高的要求，只靠简单地分辨斗柄在上、在下就不够了。因此就出现了靠观测某几颗一定的明亮星宿（如昴、火、参、鸟……）在傍晚或破晓的出没和南中（过子午线）的日子，决定季节并制定比较准确的历法，来指导农民，因此历法的制定是中国官方极为重视的大事，这促使中国传统天文学得以不断发展。

随着时日的推移和生产的发展，对方向、时刻、季节、历法，都提出了更高的要求。长期的户外生活，会发现白天日影的方向随着时刻而改变，而长期接触和观测日影又会发现影子的长短随季节而不同。因此有原始天文仪器——圭表的出现，最早可能就是一根简单的直立于地面的竿子或石头，这时就可能进行昏旦中天的观测了。

观测星辰南中来确定节气，可以减少地平线上的折射和光渗等影响，观测精确度得以提高。古代中国旦测南中以定冬至，约在公元前2100年左右，昏测南中以正夏至，约在公元前1000年左右的殷周之交。

殷代历法是以干支记日，太阴记月，太阳记年，用闰月来调整季节的阴阳合历。且已有测定分、至的知识，岁首已基本固定，季节和月名都有基本固定的关系，晚殷时期（帝乙、帝辛）开始采用唯王几祀来纪年。几祀是王进行了多少次祀周的表示，它和回归年有接近的长度，每祀长度为36到37旬，这可能就是为了和回归年的长度配合而有意安排的。最重要的是年、月的开始，闰月的设置都不是预先推算的，而是根据观测决定的。

《周礼》记载了天文观测的分工，保章氏（官名）着重观测恒、流、彗、孛的出没，冯相氏（官名）专门测候日、月、五星的行度。中国的天文学因而分成两部分，一部分是天象观察，所以几千年来，积累了大量天象观测的资料，保留有世界天文观测最完整的史料。另一部分就是历法的推进，历法是古代天文学的实用，直接为当时的生产及生活服务。

春秋后期出现的四分历——一种回归年长度为365.25日，并用十九年七闰为闰周的历法，标识着历法已进入比较成熟的时期。也就是说人们可以根据已经掌握的天文规律来预推未来的历法而不致发生悬殊的误差。制定于战国时期的古六历中已包含了节气的概念，即把一个回归年均匀地分作若干等份，每一份占用气候状况、生物生态特征和农业生产特征来标志它，这样就可以使传统的阴阳合历更好地反映一年中太阳位置的变化，而利于农业生产[16]。

此后，官方一直十分重视天文历法，汉设太史公来管理天文历法的事业，唐设太史局，掌理天文历法，且名称屡有变更，或称浑天监、浑仪监、太史监和司天台。开成年间认为占候灾祥应该保守秘密，遂禁止司天台官员与外界往来，这是唐朝天文学史上的特殊情形[17]。

宋朝在天文历法方面，特别重视推算，这是前朝所没有的。宋朝设有两个机构掌管天文事业，其一为太史局，专掌先期预推和事后记录的职务，其中多儒家之流，形成所谓儒家的历法。其二为司天监，专管临时测候等事，此又多术家之流，拘泥成数，形成所谓历家的历法。他们职位分明，赏罚綦严，所以没有发生日食不在朔，月食不在望的现象。辽迁都北京后，天文事业，不甚发达。金将宋朝在汴京的仪象运到燕京，在海陵贞元二年（1154年），才设置铜浑仪于太史局的候台。元初沿袭金的旧制，到至元十六年（1279年），建立司天台，属于太史院，明朝改为观星台，清朝又把它改名为观象台。

宋代改历的频繁，说明了它在天文学方面的进步。但宋代曾严禁天文官员与外人往来，严禁民间私习天文及天文图籍在民间流传。公元978年，宋太宗下令："召天下伎术，有能明天文者试隶司天台；匿

16.《中国天文学史》（1981年），页71—83。

17.《旧唐书》，卷三六，《天文志下》。

不以闻者，罪论死”。[18] 次年二月，从各州送京的天文术士中考试选拔了一批进司天台，其他的黥配海岛。选中的人中现在可考的两位都是著名的仪器制造家，一是造浑仪的韩显符，一是张思训。经过这样的政治措施，使民间的天文仪器制造家日渐稀少。以致南宋时想制造浑仪，也因缺乏人才而无法进行。

18.《宋史》，卷四八，《天文志一》。

19.《宋史》，卷八二，《律历志十五》。

南宋在历法工作上所以能进展，一个重要原因是民间历法工作者的积极活动。由于北宋的天文仪器、图书典籍都被金人运往燕都，以致南宋司天监的历法工作十分困难，幸有民间历法工作者这支力量存在，才推动了南宋的历法。同时由于民间历法富于改革的精神，最后导致了比较进步的杨忠辅《统天历》的产生。《统天历》废除了复杂累赘的上元积年，提出了和现行公历——格里高利历一样的回归年长度，即一年等于365.2425日，也提出了回归年有消长的概念。《统天历》的革新受到了保守力量的攻击，颁行不久即被攻击为“此乃民间之小历，而非朝廷颁正朔、授民时之书也”。[19] 这样，《统天历》的改革被压抑了将近百年，直到元代《授时历》才重新继续这些改革。

明朝也禁止民间私习天文，而且更进一步严禁民间私习历法，使得万历以前的二百年间，成为中国天文学发展史的一个低潮时期。明人沈德符在《野获编》中记道：“至孝宗，弛其禁，且命山林隐逸能通历学者以备其选，而卒无应者”。甚至到了晚明，邢云路上书请求改历时，还受到钦天监官员的攻击，说他私习历法，可见在晚明以前民间天文学家所受的压抑了。民间天文学者是中国天文学发展史上的一支力量，既然这支力量在明代受到摧残，明代天文学发展的停滞也就不足为怪了。

炼丹术的发展

炼丹术是炼制长生不死之药的方术，从事这种技术的人起初称为方士，后来又称为道士或丹家。炼丹术起源很早，《战国策》中已有方士向荆王献“不死之药”的记载，秦始皇更派人求仙人不死之药，这是炼丹术的萌芽期。汉武帝求仙求药的热烈，几乎跟秦始皇一样，但是规模更为扩大，影响更为深远。

不仅帝王追求神仙以图长生不死，豪强贵族也是如此。汉宗室淮南王刘安也“招致宾客方术之士数千人，作为内书二十一篇，外书甚众，又有中篇八卷，言神仙黄白之术，亦二十余万言”。[20] 还有“枕中鸿宝苑秘书，书言神仙使鬼物为金之术，及邹衍重道延命方，世人莫见”。[21]

此后，炼丹术有愈演愈烈之势，曹丕在《典论》中，曹植在《辩道论》中，也都谈到这些方士。这些还只是见于记载的人物，而不见于记载者为数当然不少，其中之一就是魏伯阳。魏伯阳的《周易参同契》为现存炼丹术著作中最早的一部，大概成书于2世纪的初期。

《周易参同契》被尊为仙道祖书，所以自古以来有许多人为之注释，事实上它是炼丹家的哲学理论，其炼丹理论与方法，经过现代化学家的研究，部分已经可以写出其化学反应方程式。

《周易参同契》上篇第一的中心思想是以阴阳为基础的二元论，用“乾坤易之门户，象卦之父母”，经天地四方而广述阴阳之道，其秩序是按四时五行运行。四时法则为青、红、白、黑等四色，阴阳是指日月之别，也兼收雌雄之分。在上篇第二中强调孔子以降易经之重要性，以相应于天的八卦理法之运行为中心；更用河图之文、地形之流和人心来表示天地人三才合一。其思想在运用阴阳五行使世界的运转有秩序，并证明天地人三才相应法则之存在。

上篇第三根据“上德无为……下德为之”和老子《道德经》作二元之论。魏伯阳说：“知白守黑，神明自来，白者金精，黑者水基”。以白——金，黑——水作对应。另外他也说：“水者道枢，阴阳之始”。“玄舍黄芽，五金之主”。及“铅外黑，内怀金华，金为水母，

20.《汉书》，卷四四，《淮南王传》。

21.《汉书》，卷三六，《楚元王传》附《刘向传》。

母隐子胎，水者金子，子藏母胞”。这三段话，都是魏伯阳时代的化学观，他认为铅将金藏在内面，而铅又分白、黑两种，包含黄芽者便象征水，即水是铅和金以母子关系反应的生成物。

魏伯阳接着说：“采之类白，造之则朱”。这朱自然是指水银（汞），此处指出将水银造成红色硫化汞的过程，即：

$$Hg + S \rightarrow HgS$$

他亦观察到物质产生作用的比例很重要，所以有“若……分剂参差，失其纪纲，……愈见乖张”这类的话。

魏伯阳之后，炼丹的代表人物是葛洪和陶弘景。

葛洪的《抱朴子·内篇》提供了可靠的历史资料，使我们对炼丹术的发展有进一步的了解；以《金丹篇》为例，它所涉及的药物有铜青、丹砂、水银、雄黄、矾石、戎盐、牡蛎、赤石脂、滑石、胡粉、赤盐、曾青、慈石、雌黄、石流黄、太乙余粮、黄铜、珊瑚、云母、铅丹、丹阳铜、淳苦酒等二十二种，显然较魏伯阳《周易参同契》里所提到的要多得多。而且不仅品种数目增加，隐语也较少，有时还加以解释。

陶弘景著述约有十种，与养生有关的主要是《名医别录》一书。它是《神农本草经》以后著名的医药、炼丹之作。陶弘景之撰著《名医别录》，发端于“吐纳余暇”，而归结于“仙经道术所需”，始终有神仙道教的神秘主义意味在内。

道士、方士炼丹，认为吃了丹药可以长生不死，其思想方法上，采取了一种类比的方式，企图在模拟自然的基础上来达到超自然的目的。魏伯阳的体认是这样的：“欲作服食仙，宜以同类者。植禾当以粟，复鸡用其子。以类辅自然，物成易陶冶”。在具体的药饵方面，丹家企图用服食金、丹的方法把黄金的抗腐性和还丹的升华性转移到人体中去，这也是魏伯阳所谓“以类辅自然”，因此他接着说：“巨胜（胡麻）尚延年，还丹可入口。金性不败朽，故为万物宝。术士服食之，寿命得长久。……金砂入五内，雾散若风雨，薰蒸达四肢，颜色悦泽好。发白更生黑，齿落出旧所，老翁复丁壮，耆妪成姹女”。葛洪亦有同样的信念，他说：“余考览养性之书，鸠集久视之方，曾所披涉，篇卷以千计矣，莫不以还丹、金液为大要者焉。然则此二事盖仙道之极也，服此而不仙，则古来无仙矣。……夫金丹之为物，烧之愈久，变化愈妙；黄金入火百炼不消，埋之毕天不朽；服此二药，炼人身体，故能令人不老不死。此盖假求外物以自固，有如脂之养火而可不灭。铜青涂脚，入土不腐，此是借铜之劲以捍其肉也；金丹入身中，沾洽荣卫，非但铜青之外傅矣”。[22]黄金经火不消失，入土不败坏；还丹在升华过程中，形色俱变；这些都是客观的现象。丹家企图用服食金、丹的方法把这些客观的现象转移到人体，这就是葛洪所说的“假求于外物以自固”。这是想把药物在人体中所起的作用看成仅仅是一种机械的移植，影响到后代很多皇帝因服食丹药而身死。

22.《抱朴子·金丹篇》。

23.《史记》，卷一二九，《货殖列传》。

但是，炼丹术对于实验化学却作出了相当的贡献，其所以有这样的贡献，是和当时社会的生产情形分不开的。即如与炼丹术有直接关联的水银，在秦朝就有规模不小的生产。《史记·秦始皇本纪》说到始皇陵墓中“以水银为百川、江河、大海，机相灌输，上具天文，下具地理”。水银是从丹砂炼出的；秦始皇以“巴蜀寡妇清，其先得丹穴而擅其利数世，特为筑台而客之”。[23]这大概就是他获得大量水银的来历。当时有关化学工艺的新成就，提供炼丹术广泛的物质基础，使丹家可能进行初步的总结，找出物质变化的某种规律性，作为自己进行实验的准则。而丹家在炼丹工作中注意到药物的名实相符，分剂的比例适宜，以及操作手续是否到家等，如魏伯阳用麴糵化酒以证明炼丹之可能，葛洪用酒、醇差别以辨别炼丹术之深浅，都是炼丹术反过来促进化学工艺、医药知识进步的明证。

从东汉魏伯阳到明朝，丹家所用的药品种类和使用方法，其局限性很大，用的药品都是汞、铅、硫等少数几样东西，方法主要是升华。千年以来，操作的重复，浪费了许多人力物力，这是因为丹家谨守秘密，不事交流的必然结果。在方法上，未采用玻璃用具，故妨碍观察，而且蒸馏器用得很少。虽然后期已有完好的蒸馏器，但丹家总不喜欢应用，这对某些东西的精制和新物质的获得，就失去了好机会。尤其重要的是，不知收集气体和度量气体的方法，以致对于气体物质，始终茫然不知。例如，硫酸铁等硫酸盐加热分解，可发生三氧化硫，此物溶解于水，就得硫酸，一有硫酸，就有发现硝酸、盐酸、醋酸等机会。可惜，丹家做了无数的硫酸盐加热分解，始终不知收集三氧化硫，也未得到硫酸。又如，石灰是最价廉易得的强碱，它和硇砂作用可得氨，和碱作用可得氢氧化钠，但丹家就是不大肯用石灰。

欧洲古代化学所以能提升为科学的化学，主要原因之一，是采用了天平等衡量器具和数量化的推论。中国丹家虽也用衡量器械，例如从多少分量的水银，能制得多少分量的银朱（硫化汞），但缺乏数学的素养，一直未能指出汞、硫、硫化汞相互间的数量关系，如此自然无法发现物质组成的恒定性、物质成分元素间的一定比例和物质变化时重量守恒的规律了。

医学的发展

从传统医学发展的历史看来，可以发现汉以后历代医药的主张和理论依据，几乎都没有离开《内经》、《难经》、《本草》、《伤寒杂病论》几部古典著作的理论体系。

中国远古医学在古代历史文献中，基本上包含三个内容：

1. 从传说中伏羲制九针到《黄帝针灸》的成书。

2. 从传说中黄帝岐伯论经脉到《素女脉诀》的成书。

3. 从传说中神农尝百草到《神农本草经》的成书。

此实为传统医学由经验的不断累积，在解剖学严重匮乏的情况下，逐渐产生理论，分别总结、整理而为典籍，故《礼记》称之为“三世医学”。不仅是古代医者所必修，亦给后世中国传统医学理论的形成，及各家学说的发展奠下根基。

从可考的历史记载看，中国传统医药在构成“三世医学”以后，就逐渐分别从“医经”和“经方”两方面发展。汉以前计医经7家，著述凡二百一十六卷；经方11家，著述凡二百七十四卷；医经中所论述的都是关于人体血脉经络的医学理论，以及运用箴石汤火等古人治疗疾病的经验，是从《黄帝针灸》、《素女脉诀》等典籍的继承发扬而来。经方则载有关草石药物的寒温辛苦等性味，以及调剂处方施治的理论，也可以说是对《神农本草经》的继承和发扬。

- 传统医学理论体系的建立

从春秋战国时代至东汉末年这段时期，由于《黄帝内经》、《难经》、《神农本草经》和《伤寒杂病论》等典籍的相继诞生，传统医学的理论体系得以建立，后世的医家奉这些经典为绝对，如遇不治之疾，即以为自己力量不足，必再精读古典医书。在解剖学知识缺乏的情况下，医家又不敢对古典医书产生怀疑，极易掉入阴阳五行、五运六气等玄想的深渊中[24]。

24. 杜聪明，《中西医学史略》（台北，作者自刊，1959），页274。

1.《内经》

《内经》全名是《黄帝内经素问灵枢》，其作者及著作年代说法不一，据近代学者的考证，它极可能是一本历代增订的集体著作，托名“黄帝”仅表示这门学问有长期的发展过程，其成书年代至早也在西汉初年，因为先秦典籍不曾引过这本书，所以我们可以说《内经》是集西汉以前医学思想大成的典籍。

《内经》分《素问》、《灵枢》两部分，内容不同，风格亦殊，《素问》治兼诸法，说理之文多，《灵枢》专重针灸，故说术之文多。就篇章结构而言，《灵枢》颇具条理，与《素问》之混然无序者不同。大抵是《灵枢》成书较晚，其面貌自与《素问》不同。

《内经》大部分是玄想但也有科学思想，例如它粉碎了“信巫不信医”的宗教迷信，以“死生有道”的科学论证，来否定宿命论的“死生有命”观，从而推动人们不断追求和掌握自然规律来改善人类的命运，其中蕴藏着不少原始的理性勇气。

2.《难经》

《难经》是继《内经》之后，对《内经》的理论体系作进一步发挥的典籍。全书共81章，分别对脉法、经络流注、营卫三焦、气血盛衰、脏腑诸病、荥俞经穴等有所阐述，对后世传统医学的诊断、病理观、经络观……影响甚大。

3.《神农本草经》

《神农本草经》可称为我国最古的本草书，成书于后汉时期，但汇集了远古至汉代的药物知识。此书原本早已佚失，内容不得其详。自嵇康《养生论》、张华《博物志》、葛洪《抱朴子》等晋代诸书所引之文，以及陶弘景校定本观之，可知其所收药物系按上、中、下三品分类。

上药为养命之药，是轻身耐老的神仙药；中药为养性之药，是养生、食经等补益强壮药；下药多毒，是以治病为主的狭义的医药。此书以神仙药为上品，足以说明其与方士关系之深[25]。

4.《伤寒杂病论》

《伤寒杂病论》是东汉末年张仲景继承《素问》、《难经》等典籍的基本理论发展出来的。他以六经论伤寒，脏腑论杂病，创立了理、法、方、药的施治方法。

以六经论伤寒，系将伤寒不同症候，与六经所属脏腑的病理变化

25. 那琦，《中国药学史提要》（台北，作者自刊，1972年第三版），页25－26。

紧密地结合起来进行分析。在症候的辨别认识上，提出了表里之分，寒热之变，虚实之别。六者之中，又以阴阳来概括，为后世八纲证法之先声。

古人认为外邪为发病主因，所以经常把季节、气压、温度、气候等等的变化作为致病的原因，这在各种病原体尚未发现的古代，是一件不得已的事，所以《伤寒杂病论》的“伤寒”可解释为伤于寒，或因于寒，而“伤寒病”为因于寒所生诸种疾病的总称，当然包括现代医学所指因病菌蔓延而生的病。

《伤寒杂病论》的特色在于把病情的判断诉之主观，与近代科学医学的诉之客观大相径庭，此在物理、化学等仪器不发达的古代是不得已的措施。后代传统医家不能窥知此书的缺憾，大部分遵守汉、唐义疏之例，注不破经，疏不破注，随文敷衍，了无心得，从来没有人对《伤寒杂病论》的原文发生疑难，进而亲身解剖尸体，以明病源。虽然此书在历代时时惹起议论，但大多假借运气，以书中片言只语，附会岁露，致使一部原为经验积累的著作，变为玄谈之源，原始实证精神渐渐褪色，这是传统医学最大的悲剧。

• 传统医学的分派与发展

传统医学到了12世纪的金、元时代，开始产生各种派别。《四库全书总目提要》“医家类”说，“儒之门户分于宋，医之门户分于金元”。这原因在于金、元时代是个大变动的时代，北方的异族不断入居中原，中原人民不断往南开发，战乱不已，故新的疾病不断发生，此时的医家体认到古代的医学理论及药方，已不能充分治疗当时所发生的各种疾病，于是纷纷创立新说，另用新药，以试之于病者。例如所谓金元四大家的张元素治病时就不采用古方；李杲亦鉴于古方不能治，“乃废寝食，循流讨源，察标求本，制一方与服之，乃效”。朱震亨“遇病施治，不胶与古方”。都是明显的事实。既然大家都疑古，就不得不努力于各种学说的创发与实验；但由于当时性理之说盛行，其他自然科学又不能配合，各医家只能撷取古典医书上的一二理论加以发挥，由于个人信仰不同，主张亦异，为了维持自己学说起见，难免是己而非人，于是渐演成门户派别之见。

宋代的性理之说，因杨子建、刘温舒的倡导，配合当时的社会风气，十分流行。性理之说的内容十分复杂，其特色在认为大宇宙的变化，可以影响人体的健康。此说认为天之气有六（风寒暑湿燥火，为六气），地之质有五（木火土金水，为五运），因以十干合而为五运，以十二支对而为六气，便以年岁的干支推定岁气，更由岁气以推此年应得之病，定以施治之法；例如甲巳岁气，雨湿流行，肾水受邪，病则腹痛、清厥、甚则足痿不收、脚痛、中满、四肢不举，余可类推。此时的名作《伤寒钤法》甚至主张以得病日的干支为主，施以治疗，风行一时[26]。这样把哲学学说引入医学的结果，过分重视大宇宙的循环，而忽视疾病成因为外在病原体的侵入与内在体质的老化，金、元时的医家往往穷毕生精力于此而不能自拔。

此时的本草学发展亦以性理之说与阴阳五行之说支配用药，由张元素的《珍珠囊》、李杲的《用药法象》，到王好古的《汤液本草》集大成，形成所谓金元流药学。此种远离实际观察的药学理论，与传统本草的精神背道而驰[27]，为本草史上十分诡谲的一段，幸而明代的本草学家即时扭转了这一倾向，转趋实际。

明太祖的第五子周宪王朱橚，为备饥馑，自植草木四百余种，验视其滋长成熟的情形，采取足以供应食用及药用者，命画工绘图，简述救饥与疗病的效果，期能造福民生，于永乐四年（1406年）完成，名曰《救荒本草》。明末，徐光启收于《农政全书》之中。

《救荒本草》并非药学专书，以往都编列于农家类之中，由于它是作者亲视草木滋长成熟而写成的，所论切就实际，对金、元时代的玄想虚幻不啻是一剂针砭。

明代缪仲淳在其《本草经疏辨惑》中直斥金元的性理说把五运、六

---

26. 李涛，《医学史纲》（上海，中华医学会，民国二十九年），页133。
27. 那琦，《中国药学史提要》，页39。

气混入医学造成本草学的中衰，他说："五运六气混入医学者，其起于汉魏之后乎？何者，张仲景汉末也，其书不载也。华元化三国人也，其书亦不载也。前之则越人（扁鹊）无其文，后之则权和（王叔和）无其说，予是以知其为后世所撰，无益于治疗，而有误乎来学者，宜深辨之"。[28]

本草之学，发展到16世纪中叶，已达极成熟的阶段，整个成果集中于李时珍（1518－1593年）的《本草纲目》一书。李时珍费了26年的工夫，才把这部巨著写成，共五十二卷，记载药物1,892种，每种药物列有释名、集解、气味、发明、附方等目。他不但参考了近千种医书和经史百家之作，而且根据采访和亲身经历所得，对旧说有批判、有接受，对新说有介绍、有发挥，非一般汇辑陈篇的著述所可比拟，而是经过咀嚼消化而后始笔之于书的作品，是对宋、元时代玄想本草学的有力匡正。

在医学方面，明以后未能如本草学方面往崇实方向发展，反而逐渐搏成温热学说，仍是金、元时代思想的余绪。

温热学说可说是金、元四大家之一刘完素（字河间）河间学派的分支。刘完素据《素问·热论》治"伤寒"，他认为既言伤寒为热病，便只能作热治，不能从寒医。邪热在表，腑病为阳；邪热在里，脏病为阴，这就是他在《伤寒直格》及《伤寒标本心法类萃》两书中的基本论点；他的学生马宗素，进一步阐发了"六经传变皆热证"之说，从而认为热病只能从阴阳分表里，不能以阴阳训寒热。私淑刘完素的镏洪，在其《伤寒心要》里，也认为治热病之法，唯有表里二途。病在表用"双解散"连续发热，病在里用"三一承气汤"合"解毒汤"下之，在半表半里用"小柴胡"合"凉膈散"和解。常德所著之《伤寒心镜》亦力言寒凉药物发表攻里的优点。因此，当时便盛行有"外感宗仲景，热病用河间"的说法，这是温热学说逐渐从伤寒的范畴里面分离出来自成一家的开端。

温热学说提出之后，适明末传染病十分盛行，诸医以伤寒法治之无效，独吴有性辨出其为温疫，而非伤寒，且按疫施治。于是他就对

28. 杜聪明，《中西医学史略》，页340。

传染病加以研究，分析其所感之气，所入之门，所受之处，及其传变之体，并结合自己的疗法，加以整理，著成《温疫论》[29]。继吴氏之后，有戴天章在《温疫论》的基础上进一步研究，在辨气、辨色、辨脉、辨舌、辨神方面都有心得。乾隆年间，传染病又流行，当时余师愚认为传染病乃运气之淫热，内入于胃，敷布于十二经所致，倡用石膏重剂，泻诸经表里之火，“清瘟败毒散”即其所创的方剂，这是温热学说发展的中期。

清代中叶以后，温热学说有进一步的发展，其中以叶桂为最。叶氏提出新感温邪，上受犯肺，逆转心包。肺主气属卫，心主血属营，卫之后方言气，营之后方言血，邪在卫者斯可汗解，在气乃可清气，初入营分，还须清气透营，既入血分，方可凉血等一系列治温热病的见解，由其弟子整理成《温热论》，而成为温热学派的名家[30]。由以上叙述可知所谓温热学说，是在传染病的冲击下，所形成的理论系统，可惜因其他自然科学的未能配合，以致未能发现传染病的病源，始终在传统理论内打转。

清代初期的医学是明代医学的延长，真正的解剖学仍付阙如，是故医学思想均为离开人体的思索。唯传统医学界的奇葩王清任适诞生于此时，他似乎未受到明末西方医学的影响，以自身的勇气，为探究病源而研究解剖学。王清任，直隶玉田人，曾在北京行医，因见传统医书所记载脏腑，诸多错误，屡有更正之心。嘉庆二年（1797年），王清任年三十，游滦州稻地镇，该地小儿染疹痢，十死八九。贫穷人家无力埋葬小儿，多用席裹埋。该地的风俗认为，如不深埋，让犬食后，下胎婴儿便不会再染疹痢。所以各义冢中，破腹露脏的儿尸甚多。王清任初过该地之时，亦掩鼻不忍闻，后来想到古人论脏腑之所以有错误，乃由于未尝亲见。于是不避污秽，每日清晨赴义冢，就露脏的尸体，细细视察；因为许多儿尸都给犬咬过了，故有肠胃者多，有心肝者少，但可相互参看。如此连看十日三十余人，始知医书中所绘脏腑，

29.《温疫论》（台北，商务，四库珍本）。

30. 中医学院编，《中国医学史讲义》，页26。

与真正的脏腑完全不相合，即连内脏件数之多寡，亦不相符。王清任至此乃决定纠正古医书的错谬[31]。

王清任在稻地镇研究人体结构之时，尸体的横膈膜皆已破坏，未能验明其究竟是在心上或心下，是斜或是正，为一大遗憾。嘉庆四年（1799年）6月，王清任在奉天，辽阳州有一妇人，年二十六，因疯疾打死其夫与翁，判刑解省拟剐。王清任认为机不可失，便随至刑场，忽又想到对方非男子，不忍近前；不久行刑者提其心与肝、肺从前面经过，细看之下，与前次在稻地镇所见相同。

31. 陈胜崑，《中国传统医学史》（台北，时报，1979年），页227－233。

嘉庆二十五年（1820年），王清任在京师，有打死其母之剐犯，行刑于崇文门外，又前往观察，虽见脏腑，但横膈膜已破。

道光八年（1828年）剐张格尔，可惜不能近前观看。九年，安定门有姓恒的人家，请王清任前往诊疾。这时恰有江宁布政司恒敬公在座，恒敬公曾镇守哈密，领兵喀什噶尔，所见诛戮之尸甚多，对横膈膜亦知之甚详。王清任喜出望外，恒敬公为王清任详细论述横膈膜的形状，于是王清任访验脏腑42年的经验，得以绘制成图，著成《医林改错》二卷。

在传统医学崇古、保守的空气下，王清任的学说不但不能流行，且被责为诋毁经文、标新立异，目之为医界之杨墨。有一位医家陆九芩且讥诮他是“骸骨中学医”。王清任想尝试医学改革的勇气及理想终被历史潮流埋没，这是他个人的悲剧，也是中国医界的悲剧。

王清任的悲剧显示，在“身体发肤，受之父母，不敢毁伤”的传统思想下，要发展解剖学是相当困难的；没有解剖学作基础，传统医学之趋向虚玄乃必然的现象。

六艺教育与科技

春秋战国时有六艺教育——礼、乐、射、御、书、数，这是当时教育贵族子弟的六种科目。《礼记》也说“六年（即六岁）教之数与方名，……九年（九岁）教之数日，十年（十岁）出就外傅（教师），居宿于外，学书计”。六岁学数，是指学一到十的数目，方名是指辨认东南西北方向，九岁学数日，是指学干支记日法，十岁学书计，其中的计是指一般计算能力的培养。

东汉以来的经学家，虽然有人仍讲图谶，但有许多同时是科学家，因为他们接受了儒家六艺教育的传统。刘歆是古文经学的第一个大师，也是中国历史上有名的科学家。虽然他未能屏弃符命和方技，但他在数学、天文学上，有着一定的贡献。刘歆是中国研求圆周率的第一人，《隋书·律历志》虽说他的数术不精（和刘徽、祖冲之的圆周率比较），但其创始之功则不可没。在天文学上刘歆也有功绩，《三统历》是他的创作，此历的交食周期为135个月有23交，这个常数是合理的。《三统历》的五星会合周期也和近年测量的几乎相同。

古文经学家张衡更是有名的科学家，《后汉书》本传说他“少善属文，游于三辅，因入京师，观太学，遂通五经，贯六艺”。因为他“贯六艺”，所以成为一个有名的科学家，因为他是科学家，所以他反对附属于经学的谶纬之学。他也是世界上最早研究地震的科学家之一，曾经造有地动仪，“如有地动，尊则振龙；机发吐丸，而蟾蜍衔之；振声激扬，伺者因此觉知。虽一龙发机，而七首不动，寻其方面，乃知震之所在，验之以事，合契若神。自书典所记，未之有也”。[32] 这种地震仪内部有精巧的结构，其中最主要的是中间的都柱（类似惯性运动的摆）和它周围的八道（装置在摆周围和仪体相接的八个方向上的八组杠杆机械），如果发生比较强的地震，传来的震波会使都柱偏侧而触动杠杆，使处在该方位的龙嘴张开，而知道地震的方位与时间。

32.《后汉书》，卷五九，《张衡传》。

郑玄虽然是一个杂糅今古的经学大师，但他并没有完全接受今文学派的学风，他治学的方法还是朴素、实事求是的，保存了东汉以来经师们的优良作风，是两汉经学史上集大成的人物。他因为通晓《九章算术》和天文历法，能够注解这些古代的科学记录，而把它们保存下来。郑玄发挥了儒家六艺教育的传统，这传统使中国社会维持了一定程度的科学文化。

祖冲之是历史上有数的科学家，他也通晓经学。隋朝的刘焯是一个有名的经师，也是有名的科学家，《隋书·本传》说："于是优游乡里，专以教授著述为务。……贾、马、王、郑所传章句，多所是非，《九章算术》、《周髀》、《七曜历书》十余部，推步日月之经，量度山海之术，莫不核其根本，穷其秘奥。著《稽极》十卷，《历书》十卷，《五经述议》，并行于世"。在经学上他承继了东汉经学的传统，虽失之烦琐，但属于正统的章句之学，所以孔颖达的《尚书疏序》说："焯乃组织经文，穿凿孔穴，……使教者烦而多惑，学者劳而少功"。虽是贬辞，但却是本色。他在天文学上的成就，是中国古代天文学的一个转折点。大致说来，（一）他首先将多项式内插法引入天文计算。近代天文学计算中，内插法仍是主要工具之一，刘焯在这一问题上是先知先觉者，他所著《皇极历》内举凡日、月、五星的运动都用了内插法的二次差而得出比较准确的结果（近代天文学也只用了三次差或四次差）。（二）他率先在我国历法中考虑了定气，即根据太阳的每天视运动是不均匀的而求出计算定朔的一般公式，一直沿用到明代《大统历》为止。（三）他首先在我国历法中计算五星运动的平见和定见，发现这原理的是北齐张子信，正式入历是刘焯。中国的五星知识在《三统历》是一变，在刘焯的时代是二变，此后一直到明末便很少变化了。刘焯定岁差数75年差一度已接近准确数值，当时欧洲还泥古沿用一百年差一度。刘焯的《皇极历》没有颁行，唐李淳风的《麟德历》却采用了刘焯的方法[33]。

经师们的六艺教育是一个优良的传统，早期的儒家是这伟大传统的缔造者，儒家学者通晓六艺，并以此进行教育，从孔子一直到郑玄、刘焯都保存了这优良的传统。唐朝的科举制度，把明经和明算等并列，经学和科技分开了，然而把明

33. 转引自杨向奎，《中国古代社会与古代思想研究》，上册（1962年），页359－362。

算列为一科，仍然看出唐朝政府对于科技的重视，而明算者往往也明经。唐中叶以后，理学逐步代替经学，朴实的学风逐渐没落，六艺教育也逐渐衰微。又因科举考试的影响，限定儒生思考范围，不许超离圣人之窠臼，年代积久，陈陈相因，将旧文涂窜抄袭，便有巧取科名的机会。如此虽有些科学还继续发展，但与儒生的渊源就远了。

政治社会与科技

- 先秦时代

《周礼·考工记》说："粤无镈，燕无函，秦无庐，胡无弓车"。又说："粤之无镈也，非无镈也，夫人而能为镈也"。粤地因为产铁，人人都会制镈（农具），所以不需要专门制镈的人，并不是说粤地没有镈这样东西。"燕无函，秦无庐，胡无弓车"的意思也一样。这显示材料简便的工具人人都会，而繁杂的技术则必须设专人来掌管，《考工记》所谓"智者创物，巧者述之、守之，世谓之工"。这就是工官的由来。《考工记》的工官有两种：一种称某人，一种称某氏。称某人的，当是技术传习不以氏族为限，称某氏的则不然。

工用高曾的规矩，中国古代传为美谈，这是因为：（一）古人生活恬淡，不鼓励矜奇斗巧。（二）古代社会，范围窄狭，交通不便，一切技术得之于并时观摩者较少，得之于先世遗留者多，所以崇古之情，特别深厚。（三）专司一事的人，变成国家的工官，则技术成为政治的一部分。政府要负起督监的责任，督监只能以旧式为标准；于是从事制造的人，只能事事依照程式，以求免过。《礼记·月令》说："物勒工名，以考其成"。《中庸》说："日省月试，既廪称事，所以来百工也"。可见古代对于技术督责之严。（四）封建时代的人们生活是有等级的、有轨范的，若竞造新奇的东西，或许会破坏社会秩序，所以《礼记·月令》说："毋或作为淫巧，以荡上心"。《荀子·王制》说："雕琢文采，不敢造于家"。而《礼记·王制》竟说："作奇技奇器以疑众者杀"。因此工官制度虽有其专业性的优良面，但此制度本身也埋下了阻碍进步的种子。

至春秋战国时，社会的组织日日变迁，工官制度遂遭到破坏，其原因在：（一）社会的情况已发生重大变化，而工官未曾扩充，则所造之物不足以供民间使用。（二）民间已发明更新、更好的技术，而工官仍然守旧，于是民间事业超越工官，甚至取而代之。（三）封建制度破坏，被灭之国所设立的机构，随其国家之亡而被废，技术人员也就流落他方。如此，古代的工官制度就破坏无遗。《史记·货殖列传》说："用贫求富，农不如工，工不如商"。

此外，《史记》有一段话明显地指出春秋战国时代，由于社会剧烈变迁，官方科技学问，流向民间的情形："幽厉之世，周室微，陪臣执政，史不记时，君不告朔，故畴人子弟分散，或在诸侯，或在夷狄"。这里所说的畴人是指世代相承专门掌管天文数学历法的人，司马迁的这段话是说到了周幽王和周厉王的时候，周朝王室已经衰落，按时记事的史官不再记时，天子也不再向四方臣民颁布四时节气，故而通晓天文数学历法的畴人子弟便分散到四方各国去了，这就促成民间知识的普及。

- 帝国时代

自秦汉以后，帝制国家形成，为了农业生产，政府每年颁发适合农事季节的历书。各朝政府职官中经常有太史令及其属员，掌管天文观测和预推朔、望与二十四气的日期时刻，并随时修订符合天时的历法。天文工作者都需要兼通数学，天文学的进步便促进了数学的发展。因推算上元积年需要解一次同余式，反映在《孙子算经》里就是"物不知数"问题的解法。因改进推算日、月、五星视运动的方法，隋唐天文学家创立了等间距和不等间距的二次差的内插法，这些在数学领域内都是有世界意义的辉煌成就。

在帝国政权之下，公共事务如河道、灌溉、交通等土木工程，大型手工业如冶炼、军器等作场，都实行国家管制的政策。从事工程建设和手工业生产的技术人员必须熟悉数学方法和计算技能。他们在工作过程中发现新的数学概念和数学理论，丰富了数学的内容，推进了数学的发展。《九章算术》和王孝通《缉古算经》便有很多关于土木建筑的问题。

度量衡的统一是帝国政权对科技最有效的贡献，秦以商鞅变法，大力改革度量衡制度，秦一统天下之后，亦把此制度推行于全国，是为中国度量衡的第一次划一运动。至汉中叶，王莽依刘歆之五法，为中国度量衡作第二次的大改革。五法既定，中国度量衡制度才告初步完成。

自三国两晋以迄于隋，是中国度量衡变化最大的时代，其度量衡之变迁占整个中国度量衡史上变迁的二分之一以上，可见其紊乱的程度。隋唐以其大一统政府，再把度量衡标准化，自此以后，五代、宋、元、明均无明显的改革，可见统一政权对度量衡划一的贡献，也是对科技进步的正面作用。

中国的科学家通常都带有官方性格，而官位不高的工匠与技术家喜欢集聚在官场闻人之旁，成为其私人随从，接受其鼓励与支持。在某些时代，拥有最高技术的工商业都“国营化”了，例如前汉时期的盐铁专卖。皇家通常有大规模的工作房——“尚方”以执行技术工作，有时行政网的交点——省城也会有，甚至在相当偏僻的地方，也有以技术闻名的村落，这些村落大都集中在天然资源丰富的所在，如福州的漆器制造、景德镇的瓷器制造、四川自流井的钻井工程。由于中国人的技术高超，故传播得既远又广。2 世纪，安息与大宛出现了中国的冶金家与钻井者，8 世纪，撒马尔罕也有中国的纺织工人与制纸工人。有些国家似乎对中国的技术工人有所需求，如 1126 年，金人围攻宋都开封时，要求以各种工匠作为人质；1675 年时，俄国来的外交特使正式要求中国派造桥工人到俄国去[34]。

这种带有浓厚官方色彩的科学技术，也有弊

34. 李约瑟著，范庭育译，《中国科学传统的优点与缺点》（二），《中华杂志》，十七卷194期（1979 年），页39－42。

病存在，并阻碍了它本身进一步的发展，例如：（一）科学家都密切地参与政治，而政治活动是复杂的[35]，因此很难培养出有专业精神的科学家。（二）官府技术中，人力物力的浪费现象也十分惊人，它往往为制作精致的器物或兴建华丽雄壮的宫殿陵寝，而遍搜天下奇材异宝，辅以无数的人力作业，而创作的成果却常不成比例。同时官方的技术为了巩固其根本与利益，采取严格的控制手段，固定专门工人的编制，规定生产技术世袭，使得劳工永远无法获得完整的生产技术，以独立于官府技术之外。这些措施，都使得官府技术常局限于固定的范围，而无法飞跃进步。

中国科学家与工程师有不同的出身[36]。张衡是位高级官员，他不但是第一架地震计——候风地动仪的发明人，也是第一个应用动力去运转天文仪器的人，又是当时的大数学家及浑天仪之父，他做到了“侍中”的官。首先发明水力冶金鼓风机（水排）的人是公元31年的南阳太守杜诗，职位亦不低。偶尔也发现太监有技术上的成就，最有名的便是蔡伦，他本是“中常侍”，公元97年被任命为皇家工作房的主管（尚方令），公元105年对纸有重大的改进。宋代的沈括，曾出使契丹，又是位政治家，以《梦溪笔谈》一书留名。

王侯与皇室远亲对科技也曾有过贡献。他们都受过良好的教育，有可观的财产与闲情逸致，却没有机会替国家服务，在这情形下，少数的王侯与皇室远亲便把时间与财力贡献在科学的研究上；淮南王刘安是中国历史上以科学研究出名的人物之一，包围在他四周的是一批自然主义者、炼丹师与天文学家。另外一位汉朝的王侯刘宠则是弓弩方格瞄准器的发明人，也是一位名射手。唐朝的曹王李皋，对声学和物理学都感兴趣，但却以发明踏车操作的桨轮战船（车轮舸）闻名。

当然，最大多数的科学家与发明家都是平民，他们没有做官，甚至连低级官吏的边也沾不上。像这样的人物几乎每一代都找得到，只

35. W. Eberhard 著，刘纫尼译，《汉代天文学与天文学家的政治功能》，《中国思想与制度论集》（台北，联经，1976 年），页23—76。

36. 李约瑟，《中国科学传统的优点与缺点》（二），页39—42。

不过不受官方的重视而已。像2世纪的丁缓，以发明卡当平衡环装置留名；7世纪的李春，以建筑拱桥知名；12世纪的高宣，是位伟大的海洋工程师，专门制造多桨轮的战船。明末的李时珍以一介平民之力，奋力编成五十二卷的《本草纲目》；清中叶的王清任更以数十年之力写《医林改错》一书，去纠正古书解剖图的错误。传承炼丹学的道士，许多人一生就隐居在山野，为化学的先驱——炼丹——默默地实验，这些都是中国传统科技的“小传统”，由于他们的传承，丰富了中国科技的内容。中国人自傲的四大发明——罗盘、火药、指南针、印刷术，皆起源于这细水长流却力重万钧的“小传统”，其后官方的“大传统”方将这些发明用之于国计民生上面，成为正统的科技，甚至更传播到西方，对西方近代文明的崛起，有过重大的贡献。

历史上著名的科技家中，唯一地位非常卑贱的是信都芳。他年轻时在北魏一位王侯（安丰王拓拔延明）的家中当随从。这位王爷收集了许多科学仪器，像浑天仪、天球、欹器、刻漏、风力计等，同时也继承了丰富的图书。信都芳以其科学技艺，成为拓拔延明的馆客。安丰王似乎想靠信都芳的帮助，写一些科学书籍，但由于政治和军事变动，不得不于528年投靠南方的梁朝。此后信都芳便在穷困中奋斗，直到接受东山太守慕容保乐的征召。慕容保乐的弟弟再把他推荐给高欢，遂为这位大贵族的僚属，而发挥其才能。像这种出身卑微的天才人物，虽然不能有高官厚爵，却也能在大贵族的家中找到避乱之地，并发挥其科技才华。

真正奴隶出身的技术家非常少见，隋朝的耿询是其中的一位。他原是岭南县令的随从，在主子死后，耿询不但不回家，还加入南方的部落民族，领导他们叛乱。乱事敉平后，耿询被俘。将军王世积很欣赏他的技术才华，救了他的性命，收为家奴。耿询跟当时任职太史局的老朋友高智宝学习天文算术，结果发明了一架水力运转的浑天仪，为了酬谢他这件功劳，文帝赐他为官奴，且安排在太史局工作。炀帝时恢复他的自由，最后升任太史丞。

低级官吏的科技家，是一群受过良好教育的人，只因为个人的性格与才能的缘故，无法跃居显要。李诫就是这么一位人物，他根据喻皓及他人所写的书籍，加上自己的实际经验，写了一本《营造法式》，对中国千年来的建筑技术传统作最详细的讨论。燕肃是宋仁宗时代的学者、画家、技术家与工程师，他设计一种莲花漏法，又发明特别的锁钥，并留给我们欹器、记里鼓车（里程计）、指南车的详细说明书及论计时与论潮汐的文章。但他的大半辈子，都担任省区的行政官，与工部或其他技术性组织没有关联。其他如8世纪僧一行的助手梁令瓒，及350年后苏颂的主要合作者韩公廉都是低级官吏，梁令瓒任率府兵曹、韩公廉任吏部守当官。靠这些人的努力，中国的许多科学技术才没有被埋没。

经济与科技

中国商业行为发生得很早，战国时代，商业已经相当发达，商业资本也有了大量的积累。一般富商大贾，由于他们“贾郡国，无所不至”，结果或“累致千金”，或“与王者埒富”，很多商人“礼抗万乘，名显天下”。他们“千金之家比一都之君，巨万者乃与王者同乐”。到了汉代，更是“富商大贾、周流天下，交易之物，莫不通得其所欲”。司马迁还特别指出：“用贫求富，农不如工，工不如商”。[37] 由当时文献的记载，可知汉代的国内商业确已有了高度的发展。同时汉代对外贸易的发达，在古代史上也是空前的。就陆路贸易而论：除对周围邻邦经常“通关市”外，最重要的是对西域诸国的贸易，经由“丝道”、中亚至欧洲，其间大小五十余国都成了汉人丝织品的市场。就海上贸易而言，汉代的商人常远航至南洋各国，“市明珠、璧、流离、奇石异物”而归，最远曾到印度半岛最南端的已程不国[38]。就

37. 以上引文均见《史记》，卷一二九，《货殖列传》。

38.《汉书》，卷二八下，《地理志下》。据日人藤田丰八考证，已程不国为印度最南端的kitav，见《中国南海古代交通丛考》（台北，商务，1967年），页335。

当时整个社会经济所达到的程度而言，商业的发展已极为突出。不过我们要特别指出的是，自秦汉历魏晋南北朝以至隋唐，国内外商业基本上都是贩运贸易。不用说由海外贩来的奢侈品与国内产业无关，就是国内贩运的主要物品，据《史记·货殖列传》的记载，主要都是已经生产出来的现成品——各地方的特殊物产，显然是商业发展了它们的商品形态，而商业资本却没有渗入生产过程去影响生产。《盐铁论·本议篇》于历数各地方的特殊物产之后，指出这些"养生送死之具"都"待商而通"，而商业的主要作用亦完全在使财物流通，使"多者不独衍，少者不独馑"[39]。可见流通过程和生产过程还都是分开的，在这种情况下，生产技术的改进自然有限。

从10到14世纪，中国农业有很大的进步。这进步表现在水利灌溉技术的改进，早熟及抗旱新品种的引进，农业生产的商品化以及农业技术借印刷术而传布。交通的改善、农业生产力的提高以及区域间在经济上的相互依赖是使中国在此时期由自然经济走上货币经济的原因。同时也刺激了科技的发达：由于商业的需要，有了算盘；货币的需求量增加而刺激了铜铁的生产；由于人力需求日增，乃有多种农业机械的发明。因此中国10至14世纪科学技术的进步，与商业的发展有密切的关系。

英国学者伊迈可（Mark Elvin）提出"高水准均衡陷阱"（high-level equilibrium trap）以解释中国中古以后，科学技术不再进步的理由[40]，他认为中国从14到18世纪所以会出现"高水准均衡陷阱"，人口增加是最主要的原因。由于人口大量增加，有大量廉价的人力劳工，而在近代以前，农业生产所投入的劳力因素重于传统技术的因素。也就是说，为求增加产量，增加劳力投入远比增强技术投入合算，因此没有发明节省劳力的机械的必要。另一方面原料的增加会刺激新技术的发明或改良，中国中古以后，垦田增加的速度远不及人口增加的速度，田亩必须用于生产粮食的比例日高，亦即可用于生产工业原料的田地

39.《盐铁论·通有篇》。

40. Mark Elvin, *The Pattern of the Chinese Past* (Stanford University Press, 1973), p. 313.

比例日低，因此有原料不足的现象，当然也就激不起新的发明。

中古以后，中国已有非常良好的市场系统，商人通过市场收购商品，而不必与生产者直接发生关系。因此，商人对于如何生产制造不感兴趣，也不会去鼓励发明或改良生产设备。而乡村的农人不过以手工业为副业，副业收入的好坏对生活的影响不会比全依工业维生者大，并且由于农民经济力有限，即使有较好的生产工具，亦无力购买，因此发明改良家得不到鼓励。

中国传统社会经济的发展，也是极不平衡的，商品经济的高度发展仅在某些地区和某些手工业部门中出现，广大的农村仍是自然经济的情况，小农业与小手工相结合的经济结构仍极巩固，成为商品经济普遍发展的障碍。

此外，商业力量不足以与官方抗争，亦使中国传统科学技术失掉另一推动的力量。

回顾五千年来中国科技的发展，不难发现中国的政治形态与典章制度，塑造了传统中国科技的特色，但无形之中也限制了它进一步的发展。就经济上来说，其关键在14世纪人口的大量增加，及商品经济的发展，不像欧洲般地造成科技革命，这是我们讨论外在环境后对中国科技的影响颇值得注意的一点。

关联与和谐

影响科技发展的思想因素

刘君灿

文明创发衍展的条件及局限是多方面的，有其历史、环境等外在的因素，也有理念上、思想上的内在因素。本文尝试分析影响中国传统科技发展、传承及局限等理念方面的因素，诸如天人合一的观念对中国天文学的开展；中国数学为何大抵只在经验的层面，而缺乏对解题方法或公式赋予进一步的解说或形式论证；阴阳五行、机体平衡、整体探讨的角度如何影响中国医药学的发展；炼丹术的思想基础又是什么等。除了这种分殊性的探讨外，更重要的是借以烘托出中国传统科技的普遍特色，诸如整体的、有机的自然观，及科技上重经验、重实用的趋向，中国人在思考方法上的关联式思考、具象式的思维等，并与希腊以及近世科技文明的精神做一比较。

几个分殊的例子

• 炼丹术

炼丹术大致分内丹、外丹；内丹主要的方法为导引（类似今天的体操、太极拳等）、吐纳（类似今天气功的内功）、辟谷（不吃五谷这类易腐朽的东西）、房中术（男女媾合的讲求）。丹家以为人为万物之灵，只要虔诚地把自己身体的精、气、神加以适当的锻炼，日子久了，就会变成仙人，至少炼功可使气血调和，经络之气平衡，达到祛病延年的目的。外丹就是一般所谓的炼金术，不过中国丹家认为炼丹把握了物质恒久或变化的道理，而服食炼养过的丹药即可不朽，这一点与欧西炼金术只求由劣金属造出黄金等贵金属是不一样的。

无论是内丹或外丹，炼丹术的思想基础之一均为“天人合一”、“天人合德”的自然观，或说大宇宙与小宇宙可以交通的观点。“导引”、“吐纳”是要体内之气与天地之气相沟通；“辟谷”则是认为五谷固然可食以维系生命，但五谷本身容易腐朽，吃了五谷，人身也会衰朽，这可以说是一种认为自然事物的属性可“机械性地移植”到人体的观点，“吃肝补肝，吃脑补脑”，也是这种观点的一例。外丹也同样有这种“天人合德”观，早期方士李少君便曾向汉武帝进言：“祠灶则致物，致物而丹砂可化为黄金，黄金成，以为饮食器则益寿……”[1] 到了晋代葛洪，甚至认为黄金几乎不参与任何化学变化的不朽特性，可以借炼养成丹后服食得来[2]，故言：“服金者寿如金，服玉者寿如玉”。[3] 当然这种“机械性移植”的天人合德观非常危险，炼丹术最盛行的唐代就有好几位皇帝死于服丹，连唐太宗也难逃此厄[4]。这还涉及中国人有时把事物的属性与事物的本身混淆了，例如认为食金即可以把金不朽的属性加以吸收便是；中国逻辑学上的“白马非马”辩论可以说也反映了这种混淆[5]。而中国之所以会有这种混淆，是因为过分注重具体情境中的有机关联，而缺乏抽象分析，结果有时便为具体情境的多样复杂性所惑。

炼丹术的另一思想源泉为《易经》与《道德经》的变化观念。炼丹术的第一本经典名著，魏伯阳的《周易参同契》之得名，即认为儒家的易，道教的哲学，与炼丹术是三位一体的道[6]。魏伯阳把天地自然看成阴阳对立消长、相反相成的二元，且把进入一元化的临界点所产生的虚无状态称为最高层的道[7]；再在炼丹术中以黄金对应于阳，水银对应于阴，金汞的合金则是阴阳的结合。而处理不朽的黄金与易变（指颜色与形态）的水银等的炼丹过程，南唐紫霄真人谭峭是这样描述的：“动静相摩，所以化火也；燥湿相蒸，所以化水也；水火相敌，所以化云也”。[8] 懂得这层道理后，甚至“天地可以别构，日月可以我作”。也就是服食了炼养过的丹药即可超越时空身心的限制而成为长生不朽的神仙。而这也就是魏伯阳所说的“类辅自然”[9]，葛洪所谓的“假求于外物以自固”[10]。

至于西方中世纪的炼金术士则深信所有金属乃由土、水、气、火

1.《史记·孝武本纪》。

2. 日人吉田光邦（Yosida Mitukuni）在其所著“The Chinese Concept of Technology: A Historical Approach”(*Acta Asiatica*, No. 36, March 1979, pp. 49 - 66) 一文第二节中也有类似的天人合德分析。

3.《抱朴子·仙药篇》。

4. 吉田光邦著，林从政译，《炼金术》（高雄，大舞台书苑，1977 年），页 60。

5. 这是名家《公孙龙子》著名的辩论，参见日人中村元著，徐复观译，《中国人的思维方法》（台北，中华文化出版事业委员会，1955 年），页 33。

6. 吉田光邦，《炼金术》，页 32。

7. 此即一般所谓的“无极生太极，太极生两仪（阴阳）”。参见吉田光邦，《炼金术》，页 37。

8. 谭峭，《化书》（《道藏辑要》危集四）。

9.《周易参同契》。

10.《抱朴子·金丹篇》。

四根元及干、冷、湿、热四性相互杂对以决定各种金属的性状，即四根元与四性质各种不同的组合形成各种金属，如把组合的比例加以改变，劣金属即可变为黄金等贵金属[11]。

• 医学、药学及生理学

中国的传统医学、药学及生理学与炼丹术一样，也受了“天人合一”、“天人合德”观念的影响。并且不仅是自然环境会影响人的疾病与健康，如《左传》昭公元年的“阴阳风雨晦明”的“六气致病说”；甚至自然（大宇宙）与人身（小宇宙）是相互对应的，《淮南子·精神训》中就说：“头之圆也象天，足之方也象地，天有四时五行九解366日，人亦有四肢五脏九窍366节，天有风雨寒暑，人亦有取与喜怒。故胆为云，肺为气，肝为风，肾为雨，脾为雷，以与天地相参也”。董仲舒的《春秋繁露》更特别有《人副天数篇》，其中除了与《淮南子·精神训》类似的言论外，还说明其宗旨为“天地之符，阴阳之副，常设于身。身犹天也，数与之相参，故命与之相连也”。甚至经梁代陶弘景校刊，现仍传世的最古药典《神农本草经》，所收药草名目也是365种，似乎也要与一年有365日相合[12]。这些在现代看来，当然只是比附而已。

另外中国的元气学说对药学也有影响，古人相信人之生乃元气之聚合，如庄子即有“人之生，气之聚也，聚则为生，散则为死”的说法[13]。王充也说：“人禀气而生，含气而长”。[14]葛洪也有类似的看法，《抱朴子·至理篇》：“夫人在气中，气在人中，自天地至于万物，无不须气以生者也”。《极言篇》：“受气各有多少，多者其尽迟，少者其竭速”。而“养气”、“养生”就在使禀受之气不致速竭，并经由修炼服食，以增强气之质量。《神农本草经》的“药三品说”[15]也反映了这种观点：上品药120种，是“养命”的，即为人类生命的本质，服用

11. 吉田光邦，《炼金术》，页116，140。本文中的“根元”，该书中为“元素”，而傅伟勋著《西洋哲学史》（台北，三民，1970年）页15以后称希腊哲学中的观念为“宇宙本源或根本物质”。

12. 吉田光邦，《炼金术》，页75。

13.《庄子·知北游》。

14.《论衡·命义篇》。

15. 这与魏晋南北朝时重品类的风气可能有关。

后身体逐渐减轻，在体内充满“气”，可以达到不老延年的目的。中品药120种，是“养性”的，可以补充用掉的“气”，以维持健康。下品药125种，是治疗疾病的药[16]。在这样的观念下，自然重视“进补”以增元气了[17]。传统药学上还有一个事物的属性间相关性可能混淆的例子。如至今认为具有神奇效果的人参固然在经验上可能如是，但人参的被尊崇在古代却是因其形态颇似人类，古时即有求仙者因拒食形似婴儿的千年人参与射干（另一种根部似人形的菖蒲科植物，切开会流出红色的汁液），以致无法成仙的传说[18]。

16. 参见吉田光邦，“The Chinese Concept of Technology: A Historical Approach”一文第二节末段。亦见《炼金术》，页75—76。

17. 有人曾分析古代人进补实际上是因平时营养不足，借机补充营养，拙见以为固然实际上可能如此，但重视进补的观念与行为却是来自补元气的概念。

18. 吉田光邦，《炼金术》，页79—80。

在医学上，本书另篇《生克消长——阴阳五行与中国传统科技》已详尽讨论了中医重整体分析、机体平衡的生理学、病理学和治疗原则，此处只略加阐述。首先对整体分析和机体平衡稍加解说。一般的有机生命体存在时都有维持平衡与稳定的功能，这功能来自于相互消长与生克的关系，或可说是借各种反馈作用以自动平衡，并且借着这样的关系使生命体成为一息息相关的整体，如人体的内分泌系统便是一极明显的个例，这便是所谓整体性的现象。当然自然界中仍有非整体性的现象，或者说有可与宇宙其他部分不生关联的“闭合系统”（closed system）。整体分析乃是认为：在杂然并陈的全为整体性、部分为整体性、以至全为非整体性的各种现象中，整体性无宁为更主导、更本质的因素；甚至各部分聚为整体后，更有各部分皆无的性质出现，亦即整体大于各部分的总和。由此角度去分析事物、解释现象便叫整体分析。

其次，中医认为阴阳的相对协调，五行的正常生克是身体健康的表现，并且阴阳五行在中医上的运用着重的不是它们的本身，而是它们之间消长与生克的关系。例如中医认为人体脏腑组织之间是相互密切联系着的，任何一个脏器组织的生理活动都是整个人体生理活动的组成部分；它们之间存在着相互资生和相互制约的关系；同时，任何脏腑组织的活动都与外在环境有着一定的关系。而疾病的发生或者是阴阳失去了协调，这时阳虚就要补阳，阴虚就要补阴；或者是五行的生克反常（如当木气有余而金不能对木加以正常的抑制时，则木气太过便去乘土，同时又反过来侮金；反之若木气不足，则金来乘木，土反侮木……），这时便要“虚则补其母，实则泻其子”。[19]其中母子的关系是这样的，如水生木，木生火，那么水即为木之母，火即为木之子。由此也显现了中医重整体分析和机体平衡的治疗原则。

以下是伦理思想影响中医某些理论发展的两则个例，固然这两则个例与中医重整体分析的观点无关。第一个是在汉初的《内经·灵枢·经水篇》曾有“若夫八尺之士，皮肉在此，外可度量切循而得之，其死可解剖而视之，其脏之坚脆，腑之大小，谷之多少，脉之长短，血之清浊，……皆有大数”。可说已有病理解剖的萌芽，但在“身体发肤，受之父母，不敢毁伤”的伦理要求和全尸的观念逐渐浓重后，解剖学在中国一直发展不起来。其次，中医的脉诊本是“三部九候”、“人迎气口”，全身各处动脉皆要诊的，但至宋后，逐渐只诊手腕寸口动脉，甚至对女病人，还用丝线系腕来诊脉，“以严男女之防”，这不能不说是伦理思想造成坏影响的一面[20]。

19.《难经·六十九难》。

20.“把脉”只把腕的寸口动脉自《难经》的作者扁鹊就曾采用，西晋时王叔和的《脉经》也曾认为寸口动脉是百脉之所朝宗，可以处百病，决生死，但在汉魏六朝时代，寸口按脉法不是正法，宋代以后在社会伦理风气影响下，才成为把脉之常法。参阅陈胜崑，《中国脉学的特色及现代批判》，《中国传统医学史》（台北，时报，1979年），页76－85。

- 天文、历法与数学

中国天文学的天人合一色彩极为浓厚，如分天上群星为三垣廿八宿，所谓三垣是紫微垣、太微垣和天市垣，紫微垣屏藩北极，星名有左枢、上宰、少宰、上弼、少弼、上卫、少卫、少丞等；太微垣星名有上相、次相、上将、次将等；天市垣有星宋、南海、燕、吴越、韩、楚、河间、河中等；而廿八宿为赤道附近的星宿，战国时天文家选定的目的据钱宝琮所论有以下三项[21]：（一）以星象定天时节候，（二）以分野辨州国礽祥，（三）以宿度步日月躔离；其中（一）、（三）两项有其历法上的功能，（二）项的分野星占则天人合一色彩甚浓，秦汉统一后的分野说在《淮南子·天文训》中有谓："星部地名：角亢郑，氐房心宋，尾箕燕，斗牵牛越，虚危齐，营室东壁卫，奎娄鲁，胃昴毕魏，觜嶲参赵，东井舆鬼秦，柳七星张周，翼轸楚"，文中角、亢、氐、房心……，就是廿八宿的名称。至于在思想上，《易经·系辞传》的"天垂象，见吉凶"，"贲卦"的"观乎天文，以察时变"，可说都反映了这种天人合一的观点。

而古代在以皇帝为奉天承运的天子，以及天球与人间的大对应下，天象的异变即象征着人事的更迭祸福，因此中国的天象记录之确实周密是举世无匹的，正史中都有"天文志"专志其事。如春秋时鲁文公十四年（公元前613年）秋七月的"有星孛入北斗"，便被证实为历史上最早的一次哈雷彗星的记录，而此后每一朝代关于哈雷彗星的记录，更有助于现代天文学对哈雷彗星运动周期的把握。宋仁宗至和元年（1054年）出天关东南的客星，已被证实为一颗爆炸的超新星（supernovae）[22]。此事不但《宋史·天文志》上有记载，《宋会要》上对其颜色、光度、形状、位置、出没更有详尽的记载，因此这个现代残骸为金牛座（中国的毕宿）中蟹状云气的超新星，便被许多天文学家称为"中国超新星"。除了至和客星外，明神宗万历六年（1578年）及万历三十二年（1604年）的客星也证实为超新星，此外还有数颗在求证中[23]。

其实这种"观乎天文，以察时变"的天文之所以为天文，高诱在注《淮南子·天文训》时就说："文者象也，天先垂文象——日月五星及慧孛，皆谓谴告一人，故曰'天文'，因以题篇"。而班固在《汉书·艺文

---

21. 钱宝琮著：《论二十八宿之来历》，《思想与时代》，四十三期（民国三十六年元月），页10－20。

22. 天上的恒星也是会演进变化，有生老病死的，首先氢熔为氦，氦熔为碳，最后质量较轻的变成很小很小的白矮星，光芒渐渐消失而残骸永存在天际。质量较重者在最后一刹那全星崩溃，回光返照之际，其亮度会高达原来亮度的几千万倍，此之谓超新星。爆炸之后，大部分质量散入太空，小部分质量则可能压缩成全为中子所构成的中子星。

23. 沈君山，《天文新语》（台北，中华，1976年），第一章"中国古代天文纪录和现代天文的关系"。

志》也说："天文者，序二十八宿，步五星日月，以纪吉凶之象，圣王所以参政也"。又因为中国天文学有这种天人相应以诫帝王的特性，因此天文官员的观测必须密封上奏，不准泄露给他人，《唐六典》里更规定有关天文观测的机械和天文记录之类的东西非当事者不可去处理，虽然这种规章没有十分严格地实施，但一般知识分子学习天文学受到限制却是不能否认的[24]。这可说是天人相应的思想影响了天文学的传承。

中国的天文学主要为"观测天文学"，观测的主要目的是为配合农时订出一套准确的历法。从现行旧历叫农历，以及廿四节令[25]的命名便可了解，例如"芒种"、"谷雨"就以五谷相关状态名节令，其他也是期望风调雨顺，以期国泰民安的；日月蚀的预测与观测，也是为了以天人灾异警诫帝王。甚至为了奉天承运或配农时，每当改朝换代，或自认功业彪炳时，都要改历，这就是所谓的"改正朔，易服色"[26]。故《汉书·艺文志》对历谱之学就下了这样的定义："历谱者，序四时之位，正分至之节，会日月五星之辰，以考寒暑杀生之实，故圣王必正历数，以定三统服色之制，又以探知五星日月之会。凶厄之患，吉隆之喜，其术皆出焉"。

由于天文学的主旨在观测、在历法、在天人对应，其经验实用的色彩就十分明显；而欲"序四时之位，正分至之节"，除观测外，还需要计算，故有"历算"之称。《算经十书》中最早的一本《周髀算经》，主要内容也是在以勾股之法，度天地之高厚，推日月之运行，以说明中国古代宇宙论的"盖天说"[27]。

而《算经十书》的第二本——《九章算术》的章节就分为：方田、粟米、衰分、少广、商功、均输、盈不足、方程、勾股；其中方田、粟米、商功、均输的名称已可看出中国数学的实用性了。中国古代数

---

24. 薮内清著，李淳译，《中国科学文明》（高雄，文皇社，1976年），页94。

25. 廿四节令自春至冬为立春、雨水、惊蛰、春分、清明、谷雨、立夏、小满、芒种、夏至、小暑、大暑、立秋、处暑、白露、秋分、寒露、霜降、立冬、小雪、大雪、冬至、小寒、大寒。

26.《史记·历书》太史公曰。

27. 所谓盖天说，据《尚书·舜典》疏引虞喜云："周髀之术，以为天似覆盆，盖以斗极为中，中高而四边下，日月旁绕之"。

学，固然在《墨经》及名家的言论中已有若干点、线、面、平行等性质的拙扑定义与概念，魏晋数学家刘徽等人也略有找寻公式证明的趋向，但大体而言，抽象理论的论证毕竟没有成为数学研究的主要旨趣[28]，因此“实用”可以说是中国古代数学的特色。

28. 参阅薮内清，《中国の数学》（东京，岩波书店，1974年），前言。

天人合一、整体有机的自然观

从前面几个例子里，可知它们大抵皆受天人合一、天人合德观的影响，并且有的还具有重整体分析、机体平衡的原则，强调“关系”，不重“元素”；许多事物也是在经验下获得，在实用中发展。但天人合德、整体有机究竟是怎样的一个自然观，重经验实用的思想又其来何自？

所谓天人合一的自然观，就是说自然与人事是相关相应的，甚而是水乳交融，浑然一体的；或者说天人不二，天道与人道都是整体的大道中的部分，而万事万物都是一体而同根的，大道是无所不容的。故《庄子·天道篇》引老子的话说：“夫道于大不终，于小不遗，故万物备，广乎其无不容也”。而董仲舒在《春秋繁露·同类相动篇》中也说：“天有阴阳，人亦有阴阳。天地之阴气起，而人之阴气应之而起。人之阴气起，而天地之阴气亦应之”。

在中国整体有机观下最需讲求的精神就是：“贞定其异，感应其同”，既贞定各层面的“独立性”，又掌握其“关联性”，万物水乳交融，息息相关，但功能自主，独立创造，如是顺乎自然，在相生相克下，自然趋向和谐。并且这种“功能自主，独立创造”是可以“放下屠刀，立地成佛”的。也就是在整体的大道中，万物的活动方式不必是因为前此的行为如何，而是由于其在循环不已之宇宙中的地位被赋予了某种内在的性质，使它们的行为自然而然；它们可以去创造发展这种“天命”，但如果不按其内在的要求进行，便会失去其在整体中的相关地位，而变成另外一种东西。这就是扬雄在《太玄》中所说的：“万物权舆于内，徂落于外”。所以万物的存在皆需依赖于整个“宇宙有机体”而为其构成的一部分，彼此间的相互作用并非由于机械性的刺激或机械的因，而是出于一种共鸣。故《春秋繁露·同类相动篇》说：“今平地注水，去燥就湿。均薪施火，去湿就燥。百物去其所与异，而从其所与同。故气同则会；声比则应。……五音比而自鸣，非有神，其数然也。美事召美类，恶事召恶类”。固然万物皆密切结合而各成为宇宙的一部分，但并不是任何事物皆可相互影响，只有同类的事物才能影响同类的事物。在这里“同类”的意义需加以说明：人与人固然是同类，人与蜈蚣在同为动物这一点上是相同的，头与脚在同为身体的一部分是相同的，两朵花与两支笔在同为“二”这一点上是相同的……；这种“别同异”在《墨经》中有详细的讨论，而万物就各依其类同的程度而有各种方式的深浅感应，故王充在《论衡·偶会篇》中说：“同类通气，性相感动”。并且这种感应是发于自然，而不是出于什么目的或企图，故《论衡·感虚篇》言：“物类相致非有为也”。这论点与亚里士多德的“目的论”是相左的，而亚氏的目的论启迪了后世西方科学上对机械因果性的探讨，虽然目的论的因果关系与机械论的因果关系是不一样的。而中国的有机论则着重结构一体与秩序关联，因此在科技的追求上就有所殊途。

中国先贤认为万物的流变不是受法则控制，而是万物在共同的生活中相互适应，且和谐乃是“自然而有机”的世界之基本原理。先贤把宇宙当做一个充满着和谐意志的有局部有整体的结构，宇宙是一个严整有序的宇宙，在那里万物“间不容发”地应和着，但这种有机宇宙的存在，并不是由于至高无上的造物者的谕令，也不是由于无数球状原子的撞击，它的存在无须依赖“立法者”，而只由于意志的和谐。“道”不是一个创造者，万物皆非被创造的，宇宙本身也不是被创造的，中国人的理想里，没有上帝，宇宙内的每一分子应该都顺其本性的内在趋向，于全体的循环中欣然贡献自己的功能。并且这种宇宙的严整秩序是相互的责任依赖，并非基于权威，而这应用到人文社会上，就是人与人的善意谅解，以及相互依持和团结的柔和体制，这种体制永不立基于绝对的法令和法律。谶纬虽不是中国学问的正统，但《礼纬稽命微》所称："礼之动摇也，与天地同气。四时合信，阴阳为符，日月为时，上下和洽，则物兽如其性命"。同样显示出在这种谐和秩序观下，中国人对"礼"的看法，以及人文与自然的水乳交融。

在这种"关联秩序"观下，中国人自然不以单向因果为已足，故《春秋繁露·天道无二篇》就说："天之常道，相反之物也不得两起，……(阴与阳)并行而不同路，交会而各代理，此其文"。而这种"道并行而不相悖"的思想，背后隐含的意思是：宇宙这大有机体中的分子，有时此占优势，有时彼占优势，但各分子都以自由的精神相互交通，各尽其资材，谁也不比谁的价值高，谁也不比谁的价值低，也就是说"物各有其性，苟足于其性，则无小无大"。这种"各正性命"、"道无贵贱"的观点是其来有自的。人固然是一弘道的自觉体，但自然万物是与人一体平铺的，故《列子·说符篇》就说："不如君言，天地万物与我并生，类无贵贱，徒以大小智力而相制，迭相食，非相为而生之，人取可食者而食之，岂天本为人生之？且蚊蚋噆肤，虎狼食肉，岂非天本为蚊蚋生人，虎狼生肉者哉？"这种其大无外，其小无内，一统万物无贵贱的道是道家最注重的(佛家的众生平等与此也是相通的)，所以《庄子·知北游篇》就有这样的一个故事：

> 东郭子问于庄子曰："所谓道恶乎在？"庄子曰："无所不在"。东郭子曰："期而后可"。庄子曰："在蝼蚁"。曰："何其下邪？"曰："在稊稗"。曰："何其愈下邪？"曰："在瓦甓"。曰："何其愈甚邪？"曰："在屎溺"。东郭子不应。

而后世的道教徒可能就是遵从这种不避下秽的教训，从人尿中提炼出了中药"秋石"[29]。

这种天人合一、整体有机的自然观，对中国传统科技的影响更是多方面的，也是优劣互见的[30]。

阴阳是一双相对待、相反相成的概念，阴消阳长，阴长阳消，阴中有阳，阳中有阴，阴极则返阳，阳极则返阴。阴阳并不是两个实体的元素，而是万物本身可能呈现的两种状态，中国古代所谓的“阳动阴静”就明显表示阴阳描述的是状态。朱熹在《朱子全书》卷四九说：“阴气流行则为阳，阳气凝聚则为阴”。阴阳消长正好是一循环性、反复性的状态变迁，这种变迁且是自然而然的，或说是万物对待下的自然适应，整体关联下的秩序呈现，因此阴阳消长之为整体有机的架构就不言而喻了。至于五行，金木水火土也不是构成万物的“元素”，而是借其相生相克的“关系”来说明万物相互资生相互制约的状态呈现。这种五元系统的相生循环相克循环的类别方式一旦建立起来，事物就不能随便作为其他事物的原因了，而正常的生克还是万物和谐的正常现象，即使正常的生克关系悖反了，也还是要靠生克关系来恢复原先的和谐与平衡，中医机体平衡的治疗原则便是如此。而既然阴阳五行是这样的一套系统，中国古人喜欢用它来描述自然万物也就不足为怪了。

中国古人有“道常无为而万物自然”的话;《庄子·大宗师篇》中曾有人问：“孰能相与于无相与，相为于无相为？”晋时郭象与向秀注《庄子》此句曰：“手足异分，五脏殊管。未尝相与而百节同和。斯相与于无相与也。未尝相为而表里俱济。斯相为于无相为也”。孔子在《论语·阳货篇》也说：“天何言哉？四时行焉，百物生焉。天何言哉？”王弼在《观卦·彖文下》也注曰：“不见天之使四时，而四时不忒。不见圣人使百姓，而百姓自服也”。总而言之，中国人的基本思想是天地万物自会和谐协调，不需“神圣的”制法者的干涉。但这样的“无为”并不是纯粹的“听其自然”，反而是要“顺其自然”之性去参天功以济人事，利用自然以厚生，《孟子·公孙丑篇》有一个“揠苗助长”的故事，

---

29. 转引自胡菊人，《李约瑟与中国科学》（台北，时报，1979年），页175—179。

30. 本节中关于中国的整体有机观的意见与描述，参见李约瑟，《中国之科学与文明》，中译本第二册（台北，商务，1977年），第十三章“中国科学之基本观念”，f节“关联式的思考及其意义”。

人所需要的是不要“违反自然”地去“揠苗”，但除草、施肥的“助长”仍是必须的，所以《淮南子·修务训》就说：“夫地势水东流，人必事焉，然后水潦得谷行。禾稼春生，人必加功焉，故五谷得遂长。听其自流，待其自生，则鲧禹之功不立，而后稷之智不用”。即无为也要因势利导，这才是真的顺其自然，故郭象注《庄子》就说：“无为者，非拱默之谓也”。在这样的观念下，人要与大自然和谐共存，而不是征服自然、戟天役物，而且就是要利用自然以厚生，也是要“斧斤以时入山林，则材木不可胜用也”。甚至前贤唯恐器械的创制干涉自然太过，并且造成人事的过分分工，而破坏了人与自然的和谐，以及人与人的和谐，因此《庄子·天下篇》就有“有机械者，必有机事，有机事者，必有机心。机心存于胸中，则纯白不备；纯白不备，则神生不定；神生不定者，道之所不载也”的看法。对机械的这种看法如走入极端，则会产生“以奇技淫巧惑国者杀”的保守心态，不利于科技的创造。

西方近代科学革命后自然秩序的观念，来自中古基督教接受希腊文化后对合理性的坚持，而以数理的结构形式加以呈现[31]。中古大神学家阿奎那（Thomas Aquinas, 1225 - 1274）就曾说：“正如神圣智慧之理性，因其创造万物而具有形式之性亦即是理性，且更由于此种理性而万事万物均指向它们的正当目的，故理性可以被认为具有一种‘永恒定律’的性质。……所以永恒定律也者，正乃是神圣智慧之理性被公认为一切行为与运动的指示者也”。[32] 而阿氏文中的目的论可上溯到亚里士多德，亚氏曾言“石头为何会下落呢？因为它潜在就以地为它的目的地；烟为何上升呢？因为它潜在就以天为它的目的地”。他把运动归功于物质内在的本性，使每一物体寻求自己天然的归宿地点[33]。他并且认为一切事物皆由形相与质料两大原理所成，质料是能

31. A. N. Whitehead, *Science and Modern World* (Free Press, 1967), pp. 12 - 16.

32. 阿奎那（Thomas Aguinas）著《神学大全》(*Summa Theologica*), trans. by English Domincans, 27 vols., London Burns, Oates & Washbourne, 1911. 一卷二章九三题第一条。

33. W. C. D. Dampier 著，任鸿隽译，《科学与科学思想发展史》（台北，商务，1977 年），页 31。

变成形相的“可能性”或“潜态”，形相则是实现此一潜态的“现实性”或“显态”，一切事物的生成，即不外是从潜态朝向生成目的而“圆现”显态的过程[34]。如橡实为橡树的物质规定，亦系橡树的潜态；橡树则为形式规定，为橡实的显态；这一来就有了一定的因果观，橡实为橡树之因，橡树为橡实之果，橡实一定会长成橡树，绝不会变成大象；也就是这两个状态间的关系是必定的，即使完全了解物理系统在橡实状态的所有性质，也没有任何科学家能够推衍出该系统以后在橡树状态时的性质，即目的论的因果关系并非牛顿以后可推衍预测的机械因果关系[35]；但若没有探讨“因果”的目的论在前，恐怕也启迪不了机械论式的自然事件因果探究。这也正是中国思想较欠缺的。

34. 傅伟动，《西洋哲学史》，页132。

35. 海森堡著，刘君灿译，《物理与哲学》（台北，幼狮，1977年），页10。

先贤认为万事万物只要各正性命地顺其本性的内在趋向，于全体的循环中欣然贡献自己的功能，修炼境界到了，一样可成仙得道。这种万物与人类一体平铺的观点与实例，在中国经典中是屡见不鲜的；但毕竟人是天地人三才之主动者，对人性的尊严就更着重了。如中国的炼丹家就认为只要顺其自然地把握物事的“变易”与“不易”，则“天地可以别构，日月可以我作”，能够打破肉身和时空的限制得道成仙的。《淮南子》也说：“明于性者，天地不能胁也；审于符者，怪物不能惑也；故圣人者，由近知远而万殊为一”。《淮南子·主术训》更说：“今夫权衡规矩，一定而不易，不为秦楚变节，不为胡越改容，常一而不邪，方行而不流，一日刑之，万世传之，而以无为为之”。创事制物可万世传，来自不变节不改容这种面对自然时无尊卑贵贱的人性尊严，故《吕氏春秋·有始览·应同》也说：“君虽尊，以白为黑，臣不能听；父虽亲，以黑为白，子不能从”。不过若想“一日刑之，万世传之”，必须“无为为之”，即要顺自然之性，不可违背自然，并且这原则是“万殊为一”的，只要把握“由近”，就能“知远”而形制事物，这就涉及中国传统科学的方法论问题了。

关联式的思考法则

关联式的思考(correlative thinking ; coordinative thinking),或称联想式的思考(associative thinking),是一种直觉的联想系统,大抵是一般所谓的类比推论(analogy),它与欧洲科学特有的思想方式——从属式的思考(subordinative thinking)对比,后者偏重于事物间蕴涵性的因果关系[36]。在关联式的思考中,则概念与构念之间并不互相隶属或蕴涵,只在一个图样中平等并置;至于事物之相互影响,亦非由于机械因之作用,而是一种感应,即与其认为万物有因果关系,不如说是相互关联,这种平等并置、感应关联的观念可说就是类比推论,也就是依据两事物之间的类似性,而由此事物推知彼一事物的论证,是由特殊推出特殊,既不是概念的演算,也不是语法的转换。《墨子·小取篇》就说过"摹略万物之然,论求群言之比",前句表示墨家经验亲证的态度,后者则是经由类比推论,从现有的知识推论未知的知识,或解明隐含的概念,《小取篇》甚至还把类比论证分为辟、侔、援三类。辟是譬喻,即"辟也者,举他物而以明之也",这是运用事物与事物间性质或关系上的类似性,如《墨子·经上》五十条谈及运动与静止时就曾说:"止:以久也"。经说"止:无久之不止,当牛非马,若矢过楹。有久之不止,当马非马,若人过梁"。在这一条经文里,"止"就是相对静止的定义,"久"指时间,凡物体在某一位置停留一段时间,即称为静止,"以久也"就是停留一段时间的意思。经说是从"以久"定义出发来阐明什么叫运动和静止。如"飞矢过楹"这一快速运动过程,矢在空间任何一点都没有停留的时间(无久之),则该矢无疑是运动而不是静止(不止),这个道理就好像牛不是马(牛非马)那么明显。又如人过桥(人过梁),一步一顿,前足着地后足未起的一瞬间,人在这点就有一定的停留时间,根据"以久"定义,此时可

36. H. Wilhelm, *Chinas Geschichte; zehn einführende Vorträge* (Vetch, Peiping, 1942), p. 35. H. Wilhelm, Die Wandlung; acht Vorträge zum'I-Ging' (Vetch, Peiping, 1944), p. 35.

以说是静止。如果说这时不是静止(不止),就好像说马不是马那样没道理了[37]。在此例中“当牛非马,若矢过楹”、“当马非马,若人过梁”,都是以事物间的类似性来做的喻。

37. 这一条《墨经》说的是运动与静止的观念,大抵采用谭戒甫在《墨辩发微》(台北,世界,1979年)页82的看法,但句读的解释采用的是王谦在《中国古代物理学》(香港,商务,1977年)页17的说法。

第二种类比论证的方式为“侔”,“侔也者比辞而俱行也”,这是以命题间形式上的类似性来推论,也就是说这种推论的基础是基于语法形式或逻辑形式类似的类比;如“白马,马也。乘白马,乘马也”。就是比辞而俱行,命题与命题形式上的类比。明末方以智在《物理小识》卷一《声论》条解释视觉与听觉产生的原因说:“目以水照,故物摄其中而见;耳有三门,故气贯而留之乃闻”。他把“目”譬喻为水,“耳”譬喻为“门”,而前后两句命题形式一样对仗,是属于“侔”的推理。

至于第三种类比方式“援”,“援也者,子然,我奚独不可以为然也”。这只用于辩论,即以敌方的理由为理由,敌方的论式为论式来辩胜。

类比论证是一种具体的、实质的论证,运用的是事物间或命题间的类似性,这样所获得的结论只有概然性而没有必然性,并且推论不能保证结论对,结论对也不能保证推论对,因此在使用类比论证时,必须小心,才不致发生谬误。如譬喻论证就可能有下面的谬误——《吕氏春秋·察传》:“夫得言不可以不察,数传而白为黑,黑为白。故狗似玃,玃似母猴,母猴似人,人之与狗则远矣。”而“侔”也会发生下面的谬误:“盗,人也。多盗,多人也。无盗,无人也”。

五行的推论方式又如何?“木、火、土、金、水”后来推展得很远,几乎无所不包,诸如四方:“东、南、中央、西、北”;五色:“青、赤、黄、白、黑”;五味:“酸、苦、甘、辛、咸”等等。其推展是这样的:春天多东风,东风带来生气,草木茁壮,草木青翠,而草木多带酸味;火代表炎热,夏天时由南方带来的即是炎热,而火之色赤……;这很明显是一种有机结合的类比推论。既然如此,“木、火、土、金、水”这五行先前由实物水灭火,木生火等带来的相生相克关系是否还能存在于四方，四时，五色，五味……之间，就很成问题了。因为类比推论是只具有概然性，而无必然性的。因此《抱朴子·仙药篇》所谓的："若本命属土，不宜服青色药；属金，不宜服赤色药；属木，不宜服白色药；属水，不宜服黄色药；属火，不宜服黑色药；以五行之义，木克土，土克水，水克火，火克金，金克木也"。就未免太奇离，太过度扩张，而不为现代人所信服了。

其次关联式的思考与天地万物的有机关联自然观是相应而生的，在万物密切关联之下，有时思考就难免主客不分了，甚至即使意识到客体的存在，也要强调万殊为一、物我一体、主客不二，这种强调关联性，可以说也是天人合一观下的自然反应，天人合一一方面是要求人与自然的和谐、人与人的和谐，一方面就是注重整体中的分析，强调个体在整体关联网中的关系位置，此所以阴阳五行重彼此的"关系"，而不重"元素"了。并且由于这种"有机关联"的多样与复杂，因素太多，不易抽离，形成符号化的形式数理系统(formal mathe-matical system)。可以说炼丹术中的"食金者寿如金，食玉者寿如玉"，逻辑学中的"白马非马"，人参被尊崇的原因不是经验上有效，而是不相干的形似人……这类事物本身与其属性间的关系混淆，都是有机关联的多样复杂所致。而中国人对"数"的看法也多少陷入"有是理，便有是气；有是气，便有是数。盖数乃是分界限处"[38]这"气数"的命理学窠臼中，而无法做有关自然的假设数学化了。不仅科技如此，传统中国文化大多强调意义的创造，而忽略了运作结构的创造，所谓运作结构是指可将观念圆现成实在的架构，古代的操舟、车船制作等，是经验上的操作，而不是运作结构。缺少了运作结构的创造，上智者固然腾挪飞转，无所不适；中人以下就无法可循了；而有法所度，则"巧者能中之，不巧者虽不能中，放依以行事，犹已"[39]。

若与西方近代科学的方法论相对照，则相对于有机思想的"相关"，西方科学是讲求"孤立"、主客二分的，大自然完全可以加以数

38.《朱子全书》，卷四九。

39.《墨子·法仪篇》。

理的描述，其方法则是“抽象”（abstraction）和“孤离”（isolation）；也就是说西方科学是从怀特海所谓的“自然的二元分割”（Bifurcation of Nature）开始的[40]，认为在整全具体的世界内容之中，可以区分出“初性”（如形状、体积、坚度、运动）和“次性”（如颜色、声音、味道等需经感官的性质），做科学的探求；即弃绝主观性质世界的复杂内容，而后集中全力对付一个只包含体积、数量、形状等初性的抽象客观世界，进行归纳。当然在理论推展的下一步，有些次性也可作为研究的对象，如颜色与声音便是。在这种情况下，孤离变数，确定研究标域，去除一些认为不相干或相干甚微的因素，以完成对事物因果秩序的探讨。如此，就可归纳建构一个数理系统的理论；然后从理论的假设出发，去推衍以预测或解释新的事实，如果发现理论的预测或解释不符合新的事实，就必须修正或重构；这种事实需求与理论概括的相引相成可说是西方近代科技的重要特征。以牛顿物理学为例，他综合了开普勒的行星运动与伽利略的地面运动，提出了万有引力定律和运动三定律，这些定律都是数学的公式，再假设物质质量可集中于一点，即所谓质点（mass point），再暂且假设物体可为在压力不变形的刚体（rigid body），如此提出一个简单描述的理论，而后再加以推广修正，以便也可适用于有可塑性的实际物体，经过这样的描述，许多的实用工具都可据理以创制，科学与技术也就结合为一体了，而这些工具的创制原理和操作程序都可加以客观分析的描述，与个人的身心特质是不太相关的。

牛顿的机械论在20世纪的科学革命中受到了很大的批判，主客的二元分割被认为不再是绝对的了，怀特海再度提出了自然的有机论，认为自然是不可分割的，自然只是一个整个的自然，这一整个的自然，就是在知觉中或经验中的自然，这是有声有色有血有肉的自然，我们不能在知觉之外求自然[41]。而科学是抽象观念系统的创造，是把观念应用到事实的探讨，所以从科学达到的真实，只是表面的真实，按照简

40. A. N. Whitehead, *The Concept of Nature* (1920), p. 30.

41. 同上，页3。

化了的线条来绘成的图画，而非真实的本身[42]。若将人类为自然所建构的系统当成具体自然的本身，便犯了怀特海所谓的“具体性误置的谬误”（the fallacy of misplaced concreteness），而20世纪的物理学家维萨克（von Weizsäcker）也留下了一句名言：“自然先于人，人先于自然科学”。[43]但他们仍然认为主客的二分还是必要的，否则哪来的自然科学？只是不要分得太死、太绝对了。即这种二分法是方法上的权宜，而不是本质上的，所以他们就用“相互主观性”（intersubjectivity）来代替原先的“客观”一辞。同样地，固然抽象与孤离所建构的往往也是局部的部分理论，并且往往也是描绘自然的抽象图像，但若不循序渐进，点滴累积，则通观全体的理论，尤其是数学化的理论，是不太可能建构起来的。

42. W. C. D. Dampier,《科学与科学思想发展史》，原序页1。

43. 海森堡，《物理与哲学》，页44。

44. 吉田光邦，《炼金术》，页90。

45. 如“金（铜）有六齐：六分其金而锡居一，谓之钟鼎之齐；五分其金而锡居一，谓之斧斤之齐；……”等等。

46. 皆见《考工记·匠人》。

传统科技的经验实用特色

前文曾提及中国的科技成就大多是在经验中获得，而在实用中发展，缺乏理论的证验，如天文学的主旨在历法，数学偏向实用等。此外，如黑火药即是炼丹家在炼丹过程中偶然发现的，日人吉田光邦氏曾戏言之为“由谎言产生的真实”[44]。到了宋代就发展成许多实用的火器，但硝石、硫黄、炭粉依比例混合，为什么会发生那么大的爆炸力，却没有理论上的分析。同样，《考工记》中记载有铜锡以不同的比例造成硬度不同的合金，因而各适于不同的用途[45]，但这都是在试误的经验下获得，并没有进一步去寻求解释。中国人对于筑城（黄土夯筑而成），早就知道墙厚必须至少为高度的三分之一的公式（“墙厚三尺，崇三之”），甚至为了防止水或物对墙的侧压力，也知道墙底的厚度需大于高度的六分之一（“六分其高，欲一分之为杀”[46]），但从未加以证明。这都反映了中国科技重经验实用的特色，且技术走上了艺匠形式的境界。《天工开物·舟车篇》漕舫条即说："凡船性随水，若草从风，故制舵障水，使不定向流，舵板一转，一泓从之。凡舵尺寸，与船腹切齐，若长一寸，则遇浅之时，船腹已过，其稍尼舵使胶住，设风狂力劲，则寸木为难不可言。舵短一寸，则转运力怯，回头不捷。凡舵力所障水，相应及船头而止，其腹底之下，俨若一派急顺流，故船头不约而正，其机妙不可言。舵上所操柄，名曰关门棒，欲船北，则南向捩转，欲船南，则北向捩转，船身太长而风力横劲，舵力不甚应手，则急下一偏披水板，以抵其势"。这里对舵势水力的转向流动的机巧已入化境，甚至也有了探求理论的兴趣，但对有关力矩作用和重心转动，以及面积的大小和压力的关系等问题，毕竟欠缺理论层面的解说。

中国科技的重经验实用，可以说在先秦的自然思想中已见端倪。《易·系辞》中即有"知周乎万物，而道济天下"的话，荀子的"正名"也在于"下以辨同异，……使事无困废之祸"，求实用上事无困废，在《儒效篇》中还说："若夫充虚之相施易也，坚白同异之分隔也，……不知无害为君子，知之无损为小人，工匠不知，无害为巧，君子不知，无害为治"。不主张寻求科学的逻辑，做理论上的思考。《庄子·齐物论》也说："其分也成也，其成也毁也。凡物无成与毁，复通为一。唯难者知通为一，为是不用而寓诸庸，庸也者用也。用也者通也，通也者得也。适得而几也，因是已，已而不知其然谓之道"。要用才能通，才能得，且通用后，可以不知其然，不重理论与逻辑思，并且即使一时不用，也要藏诸庸，以备他日之用。墨家也强调经验与实用，《墨子·非命篇》的三表法为"有本之者，有原之者，有用之者"，所谓本之者"本之于古圣王之事"，讲求过去的经验；原之者是"原察众人耳目之实"，诉诸五官现在的经验；用之者是指"发以为刑政，观其是否中国家，百姓，人民之利"，诉诸实际的效用。

总之，"对经验的重视，千古以来成为中国思想的传统。……中国文化强调实际而不空谈，这是非常有意义的"。[47] 而这种强调有时甚至到

47. 李约瑟，《中国之科学与文明》，中译本第二册，页110。

了极端讲求第一手实证经验的地步，成书于8世纪的《关尹子》就说："善弓者，师弓不师羿；善舟者，师舟不师奡；善心者，师心不师圣"。唐代韩幹学画马，从观察马入手，而不学于画师。

在此附带谈谈佛教与中国科技的关系。李约瑟认为佛教是对现实人生的逃避，因而是科学发展上极大的阻力[48]，此点值得商榷。因为佛家的《中论》[49]就曾说过："如来所有性，即是世间性"，这相当程度表示佛即在日常生活之中，也可能表示佛家的避世修持只是手段，而不能视之为完全的弃绝现世。当然，即使佛即在日常生活之中，也不见得就利于科学发展，但以"弃绝现世"为理由说佛家思想为科学发展的阻力也失之轻率，因为基督教在某种程度上也要"弃绝现世"，但中世纪的理性神学仍培育了文艺复兴、科学革命的气候。不过李约瑟还是认为佛家思想对中国科学有下面几点贡献：（一）解救众生痛苦的思想某种程度促进了药物学的研究，如《佛图澄法师传》中就曾提及他之钻研药物[50]。（二）佛家"遭劫"的观念可能使中国人在唐代就对化石有了正确的认识，远比欧洲为早[51]。（三）佛家的轮回转生观念对万物演化和胚胎观念的影响，如宗密法师（779－841年）著的《原人论》谈的就是胚胎学[52]。但这几点不能仅诉诸佛家，因为《周易》与道家的变化哲学也可导致这几方面的发展，事实上李约瑟本人也曾提到了道家的类似看法[53]。

中国科技之偏重经验，实用，使中国缺乏对形式理论建构的要求，而未能应用数理将自然状况之有规律性者予以简明表述，因而"中国的经验长梦"[54]曾使中国有极辉煌的中世纪科技，但却未曾近代化。

48. 同上，中译本第三册，页115。

49. 120年印度著作，409年鸠摩罗什译成中文。

50. 李约瑟，《中国之科学与文明》，中译本第三册，页116。

51. 同上，页120－124。

52. 同上，页124。

53. 同上，页120－124。

54. 同上，页367。

结 语

在现代资讯瞬息万里的情况下，不仅中国等东方文明已被摆在世界文化、人类文化的试炼场中，西方文明本身也不能例外。西方思想家罗素就曾说："我常想，假如我们要熟知这个世界，……我们不但必须承认亚洲在政治上的平等地位，还须承认文化上的平等地位，我不知道这将带来什么变化，但我坚信变化必极深远，也必有最大的重要性"。[55] 怀特海也说："时期到了，务须把物理学当做小有机体的研究，把生物学当做大有机体的研究"。[56] 李约瑟也说："当这时刻来临时，欧洲（或全世界）便能取材于一极古老而又极明智，但全然非欧洲性格的思想模式"。[57] 不过我们也不能就只掐取几位西哲的名言，以涂抹自己的双颊，我们要关切的是中国的科技观、自然观在怎样的情形上，会对未来人类文化的形成有所助益。

55. Bertrand Russel, *History of Western Philosophy* (Allen&Unwin, London, 1946), p. 240.

56. A. N. Whitehead, *Science and Modern World*, p. 150.

57. 李约瑟，《中国之科学与文明》，中译本第二册，页507。

首先在中国天人合一自然观下，我们不必过分在意一些历史上过分附会的事例，如前述的人骨节365块，《神农本草经》的药有365种，以及《考工记·辀人》的"辀之方也，以象地；盖之圆也，以象天；轮辐三十，以象日月，盖弓二十有八，以象星"等等的机械比附，而应把握我国自然观中的关联性、创造性与和谐性的精神。人与人以及人与大自然之间都是息息相关的，人固然是万物之灵，但没有了草木虫鱼，人也不能独存，因此在这整体的有机相关中，必须要了解部分，然后又肯定该一部分的独立性与创造性，大自然与人的生命本就是一层出不穷、创造不已的综合活动的整体，我们所希望的文化图像应该是无穷的创造与普遍的和谐，也就是先贤"苟足其性，物无小无大"的旨意。

在这样的基本态度下，一方面可发现中国的自然观可能适于今天的世界，但也不要忘了传统中国虽然强调意义的创造，如上述强调个体的功能自主性，但却忽略了运作结构的创造，也就是说，必须对中国传统中的历久弥新之道加以创造性的诠释，否则就只能解释过去，而不能改造与整合将来，而要如此，最基本的就是要用现代的观念与语言来诠释，来沟通。人类文化的趋向越来越有普遍化中也具分殊化的特色，科际整合也就是在方法上越合一，在对象与立论基础上却越分殊与独立，前者如海洋学的独立，后者如认为社会科学不能化约（reduce）成生物科学，生物科学不能化约成物理科学，固然社会科学不能违反生物科学，生物科学不能违反物理科学……同时，科技的进步并非一成不变的模仿、抄袭先进者的模式，反而需要凭借各种特殊文化内涵的贡献，在普遍规律中能有分殊的特色，而有多元的进展模式，也就是说科技是文化水乳交融的一部分，科技与文化的整合需要注意整体脉络的加强与基层结构的契合，如是经过选择、适应、消化与吸收，在文化的断裂性中也交融了连续性，才不会有科技无根的感觉，否则若只是移植科技，甚至只是购买科技，那就只有越来越依赖，越来越附庸，在未来的人类文化中便失去了重要性和参与性。因此中国自然观中强调的关联性、有机性、创造性、和谐性最好成为知识大众的思想基础，认识文化既可有分殊的创造，也有普遍的和谐，科技应是人类共同的成就，但却不应是培植附庸的工具。

作者简介

洪万生

台湾学者，台湾师范大学数学系硕士、美国纽约大学历史系博士。现任台湾师范大学数学系教授，曾出任该系系主任；现亦兼任台湾大学副教授、台湾清华大学历史研究所科技史组教授。研究专长为数学史，著作有《女数学家列传》(合译)(1976)、《伟大数学家的想法》(1976)、《折折称奇》(2011)等。

刘君灿

湖南宁乡人，生于1945年。台湾大学物理系毕业，曾任电子工程师、台湾黎明技术学院电子系教授，致力于探讨中国科学思想史，著作有《科技史与文化》(1983)、《不以规矩不能成方圆》(1986)、《方以智》(1988)、《中国科技史采风录》(1991)等。

刘昭民

台湾学者，1938年生。著作有《中华气象学史》(1980)、《西洋气象学史》(1981)、《中华天文学发展史》(1985)、《中华地质学史》(1985)、《中华物理学史》(1987)、《中华生物学史》(1991)、《台湾先民看台湾》(1992)、《中国历史上气候之变迁》(1992)、《台湾的气象与气候》(1996)等。

陈进传

台湾学者，1948年生。台湾淡江大学欧洲研究所毕业。曾任台湾宜兰技术学院教授，现任岭东技术学院教授、兼任佛光大学教授。研究范围包括台湾史、宜兰社会与文化。著作有《清代噶玛兰古碑之研究》(1989)、《宜兰本地歌仔：陈旺欉生命纪实》(2000)、《陈旺欉宜兰本地歌仔剧目选粹》(2000)、《陈旺欉的基本动作与精采身段》(2000)、《陈旺欉的基本动作与身段》(2000)、《宜兰摆厘陈家发展史》(2005)等。

黄克武

台湾学者，1957年生。美国斯坦福大学博士。现任台湾中央研究院近代史研究所所长及研究员，兼任台湾师范大学历史学系教授。研究专长为中国近代思想史、文化史。著作有《一个被放弃的选择：梁启超调适思想之研究》(1994)、《自由的所以然：严复对约翰弥尔自由思想的认识与批判》(1998)、《惟适之安：严复与近代中国的文化转型》(2010)等。

鲁经邦

台湾学者，台湾清华大学物理学系硕士，著有《游离辐射防护安全标准解读》(1996)。

陈胜崑

台湾云林人，1951年生，卒于1989年，研究专长为近代中国医学科技史。著作有《近代医学在中国》(1978)、《中国传统医学史》(1979)、《中国疾病史》(1981)、《科技中国》(1982)、《医学·心理·民俗》(1982)、《赤壁之战与传染病：论中国历史上的疾病》(1983)、《中国的科技》(1987)等。

本书为台湾联经出版公司授权出版发行简体字版

图书在版编目（CIP）数据

中国人的科学精神 / 洪万生主编. —— 合肥 : 黄山书社, 2011.12（文化中国丛书）
ISBN 978-7-5461-2474-2

Ⅰ. ①中… Ⅱ. ①洪… Ⅲ. ①科学史 – 中国 – 古代 Ⅳ. ①G322.9

中国版本图书馆CIP数据核字(2011)第275250号

中国人的科学精神 **洪万生 主编**
出版人： 左克诚 **责任编辑：** 郑实 石雅如
责任印制： 李磊 赵彬 **装帧设计：** 范晔文

出版： 时代出版传媒股份有限公司（http://www.press-mart.com）
黄山书社（http://www.hsbook.cn）
合肥市翡翠路1118号出版传媒广场7层 邮编：230071
策划： 香港三联书店北京工作室
发行： 北京时代联合图书有限公司 **电话：** 010-65513628
经销： 全国新华书店
印制： 环球印刷（北京）有限公司 **电话：** 010-61202350

开本： 710×1050 1/16 **印张：** 23 **字数：** 298 千字
版次： 2012年5月第1版 2012年5月第1次印刷
书号： ISBN 978-7-5461-2474-2 **定价：** 46.00 元